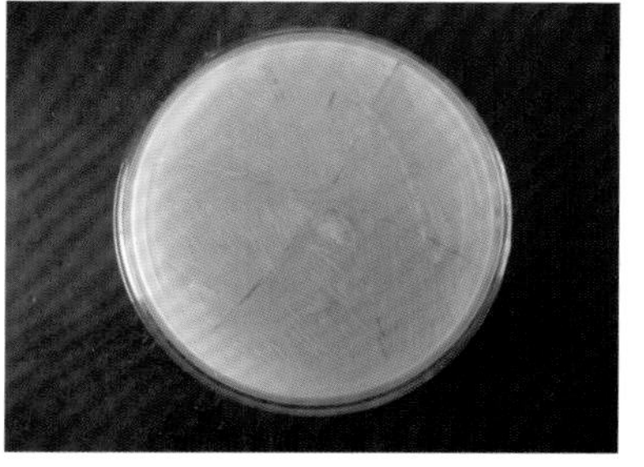

彩图8-3　细菌培养

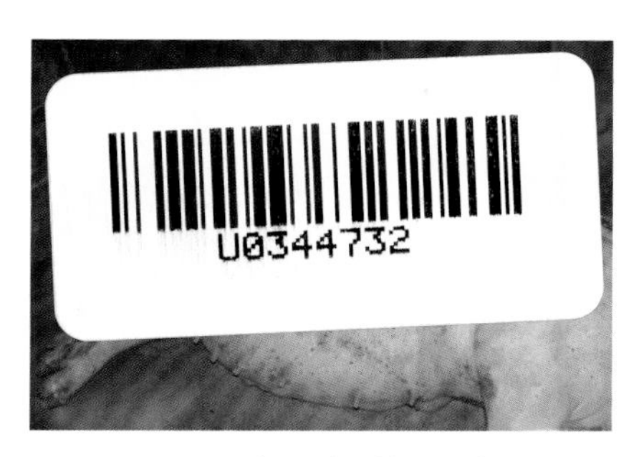

彩图9-1　猪丹毒引起母猪流产

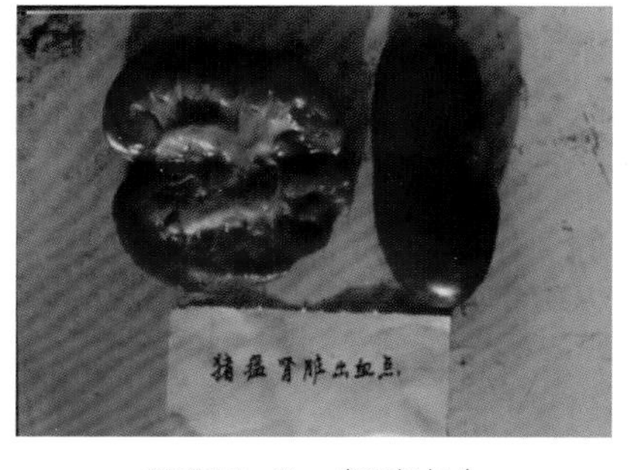

彩图9-3　肾脏出血

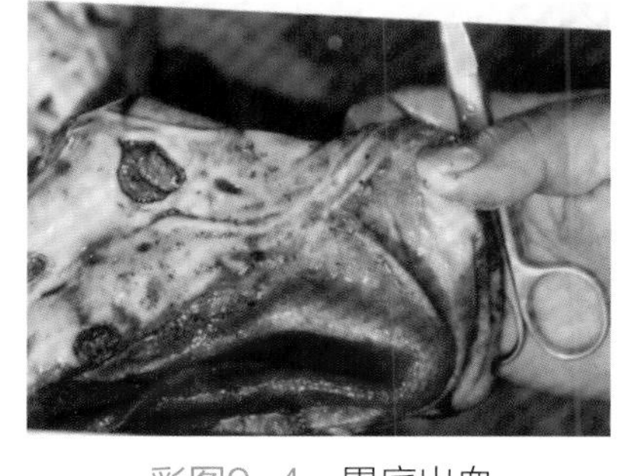

彩图9-4　胃底出血

彩图9-5　回盲口溃疡

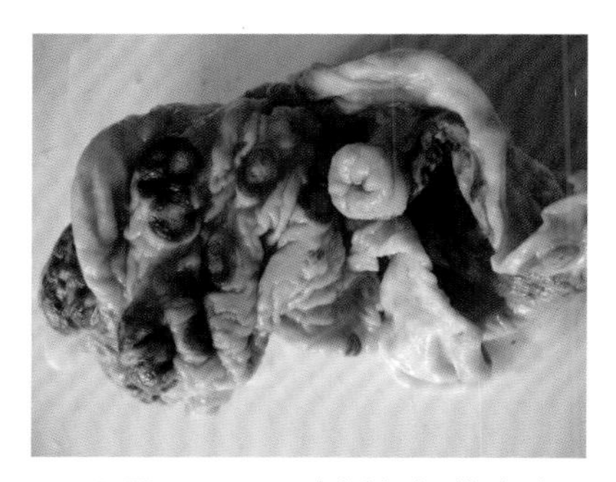

彩图9-6　回盲瓣纽扣状溃疡

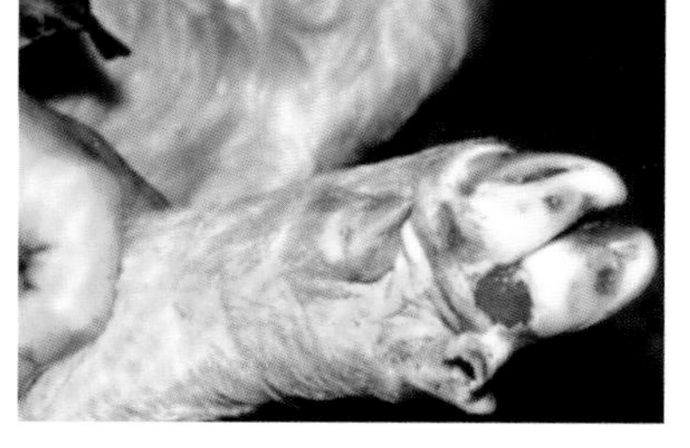

彩图9-7　蹄部烂斑、溃烂

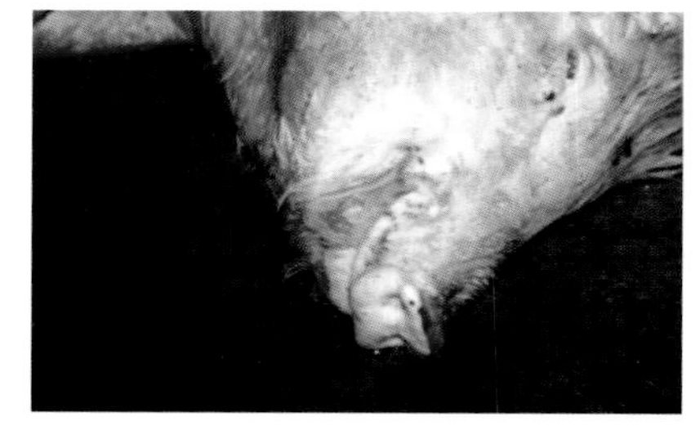

彩图9-8　嘴角、舌面的烂斑、溃烂

彩图9-11　仔猪皮肤发绀

彩图9-12　肾脏肿大，有出血斑点、坏死灶

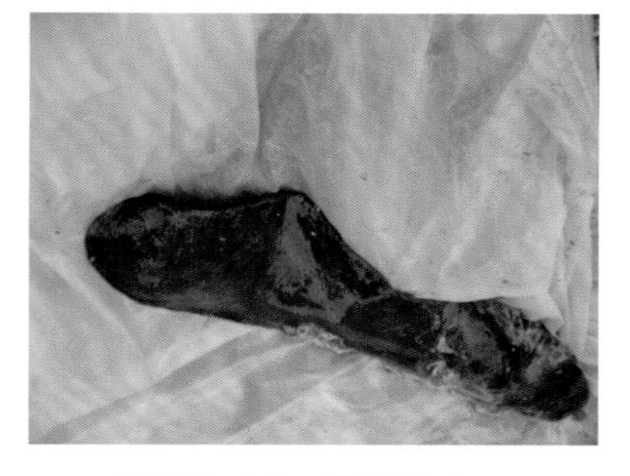

彩图9-13　脾脏肿大、边缘有梗死灶

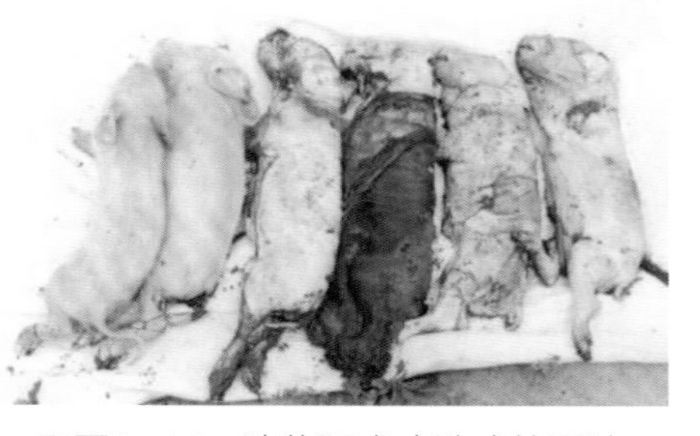

彩图9-14　猪伪狂犬病造成的死胎

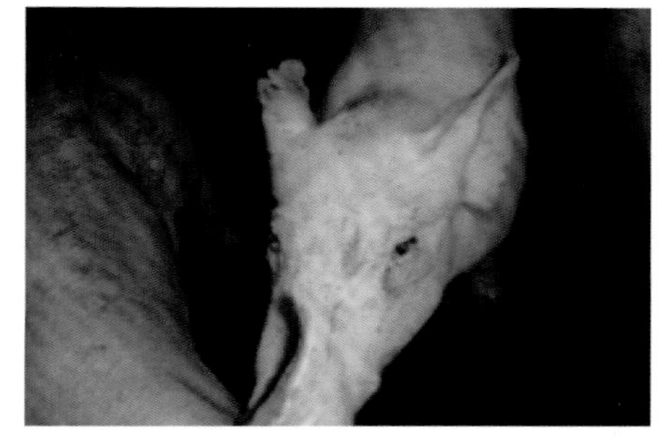

彩图9-15　眼睛发红，结膜炎

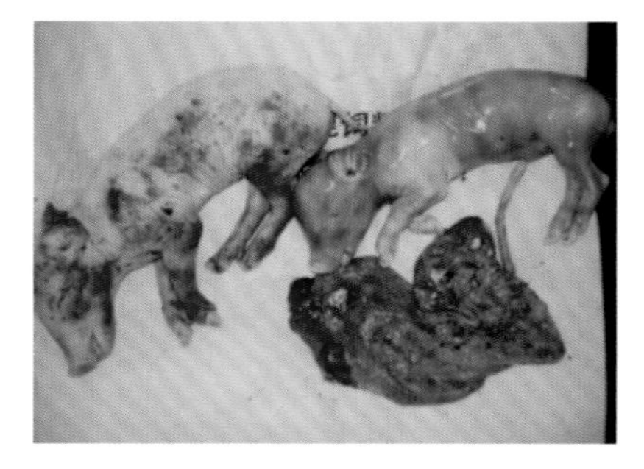

彩图9-16　母猪流产，流产胎衣有水疱

现代高产母猪快速培育新技术

XIANDAI GAOCHAN MUZHU KUAISU PEIYU XIN JISHU

◎ 李连任 主编

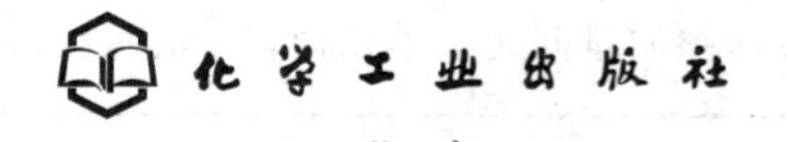

化学工业出版社

·北京·

本书从母猪各个生产阶段的突出问题入手，比较全面地介绍了当前高产母猪培育工作中的新技术、新措施。具体内容包括：后备母猪的选择与培育，母猪的发情与配种，妊娠母猪的饲养技术，母猪的分娩、接产及救护，产房与哺乳母猪的饲养管理，仔猪的培育，以及以生物安全为核心的猪场疫病防控体系，猪病的诊断方法，母猪常见病的防控等。

本书可供广大养猪户、养猪场技术人员和农业院校相关专业师生阅读参考。

图书在版编目（CIP）数据

现代高产母猪快速培育新技术/李连任主编. —北京：化学工业出版社，2019.4（2020.11重印）
ISBN 978-7-122-33983-6

Ⅰ.①现… Ⅱ.①李… Ⅲ.①母猪-饲养管理 Ⅳ.①S828.9

中国版本图书馆 CIP 数据核字（2019）第 035258 号

责任编辑：张林爽　　文字编辑：汲永臻
责任校对：王　静　　装帧设计：韩　飞

出版发行：化学工业出版社（北京市东城区青年湖南街 13 号　邮政编码 100011）
印　　装：大厂聚鑫印刷有限责任公司
880mm×1230mm　1/32　印张 10　彩插 1　字数 285 千字
2020 年11月北京第 1 版第 2 次印刷

购书咨询：010-64518888　　售后服务：010-64518899
网　　址：http://www.cip.com.cn
凡购买本书，如有缺损质量问题，本社销售中心负责调换。

定　　价：**45.00 元**　

本书编写人员

主　　编　李连任

副 主 编　闫益波　武传余

参编人员　靳菊贤　朱　艳　徐利群　刘晓燕　魏之福　刘子平　李晓龙　侯和菊　李　童　李长强　刘　东　尹绪贵　王立春

前言

· PREFACE ·

进入21世纪，养猪业集约化程度越来越高，设施越来越先进，猪饲料营养水平越来越高，猪的生长速度越来越快。通过二十多年不断从国外引进种猪和选育、扩繁、推广，我国主要瘦肉型猪的遗传性能显著提高。但是，接踵而来的，还有蓝耳病、伪狂犬病、日本乙型脑炎、黄曲霉素中毒……造成母猪整体繁殖机能下降，引起母猪不发情、发情不明显、发情不排卵、配不上种、子宫内膜炎等，这些成为当今笼罩母猪培育过程中挥之不去的阴霾。规模化养猪场由于管理和疫病问题导致死亡率明显提高，繁殖障碍性疾病导致母猪生产能力下降，养猪效益下降甚至亏损的情形时有发生。

母猪是整个养猪场的核心群体，其数量以及繁殖能力决定着养猪场生产力水平的高低及其盈利情况。因此提高母猪养殖技术对养猪业是一个十分重要的环节。

为了让母猪的体况始终处于巅峰状态，能顺利怀胎、保证孕期安全并轻松分娩、泌乳量保持最高、很快再次发情、成功配种并进入下一个妊娠期，本书从后备母猪的培育入手，就母猪配种、营养、生产管理、卫生消毒、疾病诊治等方面，总结了现代高产母猪快速培育过程中的新理念、新技术。本书第一章由靳菊贤、尹绪贵编写，第二章、第三章由朱艳、徐利群编写，第四章、第五章由闫益波、李长强编写，第六章由刘晓燕、刘子平编写，第七章由武传余编写，第八章由魏之福、李晓龙编写，第九章由刘东、王立春、侯和菊、李童编写，全书由李连任负责统筹。编写过程中，注重实用性和可操作性，避免空洞的理论性说教，语言通俗易懂，技术科学实用，可供广大养殖场、养殖专业户和畜牧兽医工作者参考。

本书的编写，得到了山西省重点研发计划项目（201603D221023-1）的资助，在此一并表示感谢。

由于作者水平有限，书中难免存在纰缪。对书中不妥、疏漏之处，恳请广大读者不吝指正。

编者

2019 年 2 月

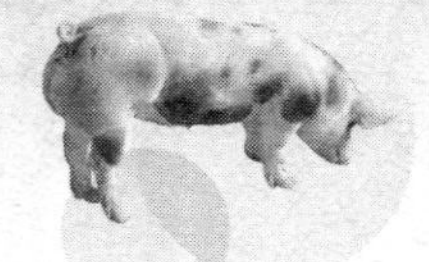

目录

·CONTENTS·

第一章 后备母猪的选择与培育

第一节 猪的主要品种

一、猪的经济类型

从经济价值考虑，根据猪的产肉特点和外形特征，大致将猪分为脂肪型猪、瘦肉型猪、兼用型猪三种不同的经济类型。

1. 脂肪型猪

脂肪型猪能生产较多脂肪，胴体瘦肉率仅占35%～45%，背膘厚5.0厘米以上。这种类型的猪成熟早，繁殖力高，耐粗饲，适应性强，肉质好。对蛋白质饲料需要较少，需要较多的碳水化合物饲料，饲料转化率较差。脂肪型猪的外形特点是体躯宽深而稍短，颈部短粗，下颌沉垂而多肉，四肢短，大腿较丰满，臀宽平厚，胸围大于或等于体长。早年的巴克夏猪是典型的脂肪型猪的代表。我国很多地方型猪都属脂肪型猪，如华南型猪中的两广小耳花猪（32%瘦肉率、肥肉+板油占胴体52.69%、9～10个月才长到80～85千克）、海南猪等；培育的脂肪型猪有赣州白猪。现在已不再培育脂肪型猪了。

2. 瘦肉型猪

瘦肉型猪的胴体瘦肉率为55%～65%，其生长发育快，肥育期短。瘦肉型猪生产瘦肉的能力强，能有效将饲料转化为瘦肉。瘦肉型猪的外形特点是躯体长，胸腿肉发达，身躯呈流线型，体长比胸围约长15～20厘米，背膘厚1.5～3.0厘米，腰背平直，腿臀丰满，四肢结实。丹系长白猪是瘦肉型猪的典型代表。

杂交得来的瘦肉型猪与我国本土的脂肪型猪，在生长发育的规律上存在很大的不同，主要表现在囤积脂肪的能力、出栏时的胴体瘦肉率以及生长高峰期的不同。

瘦肉型猪体内沉积蛋白质能力较强，沉积脂肪能力较弱；脂肪型猪沉积脂肪能力较强，而沉积蛋白质能力较弱。瘦肉型猪上市屠宰时胴体瘦肉率高达55%～65%，而脂肪型猪上市屠宰时胴体瘦肉率只有35%～45%。

瘦肉型猪各种体组织生长的高峰期较脂肪型猪晚，脂肪型猪多属于早熟型品种，成年体重较小，各种体组织生长的高峰期到来得也较早。如我国地方猪种4～5月龄就达到了肌肉生长高峰期，脂肪的生长很早就已开始，到5～6月龄时脂肪已强烈沉积。瘦肉型猪肌肉生长高峰期在5～6月龄，而脂肪强烈沉积是在8～9月龄，因此，瘦肉型猪达90千克上市时胴体瘦肉率较高，而脂肪率较低。

3. 兼用型猪

兼用型猪的体型、胴体肥瘦度、背膘厚度、产肉特性、饲料转化率等均介于瘦肉型猪和脂肪型猪之间，有的偏向于瘦肉型猪，称为肉脂兼用型猪，有的偏向于脂肪型猪，称为脂肉兼用型猪。瘦肉占胴体重45%～55%，背膘厚3.0～4.5厘米。苏白猪为兼用型猪种的典型代表。我国培育的很多品种都是肉脂或脂肉兼用型猪，如北京黑猪、新金猪、上海白猪、哈尔滨白猪、吉林花猪、新淮猪等；国外猪种，如苏联大白猪、中约克夏等。

二、国外优良品种介绍

目前国际上流行的都是改良的品种，均属瘦肉型猪，只是胴体品质和生产性能上略有差异，主要有以下品种。

1. 大约克夏猪

大约克夏猪也叫大白猪（图1-1、图1-2），1852年在英国育成，是世界上著名的瘦肉型猪种，有较好的适应性，其主要优点是生长快，饲料利用率高，产仔多，瘦肉率高。

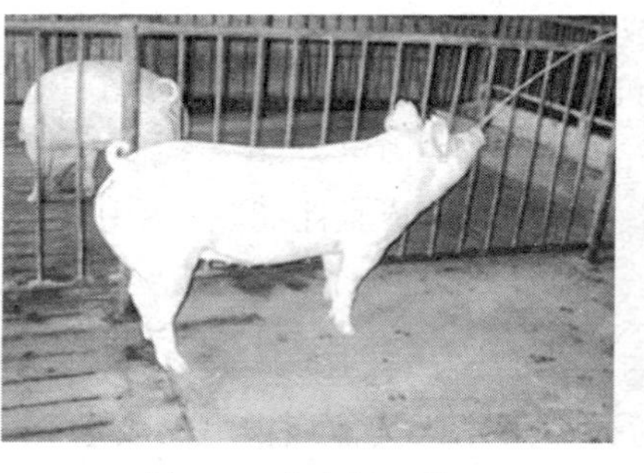

图 1-1　大白猪（母）

图 1-2　大白猪（公）

外貌特征：体格大，体型匀称，耳直立，鼻直，四肢较高，全身被毛白色。成年公猪体重达 350～380 千克，成年母猪体重达 250～300 千克。

肥育性能：生后 6 月龄体重可达 90～100 千克，肉料比 1∶3 左右，屠宰率为 71%～73%，胴体瘦肉率为 60%～65%。

繁殖性能：性成熟晚，生后 5 月龄出现第一次发情，经产母猪产活仔 10 头左右。35 日龄断奶，窝重 80 千克。

2. 长白猪

长白猪（图 1-3、图 1-4）原产于丹麦，是世界上著名的瘦肉型猪种之一。长白猪的主要特点是产仔数较多，生长发育较快，省饲料，胴体瘦肉率高，但抗逆性差，饲料营养要求较高。

图 1-3　长白猪（母）

图 1-4　长白猪（公）

外貌特征：头狭长，耳向前平伸略下垂，体躯深长，身材匀称，后臀特别丰满且肌肉发达，体躯前窄后宽呈流线型，全身被毛白色。

成年公猪体重达 250～350 千克，成年母猪体重达 220～300 千克。

肥育性能：长白猪 6 月龄体重可达 90 千克以上，日增重 500～800 克，肉料比 1∶3，屠宰率为 69%～75%，胴体瘦肉率为 50%～65%。

繁殖性能：性成熟较晚，公猪一般在 6 月龄时性成熟，8 月龄开始配种。

3. 杜洛克猪

杜洛克猪（图 1-5、图 1-6）的饲养条件比其他瘦肉型猪要求低，生长速度快，饲料利用率高，胴体瘦肉率高，肉质较好，性情温和。成年公猪体重为 340～450 千克，成年母猪体重为 300～390 千克。在杂交利用中一般作为父本。

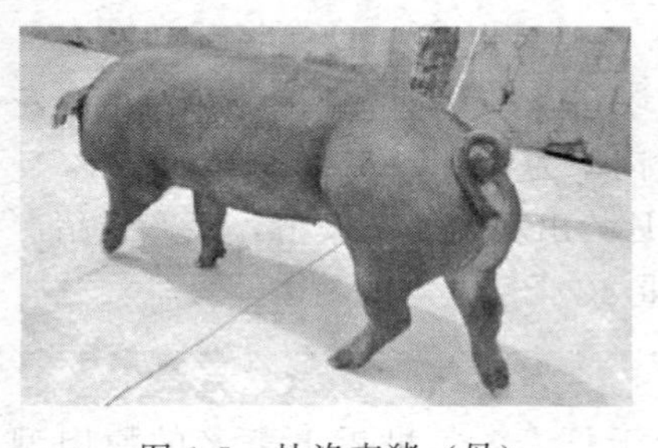

图 1-5　杜洛克猪（母）

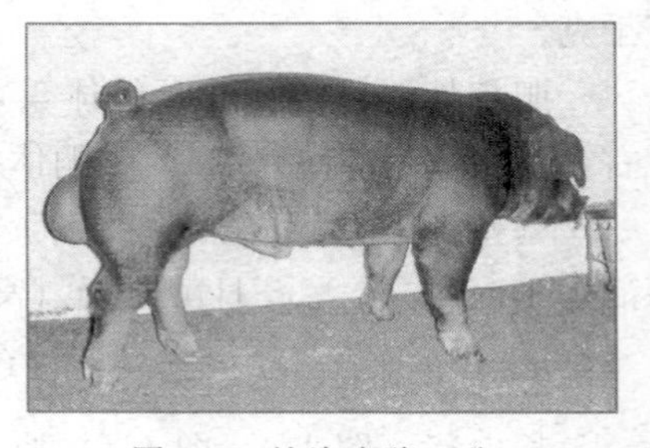

图 1-6　杜洛克猪（公）

外貌特征：全身被毛呈金黄色或棕红色，色泽深浅不一，头小清秀，嘴短而直，两耳中等大小，耳尖稍下垂。背腰在生长期呈平直状态，成年后稍呈弓形，胸宽而深，后躯肌肉丰满。四肢粗壮结实，蹄呈黑色，多直立。

肥育性能：6 月龄体重可达 90 千克，日增重 600～700 克，肉料比 1∶2.99。在体重 100 千克时屠宰率为 75%，胴体瘦肉率达 61%以上。

繁殖性能：性成熟较晚，母猪一般在 6～7 月龄、体重 90～110 千克时开始发情，经产母猪产仔数 10 头左右。

4. 汉普夏猪

汉普夏猪（图 1-7、图 1-8）是美国第二个普及的猪种（薄皮猪），广泛分布于世界各地。其主要特点是生长发育较快，抗逆性较强，饲料利用率较高，胴体瘦肉率较高，肉质较好，但产仔数较少。

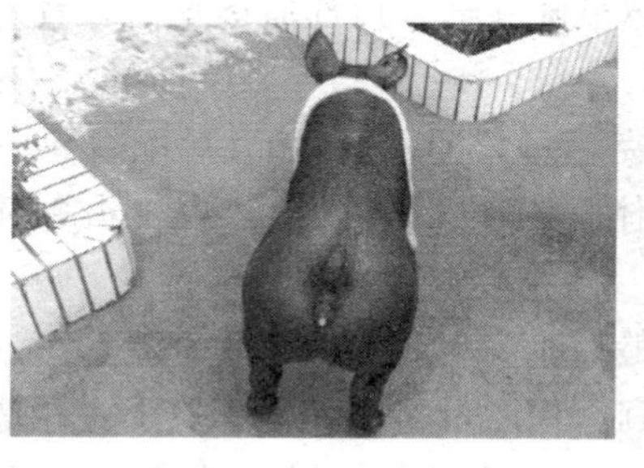
图 1-7　汉普夏猪（母）

图 1-8　汉普夏猪（公）

外貌特征：毛黑色，肩颈结合处有一白色带（包括肩和前肢），故又称银带猪。头中等大，嘴较长且直，耳中等大且直立。体躯较杜洛克猪稍长，背宽大略呈弓形，后躯臀部肌肉发达，体质强健，体型紧凑，成年公猪体重达 315～410 千克，成年母猪体重达 250～340 千克。

肥育性能：6 月龄可达 90 千克，日增重 600～700 克，肉料比 1∶3，体重达 90 千克时屠宰，其屠宰率为 71%～79%，胴体瘦肉率为 60%以上。

繁殖性能：性成熟较晚，母猪一般在 6～7 月龄、体重 90～110 千克时开始发情。汉普夏猪以母性强、仔猪成活率较高著称，产仔数平均为 8.66 头。

5. 皮特兰猪

皮特兰猪（图 1-9、图 1-10）产于比利时的邦特地区，主要特点是生长发育快，瘦肉率高（达 65%以上）。

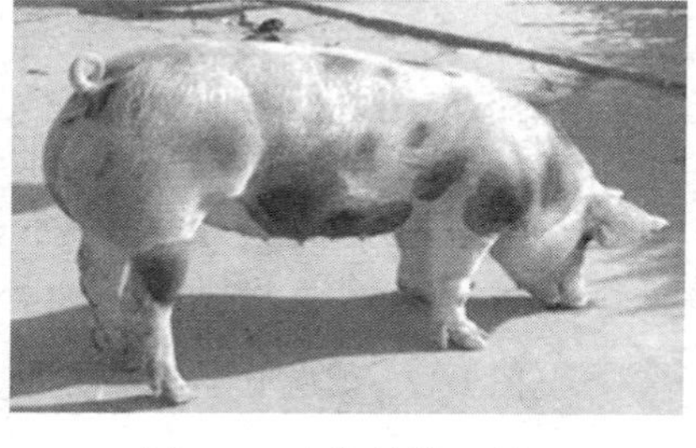
图 1-9　皮特兰猪（母）

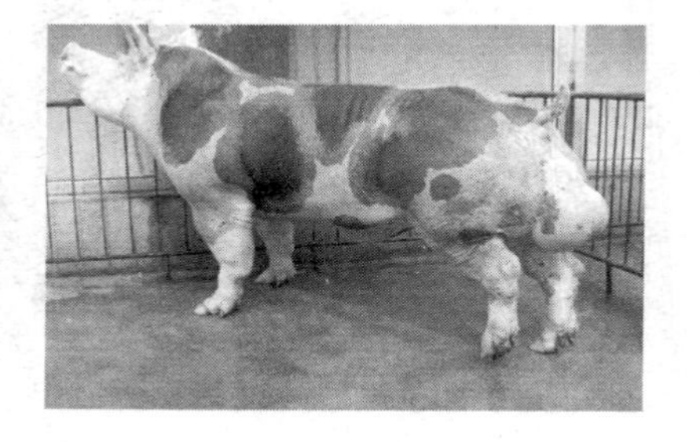
图 1-10　皮特兰猪（公）

外貌特征：毛色灰白，体躯夹有黑斑，耳中等大小，微前倾，头部清秀，颜面平直，嘴大且直。体躯呈圆柱形，肩部肌肉丰满，背直而宽大，体长1.5～1.6米。

肥育性能：6月龄可达100千克，每增重1千克消耗配合饲料3.0千克以下，90千克时屠宰，胴体瘦肉率65%以上，后躯占胴体37%以上。

繁殖性能：性成熟较晚，5月龄后公猪体重达90千克，母猪6月龄，体重达100千克以后配种为宜，初产母猪产仔7头以上，经产母猪产仔9头以上。该猪种体质较弱，较神经质，配种时注意观察，尤其在夏季炎热天气需注意防暑和调教。

三、国内地方优良品种

根据猪种来源、地域分布和生产性能等特点，我国地方猪种可划分为华北型、华南型、华中型、江海型、西南型和高原型6个类型。

1. 华北型

分布于秦岭和淮河以北。主要特点是体格较大，头直嘴长，背腰狭窄，臀部倾斜，四肢粗壮；皮厚毛密，鬃毛发达，被毛多为黑色且冬季密生绒毛；母猪3～4月龄开始发情，繁殖力强，经产母猪产仔大多在12头以上。代表品种有东北地区的民猪（图1-11）、西北地区的八眉猪和淮河流域的淮猪等。

图1-11　东北民猪

图1-12　滇南小耳猪

2. 华南型

分布于中国南部。主要特点是体格偏小，头小面凹，耳竖立或向

两侧平伸，躯体短宽，腿臀丰满，四肢较短；皮薄毛稀，鬃毛短小，被毛多为黑色或黑白花色；性成熟比华北型早，繁殖力低，平均产仔数 8 ～ 10 头，乳头 5 ～ 6 对。代表品种有云南的滇南小耳猪（图 1-12）、福建的槐猪、海南的海南猪等。

3. 华中型

分布于长江以南，北回归线以北，大巴山和武陵山以东的大部分地区。主要特点是体型略大于华南型，头中等大小，耳向上或平向前伸，背腰较宽且多小凹，腹大下垂；毛色以黑白花为主，头尾多为黑色；繁殖力中等，每胎产仔数 10～13 头，乳头 6～8 对。代表品种有浙江的金华猪（图 1-13）、广东的大花白猪，湖南的宁乡猪、广西的两头乌猪等。

图 1-13　金华猪

图 1-14　太湖猪

4. 江海型

分布于长江中下游及东南沿海的狭长地带，包括台湾西部的沿海平原。主要特点是额宽，耳大下垂，背腰较宽，较平直或微凹，骨粗；皮厚而松软，且多褶皱，被毛有黑色或间有白斑；繁殖力高，经产母猪产仔数 13 头以上，乳头多在 8 对以上。代表品种有太湖流域的太湖猪（图 1-14）、江苏的姜曲海猪、台湾的桃园猪等。

5. 西南型

分布于四川盆地，云南、贵州的大部分地区，以及湖南、湖北的西部地区。主要特点是体格稍大，头大，额面多横行皱纹且有旋毛，四肢粗壮；毛色多样，以全黑或“六白”为主，也有黑白花和少量红毛猪；繁殖力偏低，经产母猪产仔数 8～10 头，乳头 6～7 对。代表品种有四川的内江猪和荣昌猪（图 1-15）、云南等地的乌金猪等。

图 1-15　荣昌猪

图 1-16　藏猪

6. 高原型

主要分布于青藏高原，品种数和头数均较少，以藏猪（图 1-16）为代表品种。主要特点是体型小，形似野猪，善奔跑，耐饥寒；繁殖力低，一般年产 1 胎，每胎 5～6 头；生长慢，较晚熟，胴体瘦肉率在 52%左右。

第二节　后备母猪的选留

规模化猪场一般都有自己的繁殖体系，形成通常所说的核心群（育种群体）、繁殖群和生产群（商品群体）。但整个群体的大小则以生产群母猪数的多少来衡量。三者的关系大约应符合这样的比例：核心群∶繁殖群∶生产群＝1∶5∶20。核心群规模的大小，除要考虑繁殖群所需种猪数量外，品种选育的方向和进度是两个重要因素。规模化猪场通常较合理的胎龄结构比例见表 1-1。

表 1-1　规模化猪场母猪胎龄比例

母猪胎次/胎	1～2	3～6	7 以上
比例/%	25～35	60	10～15

随品种状况、饲养管理水平等因素的不同，群体结构会有所变化。如品种繁殖能力强、营养好、饲养管理水平高的猪场，高胎龄母猪可多留一些；母猪本身体况好、营养好及有效产仔胎数多的也可多留作高胎龄母猪。

一、选留数量的确定

选留数量通常为：生产群数量×母猪淘汰率÷60%。选留原则：本场生产育种的目标和标准。通常根据个体生产性能及系谱同胞鉴定的结果进行判断。

二、选留时间

后备母猪的选留如果做得精细一些，可以进行三次选留。

第一次在断奶时，通过仔猪断奶转群转入保育舍时进行第一次选择。初次选留体况较好的小母猪作为后备母猪，乳头是否正常是此时选留的一个最重要的也是最明显的标准。

第二次在60千克左右时，通过前一个生长时期的饲养，第一次选留时一些不明显的问题，此时会显示出来，选择体况良好，乳房结实丰满、乳头整齐无缺陷，肢蹄正常的母猪作为后备母猪。

第三次在配种前后，再次淘汰以下几种情况的母猪：母性差的母猪，这类母猪一般发情不明显，乏情或不发情；体质差的母猪，例如有些母猪被冷水冲淋后浑身发抖、被毛竖立；有隐性感染的母猪，这些母猪一般生长缓慢，疫苗接种时疫苗反应强烈。

三、后备母猪的选留标准

后备母猪的本场选留，是根据本场的繁育需要确定的，分纯种繁育和杂交繁育。如果是商品性的规模猪场，还应根据本场的杂交组合来确定，通常以杂交一代母猪为主（如长大一代母猪或大长一代母猪）。

挑选后备母猪，首先要进行母体繁殖性状的选择和测定，要从具备本品种特征外貌（毛色、头型、耳型等）的母猪及仔猪中挑选，还需测定每头母猪每胎的产活仔数、壮子数、窝断奶仔猪数、断奶窝重及年产仔胎数。因为这些性状确定时间较早，一般在仔猪断奶时即可确定，因此要首先考虑，为以后的挑选打下基础。

1. 母体繁殖性状

（1）生长速度　后备母猪应该从同窝或同期出生、生长最快的

50%～60%的猪中选出。生长速度慢的母猪（同一批次）会耽搁初次配种的时间，也可能终生都会成为问题母猪。

（2）外貌特征　毛色和耳形符合品种特征，头面清秀、下颚平滑；应注意体况正常，体型匀称，躯体前、中、后三部分过渡连接自然；被毛光泽度好、柔软、有韧性；皮肤有弹性、无皱纹、不过薄、不松弛；体质健康，性情活泼，对外界刺激反应敏捷；口、眼、鼻、生殖孔、排泄孔无异常排泄物粘连；无瞎眼、跛行、外伤；无脓肿、疤痕、无癣虱、疝气和异嗜癖。

（3）躯体特征　①头部：面目清秀。②背部：胸宽且深。③腰部：背腰平直，忌有弓形背或凹背的现象。④荐部：腰荐结合部要自然平顺。臀宽的母猪骨盆发达，产仔容易且产仔数多。⑤尾部：尾根要求大、粗且生长在较高及结构合理的位置上。

（4）乳头　乳头的数量和分布是判断母猪是否发育良好的评判标准。理想的后备母猪，有效乳头应该在7对及7对以上，对于6对的只作为备选后备母猪，仅在配种目标达不到的情况下才会配种。乳头分布要均匀，间距匀称，发育良好。没有瞎乳头、凹陷乳头或内翻乳头，乳头所在位置没有过多的脂肪沉积，而且至少要有2～3对乳头分布在脐部以前且发育良好（图1-17），因为前2～3对乳头的发育状况很大程度上决定了母猪的哺乳能力。

图1-17　查看有效乳头的数量与分布

（5）外阴　母猪的生殖器非常重要，是决定母猪人工授精和生产难易的关键。一般以阴户发育好且不上翘为评判标准。小阴户、上翘阴户、受伤阴户或幼稚阴户不适合留作后备母猪，因为小阴户可能会给配种尤其是自然交配带来困难，或者在生产时发生难产，上翘阴户可能会增加母猪感染子宫炎的概率，而受伤阴户即使伤口能恢复愈合，仍可能会在配种或分娩过程中造成伤疤撕裂，为生产带来困难，幼稚阴户多数是体内激素分泌不正常所致，这样的猪多数不能繁殖或繁殖性能很差。

（6）肢蹄　后备母猪四肢是否健实是决定其使用年限的一个关键因素。母猪每年因运动问题导致的淘汰率高达20%～45%，运动问题包括一系列现象，如跛腿、骨折、后肢瘫痪、受伤、卧地综合征等。引起跛腿的原因有软骨病、烂蹄、传染性关节炎、溶骨病、骨折等。

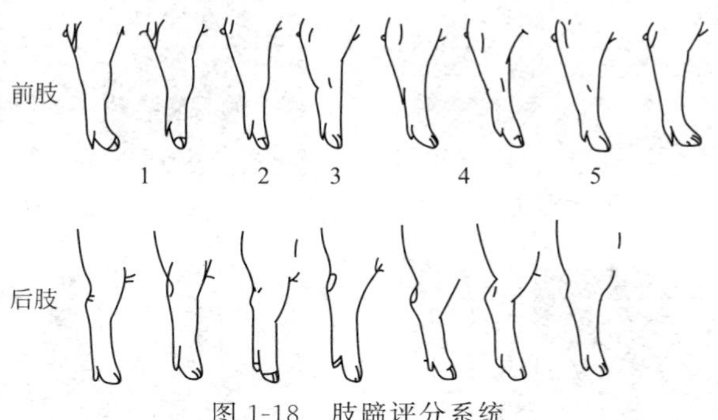

图 1-18　肢蹄评分系统

肢蹄评分系统（图 1-18）中，不可接受（1 分）：存在严重结构问题，限制动物的配种能力；好（2～3 分）：存在轻微的结构问题和/或行走问题；优秀（4～5 分）：没有明显的结构或行走问题，包括趾大小均匀，步幅较大，跗关节弹性较好；系部支撑强，行走自如。上述肢蹄评分系统中，分数越高越好。蹄部关节结构良好是使母猪起立躺下，行走自如，站立自然，少患关节疾病和以后的顺利配种的原始动力。

① 前肢：前肢应无损伤，无关节肿胀，趾大小均匀，行走时步幅较大，有弹性好的跗关节，有支撑强的系部。

② 后肢：后肢站立时膝关节弯曲自然，避免严重的弯曲和跗关节的软弱，但从以往实际生产上的业绩看，对膝关节正常的，有“卧系”现象的也可选用。

（7）足　挑选后备母猪时，对足的要求要注意以下几个方面：

① 足的大小合适，位置合理；②单个足趾尺寸（密切注意足内小足趾）；③检查蹄夹破裂、足垫膜磨损以及其他的外伤状况；④腿的结构与足的形状、尺寸的适应程度；⑤足趾尺寸分布均匀，足趾间分离岔开，没有多趾、并趾现象。关节肿胀（图 1-19）、足趾损伤（图 1-20）、悬蹄损伤（图 1-21）、蹄夹过小（图 1-22）、足夹尺寸过大（图 1-23）、足夹断裂（图 1-24）、足底垫膜损伤（图 1-25）等，都是有问题的足。

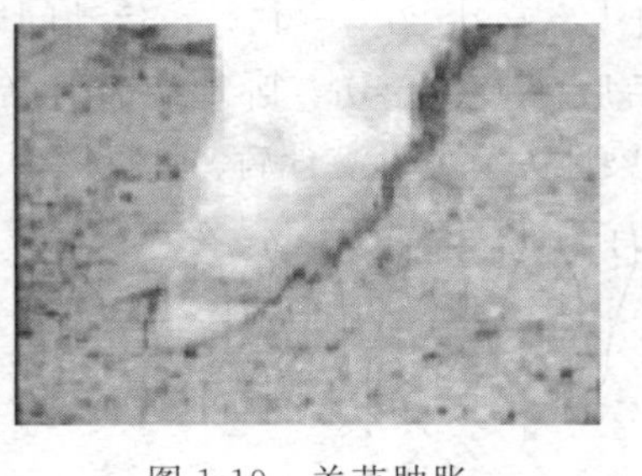

图 1-19　关节肿胀

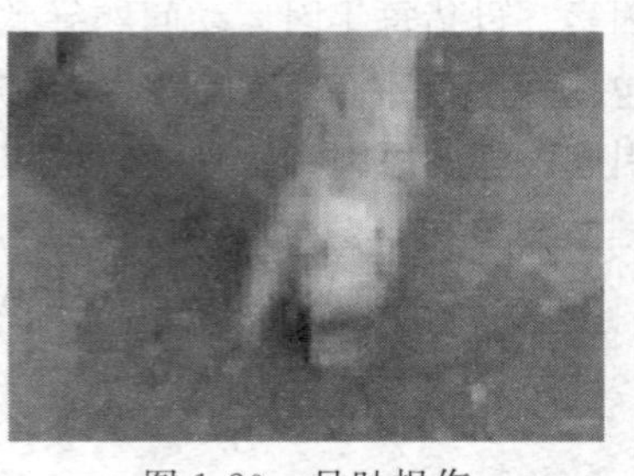

图 1-20　足趾损伤

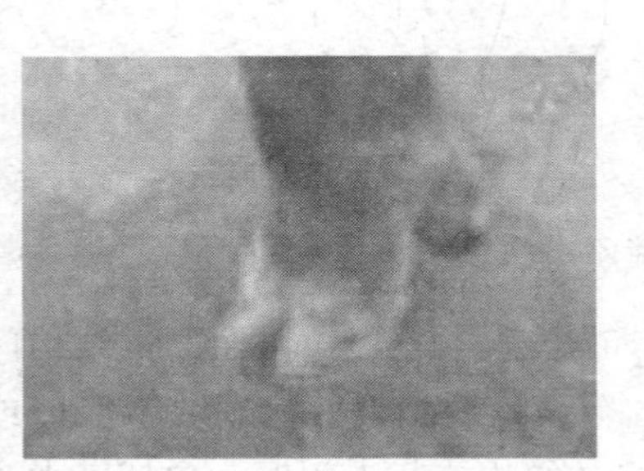

图 1-21　悬蹄损伤

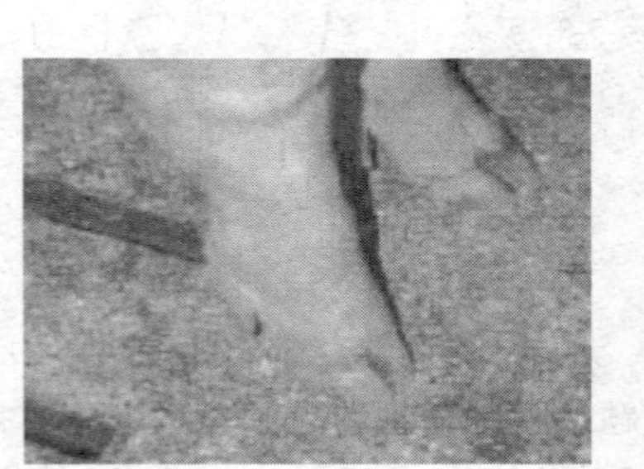

图 1-22　蹄夹过小

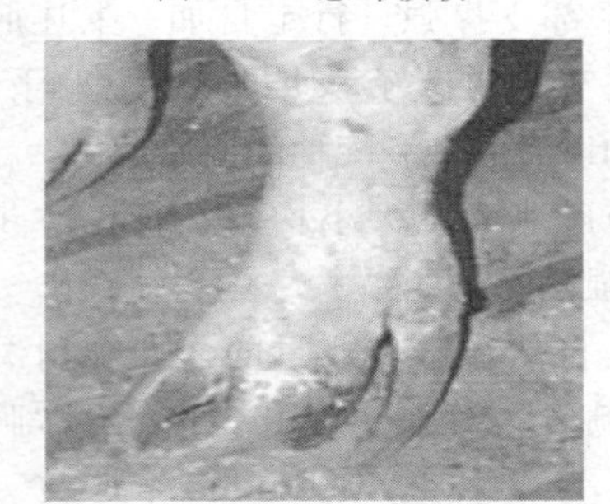

图 1-23　足夹尺寸过大

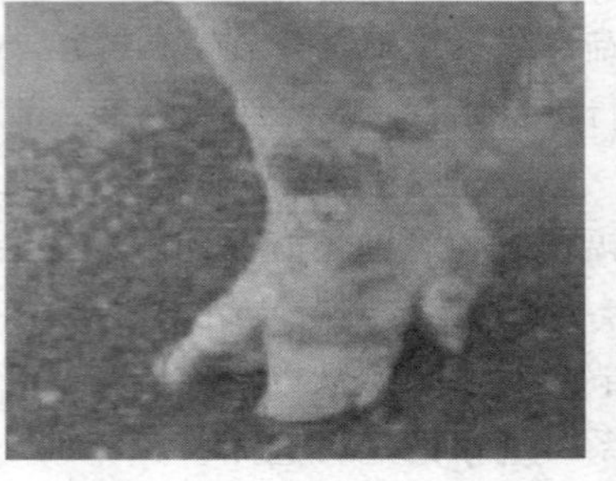

图 1-24　足夹断裂

（8）具有以下性状的猪也不能选作后备母猪　阴囊疝——俗称疝气；锁肛——肛门被皮肤封闭而无肛门孔；隐睾——至少有一个睾丸没有从上代遗传过来；两性体——同时具有雌性（阴户）和雄性（阴茎）生殖器官；战栗——无法控制的抖动；八字腿——出生时，腿偏向两侧，动物不能用其后腿站立。

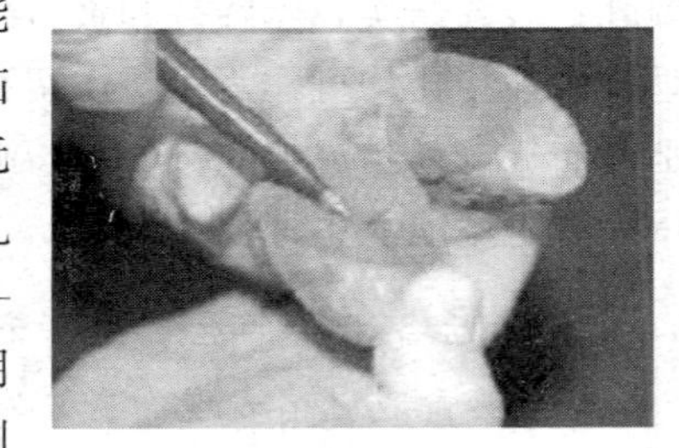
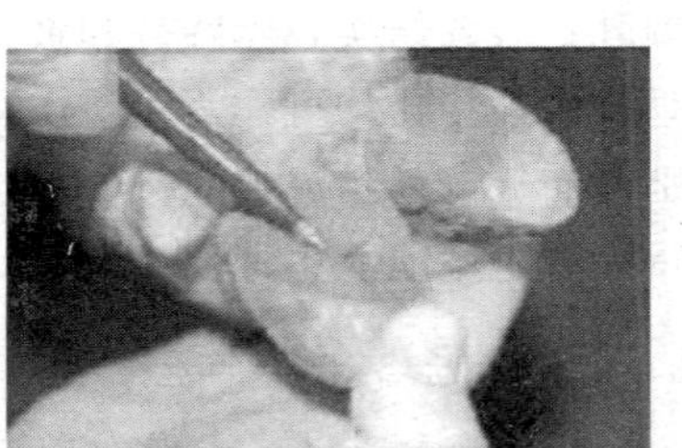

图 1-25　足底垫膜损伤

理想后备母猪的特征见图 1-26。

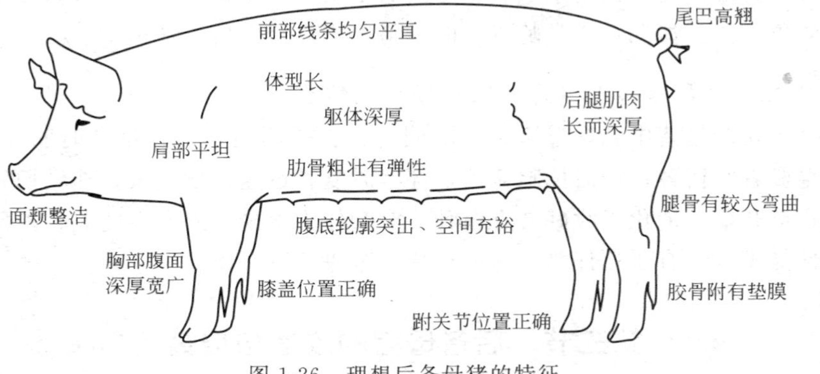

图 1-26　理想后备母猪的特征

2. 审查母猪系谱

种猪的系谱要清楚，并符合所要引进品种的外貌特征。引种的同时，对引进种猪进行编号，可以根据猪的耳号和产仔记录找出母亲和父亲，并进一步找出系谱亲缘关系，同时要保证耳号和种猪编号对应。

3. 看断奶窝重和品种特征

仔猪在 30～40 日龄断奶时，将断奶窝重由大到小逐一排队，把断奶窝重大的当作第一次选留对象。凡外貌，如毛色、头型等品种特性明显，发育良好，乳头总数在 6 对以上且排列整齐，没有瞎乳头、副乳；肢蹄结实，无蹄裂和跛行；生殖器官发育良好，外阴较大且下垂等的仔猪，均可作为第二次留种的标准。同一窝仔猪中，如发现个别有疝气（赫尔尼亚）、隐睾、副乳等遗传缺陷的仔猪，即使断奶窝重大，也不能从中选留。

4. 看后备母猪的生长发育和初情期

4 月龄育成母猪表现为身体发育匀称、四肢健壮、中上等膘、毛色光泽。除有缺陷、发育不良或患病的仔猪，如窄胸、扁肋、凹背、尖尻、不正姿势（X 状后肢）、腿拐、副乳、阴户小或上撅、毛长而粗糙等不应选留外，其他健康的仔猪均可留作种用。后备母猪达到第一个发情期的月龄叫初情期，同一品种（含一代母猪），初情期越早，母性越好。进入初情期，表明母猪的生殖器官发育良好，具备做母猪的条件。初情期在 7 月龄以上的母猪不应选留作后备种用。

5. 看母猪初产（第一次产仔）后的表现

初产母猪中乳房丰满、间隔明显、乳头不沾草屑、排乳时间长，温驯者宜留种；产后掉膘显著，怀孕时复膘迅速，增重快，哺乳期间食欲旺盛、消化吸收好者宜留种。对产仔头数少、泌乳性能差、护仔性能不好，有压死仔猪行为的母猪，坚决予以淘汰。

第三节　后备母猪的改造与培育

一、选种选配

（一）种猪选留和测定

猪的育种就是通过测定、遗传评估，对种群的繁育进行人工干预，改变群体遗传进程，以便在世代更替中，使群体内的个体更好地接近特定选育目标。优良性状只有通过不断地选择才能得到巩固和提高，因此选择是改良和提高种猪生产性能的重要手段。

1. 测定的准确性是基础

测定数据是整个选育工作的源头，其准确性是成败的关键。可能

影响准确性的因素很多，养殖者要尽可能给予从严控制。

（1）营养供给　细分猪的饲养阶段，给出合理的饲料营养标准和相应的饲喂数量，并在不同的季节做出适量调整。对饲料和添加剂原料严格把好质量关，对某些原料进行膨化、发酵处理。

（2）环境控制　我国南北气候相差悬殊，在四季分明的亚热带季风区域，夏季的酷暑、冬季的湿冷对各类猪的健康和生长都有很大影响，采暖、保温和通风、防暑同等重要并均需大量投入。给所有猪舍安装湿帘通风，产房、保育舍采用地暖等综合措施，可减少恶劣气候对猪的不利影响。

各类猪舍都采用机械刮粪装置，干粪经充分发酵成农田优质肥料；剩余的水粪经过高效厌氧产沼—沼气发电—脱碳除磷一体化塘—强化生态净化塘—无土栽培—土壤毛细管渗滤—潜流式人工湿地等循环处理达标排放。良好的粪污处理措施净化了猪场的内外环境。

（3）健康保障　严格控制生产区内外和不同生产区的人员、物品往来，构筑好坚实的防疫墙。

在总体免疫程序规范下，制定分阶段实施的责任制，形成缜密的免疫网络。每季度进行各类猪只免疫抗体水平检测，实时监控群体健康状态。

制订“重大疫情应急预案”，以便在有疫情威胁时能及时做出反应，迅速形成有效应对措施，在统一指挥下高效、有序地工作，保障猪群健康。

此外，还要配备足够的测定设备，如称重设备、活体超声波测膘仪等，并加强测定人员的技术培训。

2. 遗传评估是选种的主要依据

（1）主选性状和综合选择指数　根据国家生猪遗传改良计划最近提出的三个主要目标选育性状，即总产仔数、达100千克体重日龄和达100千克体重活体背膘厚。由这三个性状组建的综合选择指数（I）公式为：$I=0.6\times EBV_1+0.3\times EBV_2+0.1\times EBV_3$（$EBV_1$～$EBV_3$为三个性状的估计育种值），以期较大程度提高繁殖性能，适度提升生长速度，并保持良好的胴体性状。

（2）选种过程　针对目标性状进行遗传评估得出综合育种值，选取同批测定猪中（例如2周内）指数值高的公猪6%、母猪30%先留下（测定猪批间的指数值会有一定幅度波动，其选留比例不能是整齐划一的，不够基本标准的可以少留甚至不留），将群体内真正优秀的个体选留下来。选留时也要注意单个性状育种值特别高的个体，以维持群体良好的遗传素材。在根据综合育种值大小顺序选种时，还应注意公猪的血统，少量选留性能稍欠优的公猪，避免血缘过窄而致近交程度快速上升。结合后备猪的外貌逐头进行现场选留，主要兼顾品种特征、繁殖性征、四肢健壮性以及健康状况等。

待预留种猪达到210日龄，公猪经过2～3次采精，其精液品质达到基本要求；母猪有过较明显的发情征状，据此确定正式选留。根据国家生猪遗传改良计划的要求，公、母猪的留种率分别在3%和25%以下。

3. 加快世代更替

（1）合理的世代间隔　缩短世代间隔是加快遗传进展的另一个重要手段。公猪的使用年限以不超过10个月为宜，这样，公猪的世代间隔大约为1.5年。母猪若有自身繁殖性能数值，甚至有多胎繁殖性能数值，将对其估计育种值的准确性大为提高，所以在1、2、3胎再进行重复选择对提高繁殖性能是很有好处的。母猪1胎、2胎、3或4胎的比例分别为50%、30%、20%左右，是较合理的胎龄结构，这样世代间隔也在1.5年内。

（2）实际操作　在当代核心群母猪1、2、3胎产仔后，根据新获得的繁殖数据，再次计算综合选择指数，排序淘汰低端的20%。大于4胎的母猪全部退出核心群。

（二）种猪选配

选种是选配的基础，但选种的作用必须通过选配来体现。利用选种改变群体动物的基因频率，利用选配有意识地组合后代的遗传基础。有了良好种源才能选配；反过来，选配产生优良的后代，才能保证在后代中选种。选配有同质选配、异质选配和亲缘选配三种类型。

按综合选择指数选配时，在指数相同或相近的两个体间进行选配，整体上可视为同质选配，但就指数内单个性状而言可视为异质选配。在制订选配计划时，往往以综合选择指数值为依据，同时考虑参配个体间的亲缘关系，即近交系数不得高于12.5%。近交能促进基因的纯合，获得稳定的遗传，适度近交是可行的，也是必要的，个别情况下不超过10%是可以接受的。

种猪选配的实际操作可参考以下选配图（图1-27）进行，具体方法及要点如下。

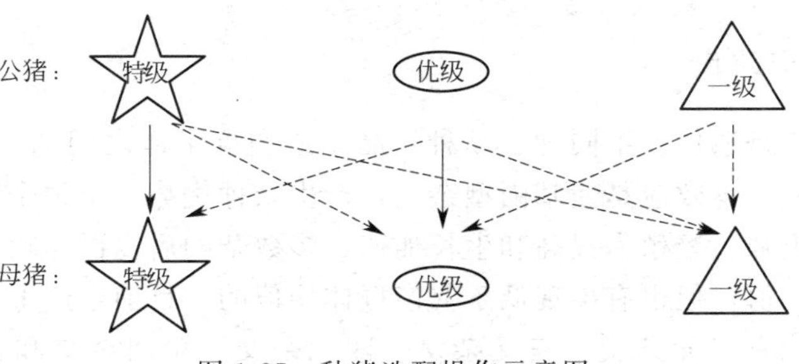

图1-27　种猪选配操作示意图

（1）将公、母猪根据综合选择指数值大致分为特级、优级和一级，将参加本配种时段的公、母猪按综合选择指数值大致分成特级、优级、一级三个群体。正常状态下，“特级”和“一级”数量较少，“优级”数量略多。

（2）在“特级”母猪群中，应以“特级”公猪与之配合为主，不得选“一级”公猪配合，在“优级”母猪群中，则以“优级”公猪与之配合为主，其余尽量安排“特级”公猪与之配合。在“一级”母猪群中，以“优级”和“一级”公猪为主，少量以“特级”公猪进行异质选配。

（3）通过选配，可使“特级”公猪的与配母猪比平均数多20%～30%，“一级”公猪的与配母猪比平均数少20%～30%。

（4）为控制群体近交程度不致过快上升，一般控制亲缘系数在12.5%以下，少数也不得突破25%。

（5）为迅速巩固某一特定性状，可采用半同胞以上的亲缘选配；特殊需要可采用全同胞和亲子交配。亲子交配以限1次为度，全同胞交配限2次为度，其后的选配须拉开亲缘距离，亲缘选配的总量须限制在全群的10%以内。

（6）根据图 1-27 所示认真制订详细的选配计划，并遵照计划执行。

选配工作量大且烦琐，要安排专人负责核心群全群选配计划的制订并切实执行。

后备种猪的选配计划每月制订一次，其他各胎次母猪的选配计划每半月制订一次（包括综合选择指数的再计算）。

二、杂交改良

杂交是遗传上不同种、品种、品系或类群个体之间的交配系统。杂交的最基本效应是使基因型杂合，产生杂种优势。杂种个体表现出生命力更强、繁殖力提高和生长加速，多数杂种后裔群体均值优于双亲群体均值，但也有出现低于双亲群体均值的。目前生产上最常用的杂交方式有二元杂交、三元杂交、四元杂交、轮回杂交和正反反复杂交。

（一）杂交方式

1. 二元杂交

二元杂交指两个具有互补性的品种或品系间的杂交，是最简单的杂交方式，生产上最常见的二元母猪为长大、大长母猪。

纯粹以国外引进品种杂交生产的母猪，养殖户俗称其为“外二元”母猪。二元杂交母猪以我国地方猪种为母本生产的二元母猪，俗称为“内二元”母猪，如长白公猪太湖母猪杂交生产的长太二元母猪。常见的二元杂交公猪为皮杜、杜皮杂种公猪。

2. 三元杂交

三元杂交是指三个品种间或品系的杂交。三元杂交猪是首先利用两个品种或品系杂交生产母猪，再利用第三个品种或品系的公猪杂交产生的后代猪。三元杂交除育种需要外，大部分用于生产商品猪。生产上最常见的三元猪为杜长大或杜大长商品猪。

全部运用外来品种（系）杂交生产出的三元猪，养殖户俗称为“外三元”。三元杂交的第一母本为国内地方品种生产的猪为“内三元”。

3. 四元杂交

四元杂交是指两个品种（系）杂交生产的杂交公猪，再利用另外两个品种（系）杂交生产的杂交母猪，然后由杂交公猪和杂交母猪杂交生产的后代猪。四元杂交除育种需要外通常用于生产商品猪。

4. 轮回杂交

由两个或三个品种（系）猪轮流参加杂交，轮回杂种中部分母猪留作种用，参加下一次轮回杂交，其余杂种均作为商品肥育猪。

5. 正反反复杂交

利用杂种后裔的成绩来选择纯繁亲本，以提高亲本种群的一般配合力，获得杂交后代的最大杂种优势。

（二）配套系

配套系是指在专门化品系选育基础上，以几个组的专门化品系（多以 3 个或 4 个品系为一组）为杂交亲本，通过杂交组合试验筛选出其中一个作为最佳杂交模式，再依此模式进行配套杂交得到产品——商品猪。广义的配套系是指依杂交组合试验筛选出的已被固定的杂交模式生产种猪和商品猪的配套杂交体系。配套系都有自己的商品名称。如在国外，有 PIC、迪卡（美国）、施格（比利时）、达兰（荷兰）、托佩克（加拿大、美国）等。在我国，经国家畜禽品种审定委员会审定的 8 个猪配套系也都有其商品名称，如中育猪配套系、滇撒猪配套系、光明猪配套系等。

配套系商品猪、配套系种猪都是由固定杂交模式生产出来的。推广的是依据相对固定模式生产出的各代次种猪，故有以下称谓：某配套系的曾祖代、祖代、父母代种猪；某配套系的商品猪。

引进和饲养配套系种猪时，一定要弄清楚代次及其配套模式，以确保充分发挥其正常的生产性能。如果自己的猪场计划生产某配套系的商品猪，就应该引进配套系的父母代种猪；如果计划生产推广某配套系的父母代种猪，就应该引进饲养该配套系的祖代种猪。

配套系是数组专门化品系间的配套杂交，互补性强，杂种优势明显。同时，由于专门化品系的遗传纯度较高，因而商品猪的整齐度、产品规格化程度较好，从而有利于产业化发展，有利于“全进全出”，有利于商品代群体达到高产要求。因此，具有较高的商品价值，能带来显著的经济效益。

三、自繁自养后备母猪的饲养管理

目前，自繁自养后备母猪的饲养管理存在许多问题，主要表现在：按肥育猪方法饲养，未能形成种用体况，导致发情延长或不发情，配种妊娠率低，哺乳期泌乳不足，仔猪发育不良，断奶后母猪发情延迟或不发情，繁殖能力低，使用寿命短。

正确的饲养管理要点主要包括以下内容：

（1）日喂料 2 次，最好使用后备母猪专用料。做好限饲优饲计划：后备母猪 6 月龄以前自由采食，每天每头喂 2.0～2.5 千克，根据不同体况、配种计划增减喂料量。7 月龄适当限制，喂料量控制在 2 千克以下；配种使用前一月或半个月优饲，优饲时喂料量 2.5 千克以上或自由采食。在第一个发情期开始，要安排喂催情料，比规定料量多 1/3，配种后料量减到 1.8～2.2 千克。

（2）做好后备母猪发情鉴定并记录，将该记录移交配种舍人员。母猪发情记录从 6 月龄时开始。仔细观察初次发情期，以便在第二、三次发情时及时配种，并做好记录。

（3）为保证后备母猪适时发情，可采用调圈、合圈、成年公猪刺激的方法刺激后备母猪发情；对于接近或接触公猪 3～4 周后，仍未发情的后备母猪，要采取强刺激，如将 3～5 头难配母猪集中到一个留有明显气味的公猪栏内，饥饿 24 小时、互相打架或每天赶进一头公猪与之追逐爬跨（有人看护）刺激母猪发情，必要时可用中药或激素刺激；若连续 3 个情期都不发情，则淘汰。

（4）发情鉴定的最佳方法是在母猪喂料后半小时表现平静时进行（由于与喂料时间冲突，主要用于鉴定困难的母猪），每天进行两次发情鉴定，上下午各一次，检查采用人工查情与公猪试情相结合的方法。配种员所有工作时间的 1/3 应放在母猪发情鉴定上。母猪的发情表现有：阴门红肿，阴道内有黏液性分泌物；在圈内来回走动，频频

排尿；神经质，食欲差；压背静立不动；互相爬跨，接受公猪爬跨。也有发情不明显的，发情检查的最有效方法是每日用试情公猪对待配母猪进行试情。

（5）进入配种区的后备母猪每天放到运动场1～2小时并用公猪试情检查。

（6）小群饲养，每圈3～5头（最多不超过10头），每头占圈面积至少0.66平方米，以保证其肢体正常发育。

（7）配种前一段时期按摩乳房，刷拭体躯，建立人猪感情，使母猪性情温顺，好配种，产子后好带仔。

（8）对患有气喘病、胃肠炎、肢蹄病等病的后备母猪，应隔离单独饲养在一栏内；此栏应位于猪舍的最后。观察治疗两个疗程仍未见有好转的，应及时淘汰。进入配种区后超过60天不发情的小母猪也应淘汰。

（9）后备母猪的配种体重应达到110千克以上。

四、引种外购后备母猪的饲养管理

（一）引种外购后备母猪的挑选与运输

1. 可靠的良种种源

外购后备母猪，要在经过国家鉴定验收并持有种猪生产经营许可证，繁殖群体规模大，技术力量强，管理严格，基础设施完备，信誉度好，没有疫情发生的种猪扩繁场引猪。

2. 最佳月龄和体重

选择后备母猪在4～5月龄、体重在60～70千克时进行。此阶段猪生长发育、体型外貌、生殖器官等基本定型，易于外观选择，距离配种月龄还有2～3个月，有充足时间隔离观察，接种免疫，加强培育。

3. 体质、体况的选择

选择身体发育匀称，躯体前、中、后三部分过渡连接自然，四肢健壮，中上等膘情；毛色光泽，柔软，有韧性；对外界反应刺激灵敏；天然孔无异常排泄物和粘连；无瞎眼、跛行、外伤；无脓肿、疤痕、疝气等。

4. 与繁殖力有关表现性状的选择

应选择乳房发育良好，排列整齐匀称、左右间隔适当宽，有效乳头 7～8 对以上，无假乳头、瘪乳头；脊背平直且宽、肌肉充实，四肢坚实直立，无卧；臀部宽、平、长，微倾斜；腹成平，略呈弧形，不宜太下垂，有弹性而不松弛，阴户大而不上撅。不具有以上特征的不选。

5. 种猪系谱卡片

核对填写项目是否完整，详细了解饲料品种、饲喂方法、接种免疫及驱虫情况，以备制定免疫计划和日粮组成。

6. 运输

要做好人员、运输车辆安排，运输车辆严格消毒，预防病原传播，注意避开风、雨、雪等恶劣天气，冬季、早春选择气温较高的白天运输，同时注意防风；夏季选择早晚运输，防日射病和热射病，同时注意密度和防滑。猪不宜吃得太饱，也不宜空腹，卸车时让猪自然下车，不宜大声强制驱赶。

（二）外购后备母猪进场及并群

1. 注意先隔离

新引进的种猪，应先饲养在隔离舍，而不能直接转进猪场生产区，避免带来新的疫病或者由不同菌（毒）株引发相同的疾病。

2. 注意消毒和分群

种猪到达目的地后，立即对卸猪台、车辆、猪体及卸车周围地面进行消毒，然后将种猪卸下，按大小、公母进行分群饲养，有损伤、脱肛等情况的种猪应立即隔开单栏饲养，并及时治疗处理。

3. 注意加强管理

先给种猪提供饮水，休息 6～12 小时后方可少量喂料，第 2 天开始可逐渐增加饲喂量，5 天后才恢复到正常饲喂量。种猪到场后的前

2 周，由于疲劳加上环境变化，抵抗力降低，饲养管理上应尽量减少应激，可在饲料中添加抗生素和电解质多维，使其尽快恢复到正常状态。

4．注意隔离与观察

种猪到场后必须在隔离舍隔离饲养 30～45 天，严格检疫。对布鲁杆菌、伪狂犬病等疫病要特别重视，须采血，经有关兽医检疫部门检测，确认为没有细菌和病毒野毒感染，并监测猪瘟等抗体情况。隔离期结束后，对该批种猪进行体表消毒，再转入生产区投入正常生产。

5．注意运动锻炼

种猪体重达 90 千克以后，要保证每头种猪每天 2 小时的自由运动（赶到运动场），提高体质，促进发情。

（三）解决隔离期内种猪免疫与保健方面的问题

1．制定免疫程序

参考目标猪场的免疫程序及所引进种猪的免疫记录，根据本场的免疫程序制定适合隔离猪群的科学免疫程序。

2．猪瘟免疫

如果所引进种猪的猪瘟疫苗免疫记录不明或经监测猪群的猪瘟抗体水平不高或不整齐，应立即全群补注猪瘟脾淋苗。如果猪瘟先前免疫效果确实，可按新制定的本场免疫程序进行免疫。

3．蓝耳病的病原检测

重点做好蓝耳病的病原检测，而对于国家强制免疫的疫苗要按国家规定执行（如五号病、某些地方的猪链球菌病等）。

4．做好呼吸道疾病的免疫

结合本地区及本场呼吸系统疾病流行情况，做好针对呼吸系统传染病的疫苗接种工作，如喘气病疫苗、传染性胸膜肺炎疫苗等。

5．繁殖障碍病的防控

对于 7 月龄的后备猪，在此期间可做一些引起繁殖障碍疾病的预防注射，如细小病毒、乙型脑炎等。

6. 全面驱虫

种猪在隔离期内，接种完各种疫苗后，应用广谱驱虫剂进行全面驱虫，使其能充分发挥生长潜能。

（四）引种外购后备母猪疾病风险的控制

每个猪群都可能是一个相对独立的致病性微生物复合体，每个猪群的机体免疫水平或保护性抗体的滴度也各不相同，每当我们引进新的种群时，就有可能引进一个新的病原复合体，一旦猪群处于应激状态时，就可能发生疾病。所以，猪场在引进一个新的种群时，很有必要进行隔离。

1. 隔离

隔离是将新引进的种猪饲养在远离自有猪群区域的措施。

之所以强调隔离是因为隔离措施可以降低新引进的种猪引入新的经济影响性病原的可能性，保护自有猪群，表现出经济影响性的病原微生物不是外来的，是原有平衡状态被破坏后所呈现出来的，保护本场内猪群的健康，免受外来猪群携带病原微生物的侵入，降低疾病和经济损失风险。

2. 隔离原理

（1）每个猪群，无论健康状况如何，都是病毒和细菌的携带体，在应激情况下，这些病原即可致病。

（2）病原的种类和数量，因猪群不同而不同。

（3）机体的免疫状态或抗体水平，也因猪群及所接触病原强度的不同而不同。

（4）为了维持原有猪群的稳定生产，引种计划要周全。

3. 措施

（1）尽可能让新引进种猪和自有猪群之间没有接触，包括：

① 隔离舍经过清洗消毒后，至少应有 2 周的空置期（室内温度低于 5℃时，空置期应不少于 4 周）。

② 理想状态下，新引进种猪应饲养在距离自有猪群直线距离 100

米以外的区域。饲养密度以 2 平方米/头为宜。引种后至少应有 2 周的隔离时间（一般 4 周比较理想）。

③ 最低要求新引进种猪饲养区域和自有猪群之间至少有一道完全阻隔的实心墙，在此状况下，新引进种猪的邻居最好是即将出售的肥育猪（若有问题时，可及时处理新引进的种猪和疑似被感染的肥育猪）。

④ 专用隔离舍、专用生产工具、专用饲养人员（此饲养人员最好具备兽医临床经验），避免隔离期间物资、人员的交叉。

⑤ 隔离舍的排泄物不允许流向自有猪群的猪舍。或者采用集中处理隔离舍内的粪污并对这些粪污进行烧碱消毒的方式。

（2）在饲料中或者饮水中添加常规预防量抗生素、功能性添加剂等以增强机体抵抗力。

（3）每日对新引进的种猪进行临床观察并记录异常状况。

（4）采样并对关注的经济影响性病原进行监测。隔离期内，依据临床观察或者检测结果，迅速决定如何处理这些新引进的种猪，避免外源性病原对自有猪群造成严重的健康冲击。

4. 隔离期

建议使用 2 周观察期，一般 4 周比较理想。

5. 注意事项

（1）隔离期内一般不接种疫苗。

（2）对每一批到达的种猪均需要进行隔离，即使是来自同一供种场。

（3）最大限度地避免不同生产区饲养员的接触，杜绝不同饲养区的饲养员交叉接触不同区域的种猪。种猪引进后的最初 2 周，禁止与其他猪接触。

（4）饲养员进舍前，要更衣换鞋，严格消毒，隔离舍内的器械要专用。

（5）及时填写饲养记录，包括猪号、饲料用量、饮水量、猪群健康状况、保健或治疗所用药物及效果、免疫情况等。若发病治疗效果不佳或无效，请与供种猪场及时联系。

五、空怀母猪的饲养管理和保健

带仔母猪断奶到再次配种这段时间为空怀期，一般经 7～10 天母猪就会发情。

（一）两种类型空怀母猪的生理特点

空怀母猪有两种类型，这两种空怀母猪生理特点没有一点共同之处，一种是经过较长时间的哺乳期，由于强烈泌乳使得体重减轻较多，体况膘情较差的母猪；另一种是在哺乳期由于带仔猪较少，或因母猪无奶、少奶而未经过哺乳的母猪，其体况由于没有经过哺乳期泌乳的消耗而较好，甚至有些过肥的母猪。

第一类空怀母猪由于体质较瘦弱，往往会影响体内的正常生理活动和正常生殖激素分泌，使得母猪卵巢中卵泡不能正常生长发育而影响发情排卵，也就不能完成正常的配种受胎任务；即使有些瘦弱空怀母猪能够发情配种，但因排卵少或排出卵子活力不强，会造成产仔较少或仔猪瘦小甚至畸形。

第二类比较肥胖的空怀母猪，由于体内沉积了较多脂肪，尤其是母猪卵巢附近沉积了很多脂肪，也会影响母猪正常的生理机能和卵巢的代谢活动，从而影响母猪的正常发情配种。

实践证明，过于肥胖的母猪往往不发情或排卵数过少而造成产仔猪较少，或是胎儿在胚胎期容易死亡而被母体吸收，为了使空怀母猪能够及时发情配种，对较瘦弱母猪应加强饲养，使其尽快恢复体况，对过肥母猪应适当控制饲养或加强运动，使其尽快减肥。

（二）空怀母猪的饲养管理

良好的饲养管理，可促进空怀母猪如期发情排卵，提高受胎率。

1. 空怀母猪的管理目标

后备母猪达到性成熟，及时配种，配种率达 80%以上。经产母猪适时发情、不返情、多产仔（年产仔猪 24 头以上）。断奶后 3～7 天内配种，配种率达到 85%以上。

2. 存在问题

断奶后不发情或异常发情的母猪较多，配种率低，母猪利用率低。

3. 空怀母猪的管理和保健技术要点

（1）短期优饲　根据同期胎次膘情体型大小，每4～5头放置一栏。在配种前对空怀母猪进行短期优饲，不能减少断奶母猪的采食量，以提高母猪排卵。

（2）饲喂　如果哺乳期母猪饲养管理得当、无疾病，膘情也适中，大多数在断奶后3～7天内就可正常发情配种，但在实际生产中常会出现多种因素造成断奶母猪不能及时发情。

① 有的母猪因哺乳期奶少、带仔少、食欲好、贪睡、断奶时膘情过好。断奶前几天仍分泌相当多乳汁的母猪，为防止断奶后母猪患乳腺炎，促使断奶母猪干奶，则在母猪断奶前后各三天减少饲喂量，可多补给一些青粗饲料。3天后膘情仍过好的母猪，应继续减料，可日喂1.8～2.0千克，控制膘情，催其发情。

② 有的猪却因带仔多、哺乳期长、采食少、营养不良等，造成母猪断奶时失重过大，膘情过差。为促进断奶母猪尽快发情排卵，缩短断奶至发情时间间隔，则需生产中给予短期的饲喂调整。膘情差的母猪，通常不会因饲喂问题发生乳腺炎，所以在断奶前后几天不必减料饲喂（可使用哺乳母猪料），断奶后就可以开始适当加料催情，避免母猪因过瘦而推迟发情。给断奶空怀母猪的短期优饲催情，要增加母猪的采食量，每日饲喂配合饲料2.2～3.5千克，日喂2～3次，湿喂。

（3）诱情

① 促进断奶空怀母猪的运动。将断奶空怀母猪小群圈养，4～5头可为一圈，每圈面积不能过小，最好带有室外运动场地。

② 保持与公猪的接触。若圈舍为栏杆式，可在相邻舍饲养公猪，让母猪接受公猪性味刺激，隔栏的公猪可以每周调换一次。若圈舍为实体墙壁式，则每日将公猪赶到母猪圈内，接触爬跨刺激数分钟。

③ 换圈。即将整圈的断奶空怀母猪过1周左右换一次圈，给以

环境刺激。并按断奶时母猪膘情，将膘情好的和膘情差的分开饲养，一个圈内的母猪不宜过多，一般为3～5头，这样便于饲喂控制和发情观察。

④ 按摩乳房。对不发情母猪，每天早晨按摩乳房10分钟，可促进其发情排卵。

⑤ 药物治疗。对不发情母猪利用孕马血清、绒毛膜促性腺激素、PG-600、雌激素、氯前列烯醇等治疗（按说明书使用），有促进母猪发情排卵的效果，如以上方式都无效，此母猪坚决淘汰。

（4）发情及配种时机　母猪达到性成熟后，即会出现固有的性活动周期，亦称发情周期。通常把上次发情到下一次发情的间隔时间称为发情周期。母猪的发情周期平均为21天，范围为19～24天。在这个周期中有发情期和休情期。从发情前期到发情后期，总称为发情期。母猪的发情期，因个体不同而异，最短的只有一天，最长的有6～7天，一般为3～4天。青年母猪的发情期较经产母猪的短。

① 发情征状。根据母猪的表现和生殖器官变化，可分为3个阶段。

发情前期：母猪表现不安，食欲减退，鸣叫，爬跨其他母猪，外阴部膨大，阴道黏膜呈淡红色，但不接受公猪爬跨，此期持续12～36小时。

发情中期：母猪继续表现不安，食欲严重减退或废绝，时而呆立，两耳颤动，时而追随爬跨其他母猪，外阴部肿大，阴道黏膜呈深红色，黏液稀薄透明，愿意接受公猪爬跨和交配。此期持续6～36小时，为输精的最佳时期。

发情后期：母猪趋于稳定，外阴部开始收缩，阴道黏膜呈淡紫色，黏液浓稠，不愿接受公猪爬跨，此期持续12～24小时。

② 配种时机。一般母猪发情后24～36小时开始排卵，排卵持续时间为10～15小时，排出的卵保持受精能力的时间为8～12小时。精子在母猪生殖器官内保持有受精能力的时间为10～20小时，配种后精子到达受精部位（输卵管壶腹部）所需的时间为2～3小时。据此计算，适宜的交配或输精时间是在母猪发情后20～30小时。交配

过早，当卵子排出时，精子已丧失受精能力；交配过晚，当精子进入母猪生殖道内，卵子已失去受精能力，两者都会影响受胎率，即使受精也可能因结合子活力不强而中途死亡。但在生产实践中一般无法掌握发情和能够接受公猪爬跨的确切时间。

所以生产实践中，只要母猪可以接受公猪爬跨（可用压背反射或公猪试情），即配第一次。第一次配种后经 12～20 小时，再配第二次。一般一个发情期内配种两次即可，更多交配并不能增加产仔数，甚至有副作用，关键要掌握好配种的适宜时间。为准确判断适宜配种时间，应每天早、晚两次利用试情公猪对待配母猪进行试情（或压背反射）。就品种而言，本地猪发情后宜晚配（发情持续期长），引进品种发情后宜早配（发情持续期短），杂种猪居中间。就母猪年龄而言，老配早，小配晚，不老不小配中间。

在生产实践中，往往很难确定母猪发情开始的时间，只有根据母猪的发情表现。母猪的排卵时间有早有晚，持续时间有长有短，为了确保卵子排出时有足够数量活力的精子受精，母猪在一个发情期内，最好用公猪配种 2 次。经产母猪每次配种的时间间隔为 24 小时，而青年母猪，因为发情较经产母猪短，因此，青年母猪每次配种的时间间隔，可缩短为 12 小时。

③ 配种方式。要按计划配种，做好适时配种工作。把握配种时间，一般交配时间以早晨 6 点和下午 6 点为宜。配种开始前要用消毒液洗母猪外阴和公猪包皮，再用水冲洗干净后进行交配。重复配种方式最佳：母猪在一个发情期内，用一头或两头公猪，或一头公猪一次加人工授精一次，相隔 12 小时或 24 小时先后配种 2 次。

（5）配种记录　做好返情母猪再发情配种工作，并要做好详细的配种记录。及时淘汰失去种用价值的母猪。

（6）保健　此阶段可做猪瘟疫苗的防疫；阿苯达唑、伊维菌素驱虫；盐酸林可霉素可溶性粉净化母体，为怀孕做准备。

六、母猪的淘汰与更新

保持母猪合理的胎次结构，有利于保持产仔均衡，使设备最大化地发挥作用，不因产仔忽多忽少，造成设备空闲或者不够用。

（一）胎次结构

一般情况下，胎次一般是2、3、4、5的母猪占大多数，可达到50%～60%，甚至更高，这样可以保持较高的产仔率。正常情况下，猪场母猪的平均胎次是4胎，如果平均胎次较低，说明低胎次的母猪较多，不利于生产达到最佳状态；如果平均胎次较高，说明高胎次的母猪较多，生产的后劲不足，影响以后生产的正常进行。

（二）淘汰率

母猪一般是3年更新一遍，也就是说每年的更新率在30%左右，太高会影响整个猪场的经济效益，毕竟淘汰母猪会增加成本；太低会使猪场的繁殖后劲不足，设备利用率不高，同样也会影响猪场的经济效益。

更新母猪也要考虑市场情况，如果市场形势不好，肉猪的价格较低，此时种猪的价格可能不会太高，可以适当多淘汰一些生产性能不太好的母猪，淘汰一头经产母猪，可以补充一头后备母猪，从长远利益考虑是划算的。

（三）淘汰母猪的原则

首先要淘汰连续2个胎次产仔少的母猪，但初次配种体重太轻，妊娠期过度喂饲，哺乳期失重过多，导致断奶、体况差等母猪不应包括在内。

其次应淘汰那些用激素处理都不发情的母猪。母猪在断奶后最多观察18天，激素处理后应观察7天。如果这些母猪到下个发情期仍配不上种，则应淘汰。

再次要淘汰已产6～7窝仔的母猪，因为它们通常已开始出现窝产活仔数少（主要是因为死胎数增加），仔猪大小不均，且乳房疾病较多，泌乳功能减退，哺乳成绩较差。还由于身体笨拙，容易出现压死仔猪等现象。

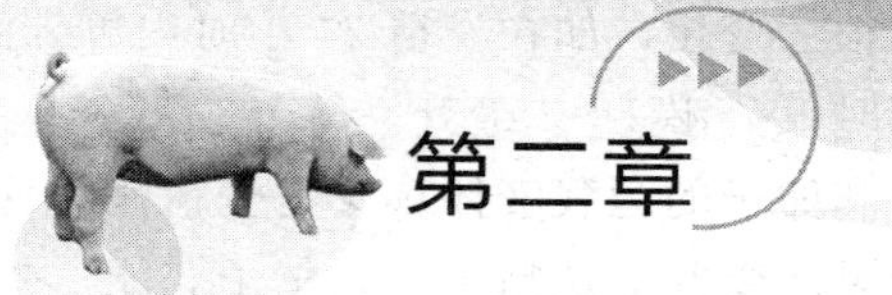

第二章 母猪的发情与配种

第一节　母猪的生殖生理特点

一、母猪的生殖系统

（一）母猪的主要生殖器官与功能

母猪的生殖系统主要由卵巢、输卵管和子宫等器官组成。

1. 卵巢

卵巢是母猪的主要生殖器官。其位置、形态、结构、体积与猪的年龄和胎次有很大关系，主要功能是产生卵子和分泌雌性激素。初生小母猪卵巢形状似肾形，色红，一般左侧稍大。接近初情期时，卵巢体积逐渐增大，其表面有许多突出的小卵泡，形似桑葚，也称桑葚期。初情期后，卵巢表面有许多大小不同的卵泡突出表面，此时卵巢形状犹如一串葡萄。卵子发育经过初级卵泡—次级卵泡—成熟卵泡等阶段，成熟后卵泡破裂排出卵子，进入输卵管伞到输卵管。

2. 输卵管

输卵管长度15～30厘米，位于输卵管系膜内，是卵子受精和卵子进入子宫的必经通道。它可分为漏斗、壶部和狭部。输卵管的卵巢端扩大呈漏斗状，漏斗边缘有很多皱褶称输卵管伞，输卵管其余部分较细称狭部。输卵管前1/3段较粗称为壶腹，是精子和卵子结合受精处。受精卵主要依靠纤毛的颤动和管壁收缩活动才能到达子宫。精子在输卵管内获得能量。输卵管的分泌细胞在卵巢激素的影响下，在不同生理阶段，分泌量有很大变化，如在发情24小时内可分泌5～6毫升输卵管液，在不发情时仅分泌1～3毫升。

输卵管液既是精子和卵子的运载液体，又是受精卵的营养液。

输卵管的机能主要是承受并运送精子，是精子获能、受精以及卵裂的场所，还有一定的分泌机能。

3. 子宫

猪的子宫由子宫角（左右两个）、子宫体和子宫颈三部分组成。子宫角的长度为1～1.5厘米，宽度为1.5～3厘米，子宫角长而弯曲，管壁较厚。子宫颈长达10～18厘米，其内壁呈半月形突起，前后两端突起较小，中间较大，并彼此交错排列，因此在两排突起之间形成一个弯曲的通道。此通道恰好与公猪的阴茎前端螺旋状扭曲相适应。子宫颈与阴道之间没有明显界限，而是由子宫颈逐步过渡到阴道。当母猪发情时，子宫颈口括约肌松弛、开放，所以无论本交时的阴茎，或者给母猪输精时的输精管都很容易通过子宫颈到达子宫体，精子通过子宫体—子宫角—输卵管才有受精机会，否则不可能受精怀孕。

二、母猪的性成熟与体成熟

（一）性成熟

母猪生长发育到一定时期开始产生成熟的卵子，这一时期称为性成熟。地方猪品种一般在3月龄出现第一次发情，培育品种及杂种猪多在5月龄时出现第一次发情，但发情表现没有地方品种明显。在正常的饲养管理条件下，我国地方猪种性成熟早，一般在3～4月龄、体重25～30千克时性成熟，培育品种和国外引进猪种一般在6～7月龄，体重在65～70千克时性成熟。

（二）体成熟

猪的身体各器官系统基本发育成熟，体重达到成年体重的70%左右，这时称为体成熟。体成熟一般要比性成熟晚1～2个月。

三、初情期和适配年龄

（一）初情期

初情期是指正常青年母猪达到第一次发情排卵时的月龄。

母猪的初情期一般为5～8月龄，平均为7个月龄，但我国的一些地方品种可以早到3月龄。母猪达初情期已经初步具备了繁殖力，但由于下丘脑—垂体—性腺轴的反馈系统不够稳定，表现为初情期后的几个发情周期往往时间变化较大，同时母猪身体发育还未成熟，体重约为成熟体重的60%～70%，如果此时配种，可能会导致母体负担加重，不仅窝产仔少，初生重低，同时还可能影响母猪今后的繁殖。因此，不应在此时配种。

影响母猪初情期到来的因素很多，但最主要的有以下两个。一个是遗传因素，主要表现在品种上，一般体型小的品种较体型大的品种到达初情期的年龄早；近交推迟初情期，而杂交则提早初情期。二是管理方式，如果一群母猪在接近初情期与一头性成熟的公猪接触，则可以使初情期提早。此外，营养状况、舍饲、畜群大小和季节都对初情期有影响，例如：一般春季和夏季比秋季或冬季母猪初情期来得早。我国的地方品种初情期普遍早于引进品种，因此，在管理上要有所区别。

（二）适龄配种

我国地方猪种初情期一般为3月龄、体重20千克左右，性成熟期4～5月龄；外来猪种初情期为6月龄，性成熟期7～8月龄；杂种猪介于上述两者之间。在生产中，达到性成熟的母猪并不马上配种，这是为了使其生殖器官和生理机能得到更充分的发育，获得数量多、质量好的后代。母猪的排卵数：青年母猪少于成年母猪，其排卵数随发情次数而增多。

我国地方品种性成熟早，可在7～8月龄、体重50～60千克配种；国内培育品种及杂交种可在8～9月龄、体重90～100千克配种；外来猪种于8～9月龄、体重100～120千克配种。

注意：月龄比体重、发情周期（性成熟）比月龄相对重要些。

第二节　空怀母猪的发情与排卵

一、发情周期和发情行为

（一）发情周期

青年母猪初情期后未配种，则会表现出特有的性周期活动，这种特有的性周期活动称为发情周期。一般把第一次排卵至下一次排卵的间隔时间称为一个发情周期。母猪的一个正常发情周期为20～22天，平均为21天，但有些特殊品种又有差异，如我国的小香猪一个发情周期仅为19天。猪是一年内多周期发情的动物，全年均可发情配种，这是家猪长期人工选择的结果，而野猪则仍然保持着明显的季节性繁殖的特征。

母猪体内的各种生殖激素相互协调着母猪卵巢、生殖道及外部表现的变化。当母猪排卵后，卵子通过输卵管伞部进入输卵管中，而排卵后残存在排卵卵泡内的血液及颗粒细胞在促黄体素的作用下内缩并且黄体化。首先形成红色的肉质状的实质性组织称为红体，然后逐渐变化，突出于卵巢表面，形成黄体，如果排出的卵子可以受精，则黄体分泌的黄体酮可以始终保持在一个较高的水平，一方面抑制雌激素的上升，控制发情的再次出现，同时与少量雌激素共同作用于生殖道，为胚胎的发育准备好营养及提供良好的生存环境，如子宫腺体的增长、上皮加厚。但如果母猪发情排卵后没有交配或没有妊娠，那么黄体保持至周期的后期，由于卵巢上卵泡的不断发育增大及雌激素分泌的增多，使子宫分泌的前列腺素F2α（PGF2α）引起黄体的迅速退化。黄体溶解，黄体酮分泌量急剧减少，这时多个卵泡在垂体促性腺激素的作用下逐渐成熟，并分泌大量雌激素。当其达到一定水平时，母猪重新出现发情行为，并诱发下丘脑产生正反馈，引起促性腺激素释放激素（GnRH）和促黄体生成素（LH）的升高，最终导致排卵。由此我们可以看出，在一个正常的母猪发情周期中，有相当长一段时期，黄体分泌的黄体酮处于优势的主导地位，大约15～16天称为黄体期，而雌激素由卵泡分泌占优势地位时约5～6天，这一时期称为卵泡期。

发情持续期是指母猪出现发情征状到发情结束所持续的时间。猪的发情持续期为 2～3 天。在发情持续期内，母猪表现出各种发情征状，其精神、食欲、行为和外生殖器官均出现变化，这些变化表现出由浅到深再到浅直至消退的过程。在生产实践中可以根据这些变化判断母猪的发情及发情的阶段和配种适期。

休情期指本次发情结束至下次发情开始之间的一段时间。在休情期间，母猪发情征状完全消失，恢复到正常状态。

（二）发情行为

母猪的发情行为主要是由于雌激素与少量黄体酮共同作用于大脑中枢系统与下丘脑，从而引起性中枢兴奋的结果。在家畜中，母猪发情表现最为明显，在发情的最初阶段，母猪可能吸引公猪，并对公猪产生兴趣，但拒绝与公猪交配。阴门肿胀，变为粉红色，并排出有云雾状的少量黏液，随着发情的持续，母猪主动寻找公猪，表现出兴奋，对外界的刺激十分敏感。当母猪进入发情盛期时，除阴门红肿外，背部僵硬，并发出特征性的鸣叫。在没有公猪时，母猪也接受其他母猪的爬跨；当有公猪时，立刻站立不动，两耳竖立细听，若有所思呆立。若有人用双手扶住发情母猪腰部用力下按时，则母猪站立不动，这种发情时对压背产生的特征性反应称为“静立反射”或“压背反射”，这是准确确定母猪发情的一种方法。

二、母猪发情异常的原因及应对

母猪可因内分泌、气候、疾病、饲料毒素等因素而表现出异常发情。

（一）母猪发情异常的表现

1. 隐性发情

隐性发情的母猪一般有生殖能力，即有正常的卵泡发育和排卵，如果在配种时机配种，也能够正常受孕。外观无发情表现或外观发情表现不很明显，发情征状微弱，母猪的外阴部有变红，但肿胀不明显，食欲略有下降，或不下降，无鸣叫不安征状。这种情况如不细心观察，往往容易被忽视。

母猪在前情期和发情期，由于垂体前叶分泌的促卵泡激素量不足，卵泡壁分泌的雌激素量过少，致使这两种激素在血液中含量过少。另一方面母猪年龄过大，或膘情过差，各种环境应激，如炎热、环境噪声、惊吓等也会出现隐性发情现象。

母猪隐性发情多发生在后备母猪中，尤其是引进品种，如果不仔细观察，某些后备母猪初次发情往往不被发现，因此，当我们发现后备母猪“初次发情”时，可能已经是母猪的第二或第三次发情了。

2. 假性发情

假性发情是指母猪在妊娠期的发情。此时，母猪虽有发情表现，实际上卵巢根本无卵泡发育。

母猪在妊娠期间的假性发情，主要是母猪体内分泌的生殖激素失调所造成的，当母猪发情配种受孕后，当妊娠黄体分泌的孕激素有所减少，而胎盘分泌的雌激素水平较高时，母猪应可能表现出发情。另外，在饲料中含有类雌激素毒素时，也会表现出发情征状。

母猪妊娠发情的情况较少，而且一般征状不明显，最重要的一点就是妊娠发情的母猪一般没有在公猪面前压背时的静立反应，也不会接受公猪的交配。因此，应注意区分，避免强行配种造成妊娠母猪流产。

母猪无卵泡发育的假性发情，发生率很低，但对卵巢静止引起的乏情母猪，用雌激素类药物进行催情时，往往会出现这类假发情。有些子宫蓄脓的母猪也可能在脓液的刺激下，表现出类似的发情征状，如外阴部红肿，排出分泌物等。

3. 持续发情

持续发情是母猪发情时间延长，并大大超过正常的发情期限，有时发情时间长达十多天。

卵泡囊肿是母猪持续表现发情的原因之一。发情母猪的卵巢有发育成熟的卵泡，这些卵泡往往比正常卵泡大，而且卵泡壁较厚，长时间不破裂，卵泡壁持续分泌雌激素。在雌激素的作用下，母猪的发情时间就会延长。此时假如发情母猪体内黄体分泌孕激素较少，母猪发情表现则非常强烈；相反体内黄体分泌过多，则母猪发情表现沉郁。

推测，如果母猪两侧卵泡不能同时发育，也可能会造成母猪发情时间延长。发情的母猪如果促黄体生成素分泌不足，会使母猪排卵时间推迟，造成发情期延长。

4. 断续发情

后备母猪和经产母猪都可能发生断续发情，其表现为发情期较短，间隔数天后，又重新表现发情。

这种异常发情，多因为卵泡成批发育，但最终未排卵，因而形不成黄体，卵巢对卵泡没有抑制作用，因此，很快第二批卵泡发育，这样，母猪两次发情的间隔很短。推测，这是由于垂体分泌的促黄体生成素较低，卵泡不能发育到成熟和排卵所致。

5. 发情周期超过 25 天或断奶至发情超过 14 天

繁殖母猪的发情周期一般在 18～25 天，但是也有少数母猪超过天数仍未表现发情。或断奶后 14 天甚至数月不能表现发情。母猪长期乏情后，重新发情，从其发情期的生理变化上讲，与正常的发情期没有太大的区别，但由于不像其他母猪有正常的发情规律，故而将其列出，加以说明。

这种情况多数由母猪营养不良，母猪哺乳期过长，或年龄偏大，或患有子宫内膜炎和卵巢有持久黄体等原因所造成。但随着母猪膘情的恢复或某些卵巢疾病的自然恢复，黄体的退化，母猪会恢复自然发情。

6. 发情期过短

发情期过短，严格地说，并不一定是一种异常发情。多见于后备母猪和断奶后超过 14 天发情的母猪。其发情很短，甚至只有十几个小时，主要原因是母猪从接受爬跨到排卵的时间很短。

（二）母猪发情异常的常见原因

1. 饲喂方式不当，使母猪过肥或偏瘦

母猪分娩后，体能消耗大，其产后采食量大，若加料过急、过多，会引起母猪消化不良，造成以后几天采食不佳，甚至影响整个哺乳期的采食量，还会增加发生乳腺炎的概率；按顿饲喂哺乳母猪，经常会出现采食量不足的现象，造成母猪断奶时体重减少过多，使卵泡停止发育或发育缓慢，进而出现母猪乏情、发情推迟或发情不明显，甚者形成囊肿而不发情；若母猪过肥，则会使卵巢及其他生殖器官被脂肪包埋，造成母猪排卵减少或不排卵，出现母猪屡配不孕，甚至不发情。

2. 初配标准不达标

初配母猪年龄偏小或体重偏轻，生殖系统尚未发育成熟，没有兼顾初产母猪的体成熟和性成熟；另外，要求初配母猪体重在125千克以上，230日龄以上，背膘厚13～14毫米；有2次以上的发情记录。初产母猪配种过早，往往会导致第2胎发情异常。

3. 诱情方式不当

母猪与公猪接触过少，或者诱情公猪年龄过小、性欲差，使母猪得不到应有的性刺激，诱情不足导致不发情。

4. 生殖器官疾病

一是卵巢机能不全，卵巢静止或卵巢萎缩，使卵泡不能正常生长、发育、成熟和排卵，导致发情和发情周期紊乱。二是卵泡囊肿，造成卵泡壁变性，不再产生雌激素，即母猪不表现发情征状。三是黄体囊肿，抑制性腺激素的分泌，卵巢中无卵泡发育，母猪不发情。四是持久黄体，由于持久黄体分泌黄体酮，抑制了促性腺激素的分泌，使卵泡发育受到抑制，致使母猪乏情、发情周期停止循环。五是母猪感染猪瘟、蓝耳病、伪狂犬病、乙脑和附红细胞体病等繁殖障碍性疾病，均会引起母猪乏情及其他繁殖障碍症。六是母猪患乳腺炎、子宫内膜炎和无乳症也会增加母猪断奶后不发情的比例。

5. 营养问题，不均衡或缺乏

母猪饲料营养直接影响着母猪生产性能和生产成绩。饲料中的维生素（尤其是维生素A、维生素E、维生素B_1、叶酸和生物素）含量较低和能量不足，会引起母猪断奶后发情不正常。初产母猪产后的营养性乏情在瘦肉型品种中较为突出。据统计初产母猪在仔猪断乳后

一周内不发情的比例是经产母猪的 2 倍。

6. 饲料原料的霉变问题

若饲料原料（玉米、豆粕等）有发霉现象，其中的霉菌毒素，尤其是玉米赤霉烯酮，母猪摄入后，其正常的内分泌功能将被打乱，导致母猪发情不正常或排卵抑制。

7. 饲养环境、空间的问题

种猪舍光照不足或光照过长（每日光照＞12 小时）会对卵巢发育和发情产生抑制作用；炎热季节母猪采食量减少，摄入的有效能量减少，导致生殖激素的分泌发生障碍，一般 6～9 月份母猪发情率会下降 20%或发情推迟现象增多。受限位栏限制，母猪运动量不足，也会使生殖激素分泌失调造成母猪发情异常。

（三）母猪发情异常的应对措施

1. 改善饲喂方式，做好母猪体况调控

母猪产后第 1 天喂 1.5 千克，第 2 天喂 2.5 千克，以后每天逐渐增加 0.5 千克左右，直到 6～8 千克/天，每天饲喂 2～4 次，采用自由采食原则，尽可能使母猪采食量最大化（哺乳母猪采食量＝2.5 千克＋0.5 千克×所带仔猪头数）并保持好其体型，减少断奶失重。断奶前 3 天逐渐减料，断奶当天不喂料，既促使仔猪多采食饲料，又可防止母猪断奶后发生乳腺炎。断奶至配种根据膘情饲喂哺乳料 3.0～3.6 千克/天或者自由采食，以促使母猪多排卵。断奶 2 周不发情者要降到 2～2.2 千克/天或禁食 1 天。

2. 严格把控后备母猪初配基准

母猪第一次配种体重在 130 千克以上，230 日龄以上，背膘厚 13～14 毫米，有 2 次以上的发情记录；产后最小体重在 175～180 千克，防止过多蛋白质在第 1 次泌乳期流失。后备母猪配种前的一个情期里，可用人工精浆“敏化”处理。

3. 采用正确的诱情方式

后备母猪常在 5～6 月龄时有初次发情现象，160 天开始用试情公猪［必须 10 月龄以上（产生外激素），性欲良好的公猪（10%公猪缺乏性欲）］诱情，公猪每天直接接触母猪15～20分钟，定期轮换公猪。断奶母猪还可以采用换栏、合并或重新分群，扩大或减少栏位使用面积，把公猪放到母猪旁边的猪舍里，采用饥饿处理，激素处理等办法。

4. 选用良好的母猪专用料

选用优质饲料原料，根据母猪不同的生理阶段科学配制母猪专用料，保证母猪生长发育、妊娠和哺乳的需要；同时可采用饲料中添加脱霉剂的方式，尽可能降低或避免霉菌毒素的危害；也可在饲料中额外添加维生素E、维生素A、维生素C，微量元素Se等以满足母猪的营养需求。也可用红糖熬小米粥喂断奶母猪，促进其发情。

5. 加强饲养管理，改善饲养环境

改善猪舍采光条件，满足母猪对光照的需求；夏季做好母猪的防暑降温工作，结合通风、喷雾和屋顶喷淋等措施降温；定时将母猪赶出圈外运动0.5～1小时，加速血液循环，促进发情；发现流产及子宫炎母猪，及时进行子宫冲洗（宫炎清、宫炎净或自制碘液）和抗生素的抗菌消炎工作。

6. 中药催情

用淫羊藿、对叶草各80克，煎水内服；淫羊藿100克，丹参80克，红花和当归各50克，碾末拌入饲料；也可以用阳起石、淫羊藿各40克，当归、黄芪、肉桂、山药、熟地各30克，碾末拌入饲料中一次饲喂，一日一剂，连服三剂即可发情配种。

7. 激素处理

发情迟缓的母猪进行催情处理：并圈处理法（不发情母猪3～5头集中一栏混养，处理后表现发情征状，立即配种）、饥饿处理法（对不发情的猪只停食2天，饱食2天进行催情，处理后表现发情征状，立即配种）、激素处理法［断奶后2周不发情的母猪，注射激素PG600（400单位的孕马血清促性腺激素和200单位的人绒毛膜促性腺激素的合成物）或PMSG（孕马血清，是从妊娠40～120天的母马身上采的血清）进行催情，处理后4～5天观察到发情征状后立即配种，若

不发情者间隔10天用上述方法再处理1次，再不发情者淘汰]。

三、母猪不发情的原因及处理

（一）后备母猪不发情的原因及处理

1. 后备母猪不发情的原因

（1）疾病因素 可能导致母猪不发情的疾病有：猪繁殖与呼吸综合征、子宫内膜炎、圆环病毒病等。如圆环病毒病导致消瘦的后备母猪多数不能正常发情。另外，母猪患慢性消化系统疾病（如慢性血痢）、慢性呼吸系统疾病（如慢性胸膜炎）及寄生虫病，剖检时多发现卵巢小而没有弹性，表面光滑，或卵泡明显偏小（只有米粒大小）。还有的是卵巢囊肿，严重者卵巢如鸡蛋大小，囊肿卵泡直径可达1厘米以上，不排卵，可用促排3号（30微克）或绒毛膜促性腺激素（HCG）1000～1500单位，每日1次，连续3～4次。

（2）营养因素 最常见的是能量摄入不足，脂肪储备少，后备母猪在配种前的P2点膘厚应在18～20毫米；过肥会影响性成熟的正常到来；有些虽然体况正常，但由于饲料中长期缺乏维生素E、生物素等，致使性腺的发育受到抑制；任何一种营养元素的缺乏或失调都会导致发情推迟或不发情，如饲料中钙含量偏高阻碍锌的吸收，易造成母猪不孕。

（3）饲养管理因素

① 饲养方式。对后备母猪而言，大栏成群饲养（每栏4～6头）比定位栏饲养好，母猪间适当的爬跨能促进发情。但若每栏多于6头，则较为拥挤且打斗频繁，不利于发情。若用定位栏饲养，应加强运动。

② 诱情。很多猪场不注重母猪的诱情，没有采取与公猪接触或其他措施来诱导母猪发情，母猪发情不发情听之任之。

③ 发情档案。有些猪场不建立发情档案，有的在7月龄以后才开始建立发情档案，超过8月龄不发情才开始处理，处理越迟效果越差，这样母猪在淘汰时大多已达10月龄。正常的做法是在160日龄后就要跟踪观察发情，6.5月龄仍不发情就要着手处理，综合处理后

达270日龄仍不发情的母猪即可淘汰，时间太久则造成饲料浪费。

2. 后备母猪不发情的预防

（1）合理饲养　体重90千克以前的后备母猪可以不限量饲喂，保证其身体各器官的正常发育，尤其是生殖器官的发育。6～7月龄要适当限饲（日喂2.5千克/头），防止过肥。后备母猪配种前的理想膘情为3～3.5分，过肥、过瘦均有可能出现繁殖障碍。有条件的猪场，6月龄以后的母猪每天宜投喂一定量的青绿饲料。

（2）利用公猪诱情　后备母猪160日龄以后应有计划地让其与结扎的试情公猪接触来诱导发情，每天接触2次，每次15～20分钟。用不同公猪刺激比用同一头公猪效果好。

（3）建立完善的发情档案　后备母猪在160日龄以后，需要每天到栏内用压背法结合外阴检查法来检查其发情情况。对发情母猪要建立发情记录，为配种做准备。对不发情的后备母猪做到早发现、早处理。

（4）加强运动　后备母猪每周至少在运动场自由活动1天。6月龄以上母猪群运动时应放入1头结扎公猪。

（5）给予适度的刺激　适度的刺激可促进机体的性兴奋。可将没发过情的后备母猪每周调栏1次，让其与不同的公猪接触，使母猪经常处于一种刺激状态，以促进发情与排卵，必要时可赶公猪进栏追逐10～20分钟。

（6）完善催情补饲工作　从7月龄开始，根据母猪发情情况认真划分发情区和非发情区。将1周内发情的后备母猪归于一栏或几栏，限饲7～10天，日喂1.8～2.2千克/头；优饲10～14天，日喂3.5千克/头，直至发情、配种；配种后日喂料量立即减到1.8～2.2千克/头。这样做有利于提高初产母猪的排卵数。

（7）做好疾病防治工作　做到“预防为主，防治结合，防重于治”。平时抓好消毒，搞好卫生，尤其是后备母猪发情期的卫生，减少子宫内膜炎的发生；按照科学的免疫程序进行免疫，针对种猪群的具体情况定期拟定详细的保健方案，严格执行兽医的治疗方案。

3. 后备母猪不发情的处理

（1）公猪刺激　用性欲好的成年公猪效果较好，具体做法是：

① 让待配的后备母猪养在邻近公猪的栏中。

② 让成年公猪在后备母猪栏中追逐 10～20 分钟，让公母猪有直接接触。追逐的时间要适宜，时间过长，既对母猪造成伤害，也使公猪对以后的配种缺乏兴趣。

（2）发情母猪刺激　选一些刚断奶的母猪与久不发情的母猪关于一栏，几天后发情母猪将不断追逐爬跨不发情的母猪，刺激其性中枢活动增强。

（3）适当的刺激措施

① 混栏。每栏放 5 头左右，要求体况及体重相近。

② 运动。一般放到专用的运动场，有时间可适当驱赶。

③ 饥饿催情。对过肥母猪可限饲 3～7 天，日喂 1 千克左右，供给充足饮水，然后自由采食。

（4）对发情不明显母猪的处理　在发情过程中部分母猪由于某种原因而发情征状不明显或没什么“静立”状态，这些母猪只能根据外阴的肿胀程度、颜色、黏液浓稠度进行适时输精，同时在输精前 1 小时注射氯前列烯醇 2 毫升（或促排 3 号），输精前 5 分钟注射催产素 2 毫升。

（5）激素催情　生殖激素紊乱是导致母猪不能正常发情的一个重要原因，给不发情后备母猪注射外源性激素可起到明显的催情效果，但有试验表明，采用激素催情的母猪，与自然发情的母猪相比，产活仔数平均要少 1 头。在以上方法都采用了之后，仍然不发情的少量母猪最后可使用激素处理 1～2 次，还不发情的做淘汰处理，但在祖代、种猪场笔者不主张使用该方法来治疗。常用的处理方法有：①氯前列烯醇 200 微克；②律胎素 2 毫升；③孕马血清促性腺激素 1 000 单位＋绒毛膜促性腺激素 500 单位；④PG600 处理 1 次（1 头份）。

（二）经产母猪断奶后不发情的原因及处理

经产母猪一般断奶后 3～7 天便可自然发情配种，但由于各种各样的原因，规模化猪场经常发生部分母猪断奶后不发情或发情不正常，严重影响了猪场的经济效益。

1. 经产母猪断奶后不发情的常见原因

（1）营养水平低　特别是饲料中维生素营养和能量不足。有些猪场的母猪使用的饲料维生素A、维生素E、维生素B_1、叶酸和生物素含量较低，经常引起母猪断奶后发情不正常。初产母猪产后的营养性乏情在瘦肉率较高的品种中较为突出。据统计有50%以上的初产母猪在仔猪断奶后一周内不发情，而经产母猪仅为20%。哺乳期母猪体重损失过多，将导致母猪发情延迟或乏情，而初产母猪尤其如此。在分娩一周后，哺乳母猪应自由采食。哺乳期掉膘严重，断奶后又不注意催情补饲。这样会影响母猪断奶后的发情情况。

（2）配种过早　初产母猪配种过早，往往会导致第二胎发情异常。

（3）公猪刺激不足　母猪舍离公猪太远，断奶母猪得不到应有的性刺激，诱情不足会导致不发情。

（4）气温与光照及运动不足　炎热的夏季，环境温度达到30℃以上时，母猪卵巢和发情活动受到抑制。

（5）饲料原料霉变　对母猪正常发情影响最大的是玉米霉菌毒素，尤其是玉米赤霉烯酮，此种毒素分子结构与雌激素相似。母猪摄入含有这种毒素的饲料后，其正常的内分泌功能将被打乱，导致发情不正常或排卵抑制。

（6）卵巢发育不良　长期患慢性呼吸系统病、慢性消化系统病或寄生虫病的小母猪，其卵巢发育不全，卵泡发育不良会使激素分泌不足，影响发情。

（7）母猪存在繁殖障碍性疾病　猪瘟、蓝耳病、伪狂犬病、细小病毒病、乙脑病毒病和附红细胞体病等因素均会引起母猪乏情及其他繁殖障碍症。另外，患乳腺炎、子宫内膜炎和无乳症的母猪断奶后不发情的比例较高。

2. 母猪断奶后不发情的处理

（1）正确把握青年母猪的初配年龄　实践证明，瘦肉型商品猪初配年龄不早于8月龄，体重不低于100～110千克。

（2）采用科学的饲养方式　根据泌乳期的母猪体况，保证泌乳母

猪体况储备，减少失重，适量增加能量与蛋白，蛋白应维持在17%～18%，夏季、冬季可在饲料中加入2%～3%植物油以提高能量。体重过肥的母猪，每日给予2～4个小时的运动，并多增加青绿饲料。严格把关，不饲喂发霉及重金属盐含量过高的饲料。

（3）防暑降温　当舍温升高至35℃以上时，泌乳猪的内分泌机能容易发生紊乱，有条件的地方采用湿帘降温或使用空调；对条件差的猪场，可以通过遮阳网、滴水喷头或在猪舍顶加盖秸秆等措施，或在日粮中加入碳酸氢钠3000毫克/千克，碳酸氢钙3000毫克/千克，维生素C200毫克/千克，维生素E100毫克/千克。产房比较理想的降温方法有瓦水帘降温、局部冷风降温、滴水降温，最好配合屋顶和墙壁隔热，效果会更好。

（4）防治原发病　按照科学防疫程序严格防疫，加强繁殖障碍疾病的预防，减少原发病，对有子宫炎的母猪，可采用6000毫升生理盐水反复冲洗，然后子宫内放入青霉素640万单位、链霉素300万单位，或放入氯霉素5～7支、甲硝唑1～2支，或将0.1%高锰酸钾20毫升注入子宫。

（5）激素治疗　肌注三合激素4毫升，对不发情的母猪，5日后再注射一次，经处理后发情的母猪，在配种前8～12个小时肌注排卵3号1～3支。也可肌注前列腺素PG600，注射后3～5天发情配种。对长期不发情的母猪可肌注氯前列烯醇0.4毫克，如表现发情可肌注绒毛膜促性腺激素1000单位。还可采用皮下注射新斯的明2毫升/次，每日一次，连用3天，发情时即可配种。

（三）初产母猪断奶后不发情的原因及处理

1. 初产母猪断奶后不发情的原因

初产母猪断奶后不发情、再次配种困难、二胎产仔数降低，都是现代母猪饲养中最常出现的问题。造成这一问题的根源是进入第二繁殖周期时，母猪体内营养储备严重不足，又因为生殖系统在营养分配时的优先权弱于其他器官和系统，故缺乏营养对生殖系统的影响最大。当然，初产母猪断奶不发情，也与母猪健康状况尤其是生殖道健康及诱情环境有关。

发情所需要的营养储备，不仅需要大营养储备，而且也需要生殖营养储备。大营养储备主要指淀粉、蛋白质、脂肪、常量矿物质等营养物质的储备，体现在体重和膘情方面；生殖营养储备主要指与生殖结构和生殖功能相关的关键营养，如特殊的维生素、特殊的微量元素等营养的储备。这两类营养物质的足够储备都是完成繁殖过程不可或缺的。

大营养储备不够的主要原因有：初产母猪自身增重（初产母猪自身增重约为 50 千克）、初配不达标、妊娠早中期限饲不够/不当、日进食营养总量不够、哺乳期采食量不够、攻胎不够。大营养储备的主要目标是：断奶时，母猪失重不超过 10 千克，膘情达到体况评分 2.5～3 分。要实现这一体储目标，光增加哺乳期采食量是不够的，需要从初产母猪培育全过程着手（图 2-1）。

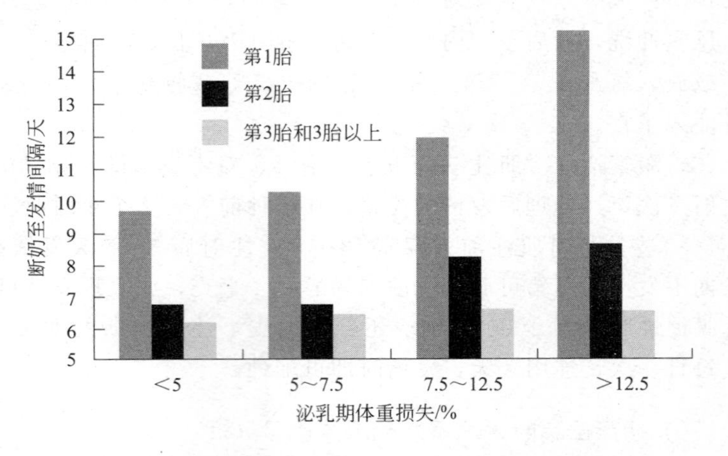

图 2-1　泌乳期体重损失对断奶至发情间隔的影响

生殖营养储备方面，一要注意限饲期因为精料采食量减少而导致生殖营养摄入不足；二要注意哺乳期的哺乳营养需要与生殖营养需要是有差异的，在配种准备期，即使饲喂营养相对丰富的哺乳料，也满足不了发情所需的生殖营养需求；三要考虑高温季节对生殖营养需求的增加；四要考虑环境因素对饲料中生殖营养的破坏；五要考虑商品饲料添加量可能不足。

2. 初产母猪断奶后不发情的处理

对初产母猪断奶后不发情，可参考经产母猪的处理方法。但基于以上营养原理和理念，用营养学方法解决初产母猪断奶不发情问题的具体措施如下。

（1）初配要达标　初次配种标准要达到：体重 140 千克以上，背膘 18～22 毫米，日龄 230 天以上。只要达到这个标准，第 1 次发情也可配种。国外有资料认为第 1 次发情即可配种。如果体重轻、背膘薄、年龄未到的母猪过早配种会导致初产母猪断奶后发情延迟、再次配种返情率高；二胎窝产仔数少；寒冷季节流产机会增加；泌乳量低，利用年限缩短。

（2）合理的饲料营养水平　初次怀孕的母猪，怀孕期的某些营养水平相对于经产母猪可以适当提高 10%左右，如粗蛋白质（CP）14%，赖氨酸 0.7%，钙 0.9%，总磷 0.8%，有效磷 0.45%。有些猪场初次配种母猪继续饲喂后备母猪料是有科学道理的。因为后备母猪饲料的蛋白质和生殖营养水平比怀孕母猪料要高。

（3）初产母猪怀孕后期，仍然需要适度增料攻胎　对初生重过大引起的难产问题一定要辩证地来看。首先，我们知道胎儿 2/3 的体重是在母猪妊娠期最后 1/3 的时间增加的，如果不攻胎，根据后代优先的营养分配原理，母猪的营养优先供应胎儿，在摄入不足的情况下，可能动用母猪体脂肪甚至体蛋白来供应胎儿的生长，意味着初产母猪在怀孕后期就失重和掉膘！其次，如果不攻胎，会导致母猪体质下降，反而影响分娩。最后，胎儿初生重不足会影响哺乳期仔猪成活率。

（4）锻炼母猪肠道功能，“撑大”母猪的肚子　胃好，胃口才好。这里的“胃好”，指的是胃肠功能好和胃肠道容积大。专家认为：一是动物的肠道除了消化功能外，还有化学感应和接收机体信号的功能，小肠不是被动吸收通道，实际上在吸收之前还有调节控制功能。因此，饲养动物必须先养好小肠。二是对仔猪腹泻的控制手段，不能仅仅考虑病原的因素，也不要滥用抗生素，而是从改善环境、调整水质和强化营养方面下功夫。三是通过母猪的饲喂来调控仔猪肠道健康，猪场要把母猪作为核心要素从强化营养和加强管理上下力气，把母猪奶水搞好，仔猪从出生开始抓起。不使用抗生素同样可以成功断奶，而不必担心腹泻问题。四是炎热环境下饲喂母猪需要特别注意饲养管理的改善，如增加净能的摄入量，饮水温度调节到17℃左右等。

（5）集中猪场优势资源，增加初产母猪哺乳期采食量　从图2-1可以看出，泌乳期母猪体重损失越多，断奶至发情的时间间隔越长，但这一特征主要在头胎表现得更明显。所以，增加哺乳期采食量是减少初产母猪断奶掉膘的最有效措施，务必全力以赴达到理想的采食量目标（千克）：1.8＋0.5X(母猪哺乳仔猪数)。

3. 增加初产母猪采食量的技术措施

（1）温度　母猪最适宜的温度是18～22℃，超过24℃，每增加2℃就会减少0.5千克的采食量。产房比较理想的降温方法有瓦水帘降温（图2-2）、局部冷风降温、滴水降温，最好配合屋顶和墙壁隔热，效果会更好。

图2-2　产房瓦水帘降温

（2）清洁充足饮水　饮水器供水量1.5～2升/分钟，水温为17℃左右，最好有料槽饮水，水质达到人的饮用水标准。

（3）补充抗病营养　研究发现，只有动物每天吃进去的物质当天被充分代谢，动物才有很好的食欲，如果代谢不畅，会起堵塞作用，许多物质堵塞着代谢途径，这时动物就没有了食欲。

（4）干净的料槽　夏天每次喂料前清洗料槽十分必要，可以去除馊味、减少腐败物质中毒。

（5）怀孕早中期限饲　怀孕期严格按照饲喂标准摄入基础营养，

不能过多摄入，因为怀孕早中期的采食量与哺乳期采食量呈负相关，而攻胎期采食量与哺乳期采食量关联度不大。

（6）饲料与饲喂　饲料原料干净新鲜；饲喂水料，水与饲料的比例为 4∶1；增加饲喂次数至 3～4 次，在低温时段饲喂。

（7）初产母猪哺乳料适当增加营养浓度　比如蛋白质可以达到 20%，补充赖氨酸至 1.2% 并同时补充脂肪，注意氨基酸之间的平衡。

（8）预防母猪产后感染　生产中发现，产后感染的母猪，不仅采食量会降低，而且会直接影响到断奶发情及受孕，所以要通过产前清除病原、产中输液和产后打针抗感染以及灌注宫炎净排除恶露等措施来积极预防。一旦发生乳房产道感染，要积极治疗。

（9）分 2 批断奶以及适当提早断奶　体重较重的半窝仔猪比体重较轻的半窝仔猪提早 2～5 天断奶。母猪发情早；仔猪均匀度好；特别适合一胎母猪。初产母猪在条件允许的情况下提早 3 天左右断奶，可以减轻母猪哺乳负担，尽早恢复体况。

（10）补充生殖营养　前面已经提到，在配种准备期，即使饲喂营养相对丰富的哺乳料，也满足不了发情所需的生殖营养需求。所以，为了满足发情对生殖营养的需求，很有必要从哺乳期开始就补充生殖营养如仔多多这样的产品，直至怀孕期。

四、母猪的排卵时间

母猪雌激素的水平不仅代表了卵泡的成熟性，而且也通过下丘脑来调节发情行为与排卵时间。排卵前所出现的促黄体生成素峰不仅与发情表现密切相关，而且与排卵时间有关。一般促黄体生成素峰出现后 40～42 小时出现排卵。由于母猪是多胎动物，在一次发情中多次排卵，因此，排卵最多时出现在母猪开始接受公猪交配后约 30～36 小时，如果从开始发情，即外阴唇红肿算起，约在发情 38～40 小时之后。

母猪的排卵数与品种有着密切的关系，一般在 10～25 枚。我国的大湖猪是世界著名的多胎品种，平均窝产仔为 15 头，如果按排卵成活率为 60%计算，则每次发情排卵在 25 枚以上，而一般引进品种的窝产仔在 9～12 头。排卵数不仅与品种有关，而且还受胎次、营养状况、环境因素及产后哺乳时间长短等影响。据报道，从初情期起，头 7 个情期，每个情期大约可以提高一个排卵数，而营养状况好有利于增加排卵数，产后哺乳期适当且产后第一次配种时间长也有利于增加排卵数。

五、促进母猪发情排卵的措施

1. 改善饲养管理，满足营养供应

对迟迟不发情的母猪，应首先从饲养管理上查找原因。例如，饲粮过于单纯；蛋白质含量不足或品质低劣；维生素、矿物质缺乏；母猪过肥或过瘦；长期缺乏运动等。应进行较全面的分析，采取相应的改善措施。

（1）短期优饲和调整膘情　对空怀母猪配种前的短期优饲，有促进母猪发情排卵和容易受胎的良好作用。方法为配种前一周或半个月左右，适当调整膘情，保持合理的种用体况，常言道“空怀母猪七八成膘，容易怀胎产仔高”，即保持母猪 7～8 成膘情为好。对于正常体况的母猪每天饲喂 2.0～2.2 千克全价配合饲料；对体况较差的母猪提供充足的哺乳母猪料；对于过于肥胖的母猪，在断奶前后少量饲喂配合饲料，多喂青粗饲料，让其尽快恢复到适度膘情，达到较早发情排卵和接受交配的目的。

（2）多喂青绿饲料，满足钙、磷的需要，维生素、矿物质、微量元素对母猪的繁殖机能有重要影响

例如，饲粮中缺乏胡萝卜素时，母猪性周期失常，不发情或流产多；长期缺乏钙、磷时，母猪不易受胎，产仔数减少；缺锰时，母猪不发情或发情微弱等。因此，配种准备期的母猪，多喂青绿饲料，补足骨粉、添加剂，充分满足其对维生素、矿物质、微量元素的需要，对其发情排卵有良好的促进作用。一般情况下，每天每头饲喂 5～7 千克的青饲料或补加 25 克的骨粉为好。

（3）正确的管理，新鲜的空气，良好的运动和光照对促进母猪的发情排卵有很大好处。

配种准备期的母猪要求适当增加舍外的运动和光照时间，舍内保持清洁，经常更换垫草，冬春季节注意保温。例如，把母猪赶出圈

外，在一些草地或猪舍周围转悠 1 小时，再喂些胡萝卜或菜叶，连续 3 天，很容易引起母猪发情。

2. 控制哺乳时间，早期断奶或仔猪并窝

（1）控制哺乳时间　待训练好仔猪的开食，并能采食一定量的饲料（25～30 日龄）时，控制哺乳次数，每隔 6～8 小时一次，这样处理 6～9 天，母猪就可以提前发情。

（2）仔猪早期断奶　通常母猪断奶后 5～7 天左右发情，在一个适当的时间提前断奶，母猪可提前发情进行配种。我国广大家庭养猪户多沿袭 45～60 天断奶，目前，各地出现许多先进技术，仔猪最早 21 日龄断奶。但大部分都是 28～35 日龄断奶。

（3）仔猪并窝　养猪场或专业户在集中时间产仔时，可把部分产仔少的母猪所产的仔猪，全部寄养给另外母猪哺育，即能很快发情配种。

3. 异性诱导，按摩乳房或检查母猪是否患有生殖道疾病

养殖者可用试情公猪（不做种用的公猪）追赶不发情的母猪，或者每天把公猪关在母猪圈内两三小时，通过爬跨等刺激，促进发情排卵。另外，按摩乳房也能够刺激母猪发情排卵，要求每天早晨饲喂以后，待母猪侧卧，用整个手掌由前往后反复按摩乳房 10 分钟。当母猪有发情象征时，在乳头周围做圆周运动的深层按摩 5 分钟，即可刺激母猪尽早发情。遇到母猪患有生殖道疾病，应及时诊断治疗。

4. 药物催情

注射孕马血清促性腺激素和绒毛膜促性腺激素。前者在母猪颈部皮下注射 2～3 次，每日 1 次，每次 4～5 毫升，注射后 4～5 天就可以发情配种。后者一般对体况良好的母猪（体重 75～100 千克），肌内注射 1000 单位，对母猪催情和促其排卵有良好的效果。必要时可中草药催情。处方 1：阳起石、淫羊藿各 40 克，当归、黄芪、肉桂、山药、熟地各 30 克，研末混匀，拌入精料中一次喂服，切不可分次喂服。处方 2：当归、香附、陈皮各 15 克，川芎、白芍、熟地、小茴香、乌药各 12 克。水煎后每日内服 2 次，每次外加白酒 25 毫升。

第三节 母猪配种

一、养好种公猪

（一）加强对种公猪的调教

种公猪的调教工作是一项艰苦细致的工作，近几年来，种公猪的质量越来越好，瘦肉率越来越高，但是，种公猪的调教难度也越来越大，种公猪调教不成功的原因有多方面：种公猪的饲养管理不当，种公猪的饲料必须不仅能满足公猪的营养需要，而且要慎用一切添加剂，因为添加剂中可能含有一些激素以及刺激种猪生长的重金属元素，对种公猪的生殖系统发育和精子的生成有较大的危害。种公猪的最佳调教时机是 8～9 月龄，必须及时加以调教。瘦肉率特别高的，体型过于优秀的种公猪往往性欲较差，调教相对困难，对这些种公猪的调教必须有足够的细心和耐心，不能急于求成。

（二）加强对种公猪的饲养管理

体型过差的原因是种公猪本身的遗传原因和饲养管理方面存在问题。应加强对种公猪的选择和饲养管理，当然培育过程中有部分淘汰也属正常。

1. 饲养

（1）隔离消毒　从场外引进猪种时，进场前必须在隔离舍饲养一周，进场时仍需用对人畜无害消毒药，如“百毒杀”（癸甲溴铵溶液）或 0.1%～0.2%的过氧乙酸溶液带猪消毒。种猪场除特别情况外，一般谢绝客人参观。凡遇来人参观，进场前必须按规定消毒，如更换专用衣服、鞋帽，用消毒液洗手，并用紫外线消毒 15 分钟。出场后，需对参观路径或全场进行喷雾消毒或洒水消毒，避免细菌滋生。

（2）营养水平　满足种公猪各种正常生理需求，是养好种公猪的物质基础。营养水平过高或过低均可使种公猪变得肥胖和消瘦而影响配种。饲养种公猪的日粮不仅要注意蛋白质的数量，更要注意蛋白质的质量，如日粮中缺乏蛋白质，氨基酸不平衡，对精液品质有不良影

响。长期饲喂含蛋白质过多的日粮，同样会使精子活力降低、密度小、畸形精子多。种公猪日粮中钙、磷不足或比例失调，会使精液品质显著降低，出现死精、发育不全或活力不强的精子。维生素A、维生素D、维生素E对精液品质也有很大的影响，缺乏时，种公猪的性反射降低，精液品质下降，如长期严重缺乏，会使睾丸发生肿胀或干枯萎缩，丧失繁殖能力。

（3）饲养方式　“一贯加强”的饲养方式。在常年均衡产仔的猪场，种公猪长年担负配种任务。因此，全年都要均衡地保持种公猪配种所需的高营养水平。“季节加强”的饲养方式。实行季节性产仔的猪场，在配种季节开始前一个月，对种公猪逐渐增加营养，在配种季节保持较高的营养水平。配种季节过后，逐步降低营养水平，但需供给种公猪维持种用体况的营养需要。

种公猪日粮应以精料型为主，体积不宜过大，以免把种公猪喂成草腹影响配种。饲喂种公猪应定时定量，每天2.5千克，每天喂两次，自由饮水，并根据品种、体重、配种（采精）次数增减料量。

2. 管理

（1）单栏饲养　种公猪一般实行单栏饲养（图2-3）。单栏饲养种公猪安静，减少外界干扰，食欲正常，杜绝了爬跨其他公猪和养成自淫的恶习，利于生长发育。

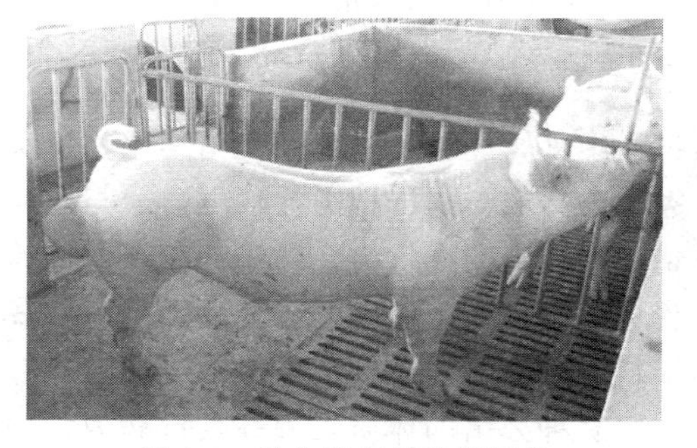

图2-3　种公猪实行单栏饲养

（2）合理运动　合理运动可促进食欲、帮助消化、增强体质、提高生殖机能。种公猪每天运动不少于1000米，一般在早晚进行为宜，冬天在中午进行，运动不足会严重影响配种能力。

（3）刷拭、修蹄　经常刷拭猪体可保持皮肤清洁，促进血液循环，减少皮肤病和寄生虫病，并且还可使种公猪温驯听从管教。同时，要经常修整种公猪蹄，以免在交配时擦伤母猪，以及肢蹄病的发生。

（4）防寒防暑　冬季要防寒保温，可减少饲料的消耗和疾病的发生。夏季要防暑降温，高温影响尤为严重，轻者食欲下降，性欲降低，重者精液品质下降，甚至会中暑死亡。防暑的措施很多，如通风、洒水、洗澡、遮阳等方法，可因地制宜进行。

（5）精液检查　实行人工授精的种公猪每次采精都要检查精液品质，对于本交的种公猪每月也要检查1～2次精液品质。根据精液品质的好坏，调整营养、运动和配种次数，这是保证种公猪健壮和提高受胎率的重要措施之一。

种公猪的配种能力及精液品质的优劣和使用年限的长短，不仅与饲养管理有关，而且取决于初配年龄和利用强度。利用强度要根据年龄和体质强弱合理安排，如果利用过多就会出现体质虚弱，降低配种能力和缩短利用年限。相反，如果利用过少，会导致肥胖而影响配种。本交时，青年种公猪适宜利用强度为每两天配种一次，成年公猪每天配种一次，连配两天，休息一天。人工授精时，青年种公猪每周采精1～2次，成年种公猪每周采精2～3次。

（三）防控重要疾病

种公猪大都为纯种，纯种公猪与杂交猪相比，抗病力稍差，在生产实际中，优秀种公猪的疾病抵抗力往往更差，与此相反，那些体型外貌较差的公猪则有较强的抵抗力，防病的重点在饲养管理，只有采取良好的饲养管理才能培育出健康的种公猪，因此，既要为种公猪提供安全营养的饲料、充足清洁的饮水、清洁舒适的环境，更要注意加强种公猪运动，提高种公猪的体质，提高其抗病力。此外，对种公猪要进行规定的防疫注射、猪舍消毒等工作，采取综合技术措施强化疾病预防工作。

腿部疾患在种公猪饲养工作中是一个特别需要注意的问题。种公猪特别容易发生腿部疾患而造成非正常淘汰，尤其是长白公猪，由于其腿部较细，不及其他品种猪粗壮，蹄病的发生率更高，种公猪腿部疾病发生率较高的主要原因是种公猪饲养时间较长，体重较大，种公猪舍现在又都是混凝土地面，对猪蹄的磨损严重，地面湿滑，猪容易滑倒又易损伤猪腿，减少种公猪腿部疾患的主要技术措施是：猪每天都必须在泥土地面的运动场运动，在泥地运动场运动对提高种公猪的体质及公猪蹄部健康十分有益。

混凝土地面以及种公猪经过的道路以及采精室必须清洁，防止有小沙粒、小铁钉、碎玻璃存在，因为小沙粒、小铁钉、碎玻璃能严重损伤猪蹄，发现猪蹄损伤，要仔细检查损伤部位和损伤原因，有针对性地进行治疗。种公猪腿部疾患的另一个原因为猪舍地面长期潮湿造成种公猪蹄底部长期潮湿发炎，甚至可以发生蹄底脱落。出现这种问题的解决办法是保持猪舍卫生、干燥，外用一定的药物，经过休息也可以自然痊愈，无需急于淘汰。

二、配种前精液品质的检查和鉴定

精液品质检查的目的在于鉴定精液品质的优劣，以便确定配种负担能力，同时也检查种公猪饲养水平和生殖器官机能状态，反映技术操作质量，检验精液稀释，作为保存和运输效果依据。检查精液的主要指标有：精液量、颜色、气味、精子密度、精子活力、酸碱度、畸形精子率等。

检查前，将精液转移到37℃水浴锅内预热的烧杯中，或直接将精液袋放入37℃水浴锅内保温，以免因温度降低而影响精子活力。整个检查活动要迅速、准确，一般在5～10分钟内完成。

（一）精液量

后备公猪的射精量一般为150～200毫升，成年公猪的为200～300毫升，有的高达700～800毫升。精液量的多少因猪的品种、品系、年龄和采精间隔、气候以及饲养管理水平等不同而不同。精液量的评定以电子天平（精确至1～2克，最大称量3～5千克）称量，按每克1毫升计。原精请勿转换盛放容器，否则将导致较多精子死亡，因此，勿将精液倒入量筒内评定其体积。

（二）色泽

正常精液的颜色为乳白色或灰白色，精子的密度越大，颜色越白；密度越小，则颜色越淡。如果精液颜色有异常，则说明精液不纯或公猪有生殖道病变，如呈绿色或黄绿色时则可能混有化脓性的物质；呈淡红色时则混有血液；呈淡黄色时则可能混有尿液等。凡发现颜色有异常的精液，均应弃去不用，同时，对公猪进行对症处理、治疗。

（三）气味

正常的公猪精液含有公猪精液特有的微腥味。有特殊臭味的精液一般混有尿液或其他异物，一旦发现，不应留用，并检查采精时操作是否正确，找出问题的原因。

（四）酸碱度（pH值）

可用pH试纸进行测定。一般来说，精液的pH值偏低，则精子活力较好。生产上通常不对精液的pH值进行检查，因为精液的酸碱度不可能远离中性。

（五）精子密度

指每毫升精液中含有的精子数量，它是用来确定精液稀释倍数的重要依据。正常公猪的精子密度每毫升为2.0亿～3.0亿个精子，有的高达每毫升5.0亿个精子。精子密度的检查方法有以下几种。

1. 估测法

这种方法不用计数，用眼观察显微镜下精子的分布，精子与精子之间的距离少于一个精子的长度为“密”；精子与精子之间的距离相当于一个精子的长度为“中”；精子与精子之间的距离大于一个精子的长度为“稀”。这种方法简单，但对于不同检查人员而言，主观性强，误差较大，只能对公猪进行粗略的评价，因此，这种评定方法通常不被采用。

2. 精子密度仪法

现代化养猪企业多数采用这种方法，它极为方便，检查所需时间短，重复性好，仪器使用寿命长。其基本原理是精子透光性差，精清透光性好。选定550纳米一束光透过10倍稀释的精液，光吸收度将与精子的密度成正比关系，根据所测数据，查对照表可得出精子的密度。该法测定密度的误差约为10%，但这个是生产上可以接受的。当然，如果精液中有异物，该仪器也将它作为精子来计算，应适当考虑减少这方面的误差。总之，该设备是目前猪人工授精中测定精子密度最适用的仪器。

3. 红细胞计数法

该法最准确，速度慢，其具体步骤为：

以微量取样器取具有代表性的原精100微升和3%的氯化钾溶液900微升混匀后，取少量放入计数板的槽中，在高倍镜下计数5个方格内的精子总数，将该数乘以50万即得原精液的精子密度，该方法可用来校正精子密度。

（六）精子活力

精子活力又叫精子活率，是指直线前进运动的精子占总精子的百分率。精子活力的高低关系到配种母猪受胎率和产仔数的高低，因此，每次采精后及使用精液前，都要进行精子活力的检查，以便确定精液能否使用及如何正确使用。在我国，精子活力一般采用10级制，即在显微镜下观察一个视野内的精子运动，若全部为直线运动，则活力为1.0级；有90%的精子呈直线运动则活力为0.9；有80%的呈直线运动，则活力为0.8，依次类推。鲜精液的精子活力大于或等于0.7才可使用，当活力低于0.6时，则应弃去不用。评定精子活力时应注意：

① 取样要有代表性。

② 观察活率用的载玻片和盖玻片应事先放在37℃恒温板上预热，由于温度对精子影响较大，温度越高，精子运动速度越快，温度越低，精子运动速度越慢，因此观察活率时一定要预热载、盖玻

片，尤其是 17℃精液保存箱的精子，应在恒温板上预热 30～60 秒后观察。

③ 观察活率时，应用盖玻片。否则，一是易污染显微镜的镜头，使之发霉；二是评定不客观，因为每次取样的量不同将影响活率的评定。

④ 评定活率时，显微镜的放大倍数要求 100 倍或 150 倍，而不是 400 倍或 600 倍。因为如果放大得过大，使视野中看到的精子数量少，评定不准确。若有条件，可在显微镜上配置一套摄像显示仪，将精子放大到电脑屏幕上进行观察。

（七）精子畸形率

畸形精子指巨形、短小、断尾、断头、顶体脱落、头大、双头、双尾、折尾等精子，一般不能直线运动，虽受精能力较差，但不影响精子的密度。精子畸形率是指畸形精子占总精子的百分数。若用普通显微镜观察畸形率，则需染色；若用相差显微镜，则不需染色可直接观察。公猪的畸形精子率一般不能超过 20%，否则应弃去。采精公猪要求每 2 周检查一次精子畸形率。

畸形精子的检查过程：

① 取原精液少量，以 3%氯化钠溶液进行 10 倍稀释；

② 以伊红或姬姆莎为染液，对精子进行染色；

③ 在 400～600 倍显微镜下观察精子形态，计算 200 个精子中畸形精子所占百分数。

所有项目检查完毕，由检验员填写种公猪精液品质检查登记表（表 2-1）。

表 2-1　种公猪精液品质检查登记表

采精日期	公猪号	采精员	采精量/毫升	色泽	气味	pH 值	精子密度/亿/毫升	活力	畸形率/%	总精子数/亿个	稀释后总量/毫升	稀释液量/毫升	头份数	检验员	备注

三、母猪发情鉴定

（一）发情周期与排卵规律

1. 发情周期

正常母猪从一次发情开始到下一次发情开始的间隔时间为18～22天，平均21天，这段时间叫发情周期。发情周期分为发情前期、发情期、发情后期和休情期四个阶段。发情持续时间：一般瘦肉型母猪2～3天，地方母猪3～5天。

2. 排卵规律

母猪发情持续时间为40～70小时，排卵时间在之后1/3，而初配母猪要晚4小时左右。其排卵数量因品种、年龄、胎次、营养水平不同而异。一般初次发情母猪排卵数较少，以后逐渐增多。营养水平高可使排卵数增加。现代国外种猪在每个发情期内的排卵数一般为20枚左右，排卵持续时间为6小时；地方种猪每次发情排卵为25枚左右，排卵持续时间10～15小时。

（二）发情征状

母猪的发情期可分为发情前期、发情期和发情后期。各个阶段的表现是：

1. 发情前期

母猪兴奋性逐渐增加，采食量减少，烦躁不安，频频排尿；阴门红肿呈粉红色，分泌少量清亮透明液体。

2. 发情期

阴门红肿，由粉红逐渐到亮红，肿圆，阴门裂开，无皱襞，有光泽，流出白色浓稠带丝状黏液，尾向上翘；性欲旺盛，爬栏、爬跨其他母猪或接受其他母猪爬跨，自动接近公猪，按压背部时，安静呆立、耳朵直竖。

3. 发情后期

阴门皱缩，呈苍白色或灰红色，无分泌物或有少量黏稠液体。

4. 休情期

母猪本次发情结束到下次发情开始这段时间。

母猪发情期各阶段的不同表现见表 2-2～表 2-4。

表 2-2　阴户表现

项目	发情初期	发情期	发情后期
颜色	浅红—粉红	亮红—暗红	灰红—淡化
肿胀程度	轻微肿胀	肿圆，阴门裂开	逐渐萎缩
表皮皱襞	皱襞变浅	无皱襞，有光泽	皱襞细密，逐渐变深
黏液	无—湿润	潮湿—黏液流出	黏稠—消失

表 2-3　触摸阴户手感

项目	发情初期	发情期	发情后期
温度	温暖	温热	根部—尖端转凉
弹性	稍有弹性	外弹内硬	逐渐松软

表 2-4　判断母猪表现

项目	发情初期	发情期	发情后期
行为	不安、频尿	拱爬、呆立	无所适从
食欲	稍减	不定时定量	逐渐恢复
精神	兴奋	亢奋—呆滞	逐渐恢复
眼睛	清亮	黯淡，流泪	逐渐恢复
压背反射	躲避、反抗	接受	不情愿

（三）发情鉴定方法

1. 外部观察法

母猪在发情前会出现食欲减退甚至废绝，鸣叫，外阴部肿胀，精神兴奋。母猪会出现爬跨同圈其他母猪的行为。同时对周围环境的变化及声音十分敏感，一有动静马上抬头，竖耳静听，并向有声音的方向张望。进入发情期前 1～2 天或更早，母猪阴门开始微红，以后肿胀增强，外阴呈鲜红色，有时会排出一些黏液。若阴唇松弛，闭合不全，中缝弯曲，甚至外翻，阴唇颜色由鲜红色变为深红或暗红色，黏液量变少，黏稠且能在食指与大拇指间拉成细丝，即可判断为母猪已进入发情盛期。

2. 压背试验查情法

成年健康、经产母猪通常在仔猪断奶后 4～7 天开始静立发情。

发情的母猪，外阴开始轻度充血红肿，若用手打开阴户，则发现阴户内表颜色发生由红到红紫的变化，部分母猪爬跨其他母猪，也任其他母猪爬跨，接受其他猪只的调情，当饲养员用手压猪背时，母猪会由不稳定到稳定，当赶一头公猪至母猪栏附近时，母猪会表现出强烈的交配欲。当母猪允许饲养员坐在它的背上，压背稳定时，则说明母猪已进入发情旺期（图 2-4）。对于集约化养猪场来说，可采用在母猪栏两边设置挡板，让试情公猪在两挡板之间运动，与受检母猪沟通，检查人员进入母猪栏内，逐头进行压背试验，以检查发情程度。

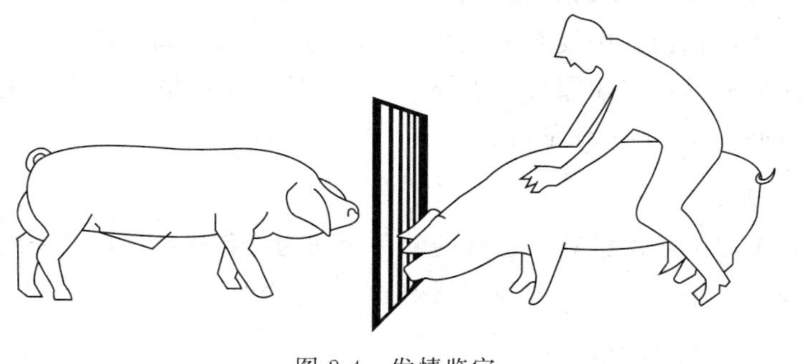

图 2-4　发情鉴定

3. 试情公猪查情法

试情公猪应具备以下条件：最好是年龄较大，行动稳重，气味重；口腔泡沫丰富，善于利用叫声吸引发情母猪，并容易靠气味引起发情母猪反应；性情温和，有忍让性，任何情况下不会攻击配种员；听从指挥，能够配合配种员按次序逐栏进行检查，既能发现发情母猪，又不会不愿离开这头发情母猪。如果每天进行一次试情，应安排在清晨，清晨试情能及时地发现发情母猪。如果人力许可，可分早晚两次试情。我国大多数猪场采用早晚两次试情。

试情时，让公猪与母猪头对头试情，以使母猪能嗅到公猪的气味，并能看到公猪。因为前情期的母猪也可能会接近公猪，所以在试情中，应由另一查情员对主动接近公猪的母猪进行压背试验。如果在压背时出现静立反射，则认为母猪已经进入发情期，应对这头母猪做发情开始时间登记和对母猪进行标记。如果母猪在压背时不安稳，则为尚未进入发情期或已过了发情期。

四、适时配种

（一）理论配种时间

1. 母猪的排卵时间

母猪的发情期平均为 3 天左右，排卵发生在发情开始后 36～41 小时，从排第一个卵子到最后一个卵子的时间间隔一般为 6 小时左右。

2. 卵子与精子的存活时间及精子运动的时间

卵子在输卵管中仅在 8～12 小时内具有受精能力，精子从生殖道运动到受精部位（输卵管）需要 2～3 小时，并且精子在生殖道内存活的时间为 12 个小时左右。

3. 配种时间

根据以上情况推算，适宜的配种时间为母猪排卵前的 2～3 小时，母猪接受公猪配种，出现静立反射后 6～8 小时。

（二）实际配种时间

在实际生产过程中，要准确判断母猪的排卵时间是比较困难的，因此，我们要根据理论配种时间、发情各个时期持续时间和母猪的外在表现，制定适宜的实际配种时间。配种时，可按以下规律进行：

① 若母猪在断奶 1～3 天就开始发情征状明显，轻轻按压母猪背部即出现静立反应，则在 10 小时配种，间隔 10 小时第二次配种，间隔 10 小时第三次配种。

② 若母猪在断奶后 4～6 天发情，须 6 小时配第一次，间隔 10 小时进行第二次配种，间隔 10 小时进行第三次复配。

③ 若母猪在断奶后 7 天发情，须立即配第一次，间隔 8 小时进行第二次配种，间隔 8 小时进行第三次复配。

五、母猪配种的方式与方法

配种是提高母猪繁殖力的主要环节，是增加窝产仔数，提高仔猪健壮性，降低生产成本的第一关口。

（一）配种方式

根据母猪在一个发情期内的配种次数，可分为单配、复配和双重配三种。

1. 单配

在母猪的一个发情期内，只用公猪配一次。其优点是能减轻公猪的负担，可以少养公猪，提高公猪的利用率，降低生产成本。其缺点是掌握适时配种较难，可能降低受胎率和减少产仔数。

2. 复配

在母猪的一个发情期内，先后用同一头公猪配两次，是生产上常用的配种方式。第一次交配后，过 24 小时再配一次，使母猪生殖道内经常有活力较强的精子，增加与卵子结合的机会，从而提高受胎率和产仔数。

3. 双重配

在母猪的一个发情期内，用血统较远的同一品种的两头公猪交配，或用两头不同品种的公猪交配叫双重配。第一头公猪配种后，隔 10～15 分钟，第二头公猪再配。

双重配的好处，首先是由于用两头公猪与一头母猪在短期内交配两次，能引起母猪增加反射型兴奋，促使卵泡加速成熟，缩短排卵时间，增加排卵数，故能使母猪多产仔，而且仔猪大小均匀；其次由于两头公猪的精液一齐进入输卵管，使卵子有较多机会选择活力强的精子受精，从而提高胎儿和仔猪的生活力。缺点是公猪利用率低，增加生产成本。如在一个发情期内仅进行一次双重配，则会产生与单配一样的缺点。

种猪场和留纯种后代的母猪绝对不能用双重配的方法，避免造成血统混杂，无法进行选种选配。

（二）配种方法

配种方法分为本交和人工授精两种方法。

1. 本交

交配场所应选择在离公路较远、安静而平坦的地方，并在公母猪饲喂前、后 2 小时进行交配。配种时应先把发情适期的母猪赶入交配场所，用毛巾蘸 0.1%的高锰酸钾溶液，洗净母猪阴户、肛门和臀部，然后再把所用公猪赶来。当公猪跨上母猪背部后，同样用蘸有 0.1%的高锰酸钾溶液的毛巾洗净公猪的包皮周围及阴茎，这样可减少或预防阴道、子宫感染疾病。然后把母猪尾巴拉向一侧，使阴茎顺利地插入阴道。必要时可用手握住公猪包皮，引导阴茎插入母猪阴道。当公猪射精完毕离开母猪后，要用手轻拍或按压母猪腰部，不让母猪弓腰，以免精液倒流出阴道；更要防止母猪卧下和洗冷水澡。然后把母猪赶回原圈休息。公猪配完种后，要让其休息一会儿，再赶回原圈，同样要防止洗冷水澡。配种后要及时做好记录，以便 21 天左右观察是否又发情，并作为配准后进行正确饲养管理的依据。

2. 人工授精

猪的人工授精，是用人工方法把公猪的精液采出来，经过稀释处理，再输入发情母猪阴道和子宫内，使母猪受胎。这是繁殖上一项行之有效的技术措施。其好处是大大提高良种公猪的利用率，加速猪种改良；可以少养公猪，节省养公猪的费用，降低生产成本；解决公母猪体格大小悬殊、配种困难的矛盾；可以远距离给母猪输精，减少母猪的体力消耗；防止公母猪疫病的相互传播。

六、母猪人工授精技术

（一）采精公猪的调教

① 先调教性欲旺盛的公猪，下一头隔栏观察、学习。

② 清洗公猪的腹部及包皮部，挤出包皮积尿，按摩公猪的包皮部。

③ 诱发爬跨：用发情母猪的尿或阴道分泌物涂在假台畜上，同时模仿母猪叫声，也可以用其他公猪的尿或口水涂在假母猪上，目的都是诱发公猪的爬跨欲望。

④ 上述方法都不奏效时，可赶来一头发情母猪，让公猪空爬几次，在公猪很兴奋时赶走发情母猪。

⑤ 公猪爬上假台畜后即可进行采精。

⑥ 调教成功的公猪在一周内每隔一天采一次，巩固其记忆，以形成条件反射。对于难以调教的公猪，可实行多次短暂训练，每周4～5次，每次至多15～20分钟。如果公猪表现厌烦、受挫或失去兴趣，应该立即停止调教训练。后备公猪一般在8月龄开始采精调教。

⑦ 注意：在公猪很兴奋时，要注意公猪和采精员自己的安全，采精栏必须设有安全角。

无论哪种调教方法，公猪爬跨后一定要进行采精，不然，公猪很容易对爬跨母猪台失去兴趣。调教时，不能让两头或两头以上公猪同时在一起，以免引起公猪打架等，影响调教的进行和造成不必要的经济损失。

（二）采精

① 采精杯的制备：先在保温杯内衬一个一次性食品袋，再在杯口覆四层脱脂纱布，用橡皮筋固定，要松一些，使其能沉入2厘米左右。制好后放在37℃恒温箱备用。

② 在采精之前先剪去公猪包皮上的被毛，防止干扰采精及细菌污染。

③ 将待采精公猪赶至采精栏，用0.1%高锰酸钾溶液清洗其腹部及包皮，再用清水洗净，抹干。

④ 挤出包皮积尿，按摩公猪的包皮部，待公猪爬上假台畜后，用温暖清洁的手（有无手套皆可）握紧伸出的龟头，在公猪前冲时将阴茎的“S”状弯曲拉直，握紧阴茎螺旋部的第一和第二褶，在公猪前冲时允许阴茎自然伸展，不必强拉。充分伸展后，阴茎将停止推进，达到强直、“锁定”状态，开始射精。射精过程中不要松手，否则压力减小将导致射精中断。

⑤ 收集浓稠精液（经验不足时稀稠全收集），直至公猪射精完毕时才放手，注意在收集精液过程中防止包皮部液体等进入采精杯。

⑥ 注意在采精过程中不要碰阴茎，否则阴茎将迅速缩回。

⑦ 下班之前彻底清洗采精栏。

⑧ 采精频率：成年公猪每周 2 次，青年公猪每周 1 次（1 岁左右），最好能固定每头公猪的采精频率。

（三）精液的稀释和稀释倍数

精液稀释之前需确定稀释的倍数。稀释倍数根据精液内精子的密度和稀释后每毫升精液应含有的精子数来确定。猪精液经稀释后，要求每毫升含 1 亿个精子。如果密度没有测定，稀释倍数国内地方品种一般为 0.5～1 倍，引入品种为 2～4 倍。

精液稀释应在精液采出后尽快进行，而且精液与稀释液的温度必须调整至一致，一般是将精液与稀释液置于同一温度（30℃）下进行稀释。

（四）精液的保存

为了延长精子的存活时间，扩大精液的使用范围，便于长途运输，稀释后的精液需进行保存。

1. 常温保存

在 15～20℃室温条件下，利用稀释液的弱酸性环境来抑制精子的活动，减少能耗。而稀释液中的抗生素类药物可以抑制微生物繁衍，减少对精子的危害，使精液得以保存，保存时间为 3 天左右。

2. 低温保存

在 0～5℃低温条件下，精子的活力被抑制，降低代谢水平，减少能耗，精子的存活时间得以延长。在低温条件下，0～10℃温度范围对精子是一个危险的温度范围区，如果精液从常温状态迅速降至 0℃，精子就会发生不可逆的冷休克现象。所以精液在低温保存之前，需经预冷平衡。其具体做法为：每分钟降温 0.2℃，用 1～2 小时完成降温全过程。此外，在稀释液内添加卵黄、奶类等物质也可以提高精子的抗冷能力。

在农村无冰源的条件下，可以采用以下方法制造冷源：

① 将食盐 40 克溶于 1500 毫升冷水中，加入氯化铵 400 克，装入广口保温瓶内，其温度可以降至 2℃左右。如果想长期维持低温，

每隔 2 天重新添加一次氯化铵。

② 将尿素 60 克溶于 100 毫升冷水中，可以降温至 5℃。如果将其溶于冰水中，可以降温至－5℃。

③ 将储精瓶包裹结扎盛于塑料袋内，扎好袋口。将储精塑料袋放于竹筒或竹篮等容器中，再将容器吊沉于井底保存。

（五）输精

刚开始用人工授精的猪场多采用一次本交、两次人工授精的做法，逐渐过渡到全部人工授精。

输精前必须进行精液品质检查，不符合条件的精液坚决倒掉。

生产线的具体操作程序如下。

（1）准备好输精栏、0.1%高锰酸钾消毒水、清水、抹布、精液、剪刀、针头、干燥清洁毛巾等。

先用消毒水清洁母猪外阴周围、尾根，再用温和清水洗去消毒水，抹干外阴。

（2）将试情公猪赶至待配母猪栏前（注：发情鉴定后，公母猪不再见面，直至输精），使母猪在输精时与公猪有口鼻接触，输完几头母猪更换一头公猪，以提高公母猪的兴奋度。

（3）从密封袋中取出无污染的一次性输精管（手不准触其前 2/3 部），在前端涂上对精子无毒的润滑油。

（4）将输精管斜向上插入母猪生殖道内，当感觉到有阻力时再稍用力，直到感觉其前端被子宫颈锁定为止（轻轻回拉不动）。

（5）从储存箱中取出精液，确认标签正确。

（6）小心混匀精液，剪去瓶嘴，将精液瓶接上输精管，开始输精。

（7）轻压输精瓶，确认精液能流出，用针头在瓶底扎一小孔，按摩母猪乳房、外阴或压背，使子宫产生负压将精液吸纳，绝不允许将精液挤入母猪的生殖道内。

（8）通过调节输精瓶的高低来控制输精时间，一般 3～5 分钟输完，最快不要低于 3 分钟，防止吸得快，倒流得也快。

（9）输后，在防止空气进入母猪生殖道的情况下，将输精管后端

折起塞入输精瓶中，让其留在生殖道内，慢慢滑落。于下班前集好输精管，冲洗输精栏。

（10）输完一头母猪后，立即登记配种记录，如实评分。

补充说明如下。

（1）精液从17℃冰箱取出后不需升温，直接用于输精。

（2）输精管的选择：经产母猪用海绵头输精管，后备母猪用尖头输精管，输精前需检查海绵头是否松动。

（3）两次输精之间的时间间隔为8～12小时。

（4）输精过程中出现拉尿情况要及时更换一个输精管，拉尿后不准再向生殖道内推进输精管。

（5）三次输精后12小时仍出现稳定发情的个别母猪可多一次人工授精。

（6）全人工授精的做法：母猪出现站立反应后8～12小时，用20单位催产素一次肌注，在3～5分钟后实施第一次输精，间隔8～12小时进行第二次和第三次输精。

（六）输精操作的跟踪分析

输精评分的目的在于如实记录输精时的具体情况，便于以后在返情失配或产仔少时查找原因，制定相应的对策，在以后的工作中采取改进的措施，输精评分分为三个方面、三个等级。

站立发情：1分（差），2分（一些移动），3分（几乎没有移动）。

锁住程度：1分（没有锁住），2分（松散锁住），3分（持续牢固紧锁）。

倒流程度：1分（严重倒流），2分（一些倒流），3分（几乎没有倒流）。

为了使输精评分可以比较，所有输精员应按照相同的标准进行评分，且单个输精员应做完一头母猪的全部几次输精，实事求是地填报评分。

具体评分方法：比如一头母猪站立反射明显，几乎没有移动，持续牢固紧锁，几乎没有倒流，则此次配种的输精评分为333，不需求和。

通过报表可以统计分析出：适时配种所占比例，各头公猪的生产成绩，各位输精员的技术操作水平，返情与输精评分的关系。

（七）猪精液稀释液的配制

随着养猪业的发展和产业化进程的推进，人们对猪人工授精重要性的认识越来越深刻，在现代养猪生产和育种工作中，人工授精正成为一种非常重要的生产途径。近年来，由于大规模、高度集约化现代化畜牧业的出现，更进一步促进了人工授精的应用和发展。我国猪的精液稀释、保存与应用，在20世纪70～80年代已在全国各省区推广应用，并取得了良好的效果。猪人工授精的冷冻精液稀释配制技术简介如下，供参考。

1. 猪精液稀释液的配制

常用的猪精液稀释液的种类很多，其配方有以下几种。

（1）奶粉稀释液　奶粉9克、蒸馏水100毫升。

（2）葡柠稀释液　葡萄糖5克、柠檬酸钠0.5克、蒸馏水100毫升。

（3）“卡辅”稀释液　葡萄糖6克、柠檬酸钠0.35克、碳酸氢钠0.12克、乙二胺四乙酸钠0.37克、青霉素3万单位、链霉素10万单位、蒸馏水100毫升。

（4）氨卵液　氨基乙酸3克、蒸馏水100毫升配成基础液，基础液70毫升加卵黄30毫升。

（5）葡柠乙液　葡萄糖5克、柠檬酸钠0.3克、乙二胺四乙酸0.1克、蒸馏水100毫升。

（6）葡柠碳乙卵液　葡萄糖5.1克、柠檬酸钠0.18克、碳酸氢钠0.05克、乙二胺四乙酸0.16克、蒸馏水100毫升，配成基础液，基础液97毫升加卵黄3毫升。

以上几种稀释液除“卡辅”外，抗生素的用量为青霉素1000单位/毫升、双氢链霉素1000微克/毫升。

2. 国外常用的3种稀释液的配制

（1）BL-1液（美国）　葡萄糖2.9%、柠檬酸钠1%、碳酸氢钠

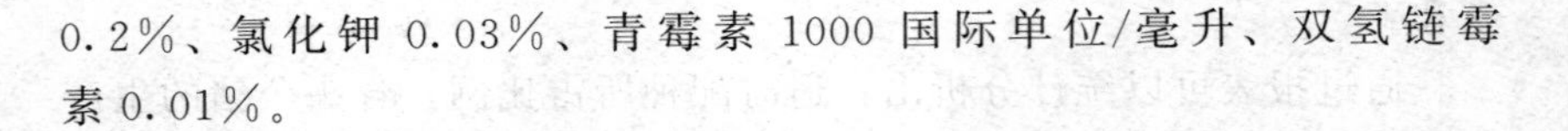

0.2%、氯化钾 0.03%、青霉素 1000 国际单位/毫升、双氢链霉素 0.01%。

（2）IVT 液（英国） 葡萄糖 0.3 克、柠檬酸钠 2 克、碳酸氢钠 0.21 克、氯化钾 0.04 克、氨苯磺酸 0.3 克、蒸馏水 100 毫升，混合后加热使之充分溶解，冷却后通入二氧化碳约 20 分钟，使 pH 值达到 6.5。

（3）奶粉-葡萄糖液（日本） 脱脂奶粉 3.0 克、葡萄糖 9 克、碳酸氢钠 0.24 克、α-氨基-对甲苯磺酰胺盐酸盐 0.2 克、磺胺甲基嘧啶钠 0.4 克、灭菌蒸馏水 200 毫升。

第三章 妊娠母猪的饲养技术

第一节　母猪早期妊娠诊断与返情处置

妊娠诊断是母猪繁殖管理上的一项重要内容。配种后，越早确定妊娠，对生产越有利，可以及时补配，防止空怀。这对于保胎，缩短胎次间隔，提高繁殖力和经济效益具有重要意义。一般情况下，母猪妊娠后性情温驯，喜安静、贪睡、食量增加、容易上膘，皮毛光亮和阴户收缩。一般来说，母猪配种后，过一个发情周期没有发情表现，说明已妊娠，到第二个发情周期仍不发情，就能确定是妊娠了。

近年来，较成熟、简便且具有实际应用价值的早期妊娠诊断技术主要有以下几个。

一、母猪早期妊娠诊断方法

（一）超声诊断法

超声诊断法是利用超声波的物理特性，将其和动物组织结构的声学特点密切结合的一种物理学诊断法。其原理是利用孕体对超声波的反射来探知胚胎的存在、胎动、胎儿心音和胎儿脉搏等情况来进行妊娠诊断。目前用于妊娠诊断的超声诊断仪主要有 A 型、B 型和 D 型。

1. B 型超声诊断仪

B 型超声诊断仪可通过探查胎体、胎水、胎心搏动及胎盘等来判断妊娠阶段、胎儿数、胎儿性别及胎儿状态等。具有时间早、速度快、准确率高等优点，但价格昂贵、体积大，只适用于大型猪场定期检查。

2. 多普勒超声诊断仪（D型）

该仪器可通过测定胎儿和母体血流量、胎动等做较早期诊断。有实验证明，利用北京产SCD-Ⅱ型兽用超声多普勒仪对配种后15～60天母猪检测，认为51～60天准确率可达100%（图3-1）。

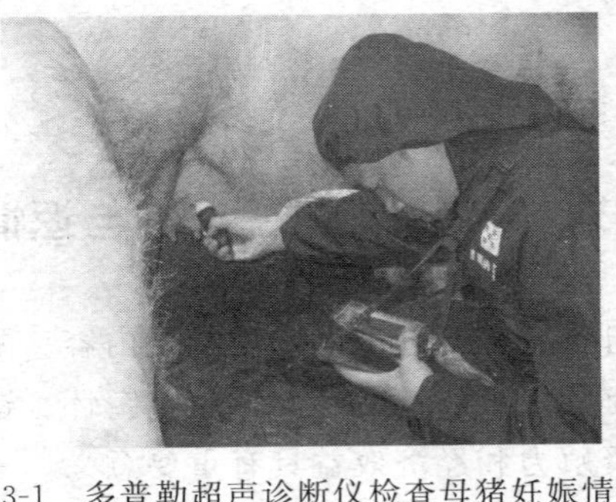

图3-1　多普勒超声诊断仪检查母猪妊娠情况

3. A型超声诊断仪

这种仪器体积较小，如手电筒大，操作简便，几秒钟便可得出结果，适合基层猪场使用。据报道，这种仪器的准确率在75%～80%。试验表明，用美国产PREG-TONEⅡPLUS仪对177头次母猪进行检测，结果表明，母猪配种后，随着妊娠时间增长，诊断准确率逐渐提高，18～20天时，总准确率和阳性准确率分别为61.54%和62.50%，而在30天时分别提高到82.5%和80.00%，75天时都达到95.65%。

（二）激素反应观察法

1. 孕马血清促性腺激素（PMSG）法

母猪妊娠后有许多功能性黄体，抑制卵巢上的卵泡发育。功能性黄体分泌孕酮，可抵消外源性PMSG和雌激素的生理反应，母猪不表现发情即可判为妊娠。方法是于配种后14～26天的不同时期，在被检母猪颈部注射700单位的PMSG制剂，以判定妊娠母猪并检出妊娠母猪。

判断标准：将被检母猪用 PMSG 处理，5 天内不发情或发情微弱及不接受交配者判定为妊娠；5 天内出现正常发情，并接受公猪交配者判定为未妊娠。试验结果为：5 天内妊娠与未妊娠母猪的确诊率均为 100%。而且认为该法不会造成母猪流产，母猪产仔数及仔猪发育均正常，具有早期妊娠诊断和诱导发情的双重效果。

2. 己烯雌酚法

对配种 16～18 天母猪，肌内注射己烯雌酚 1 毫升或 0.5%丙酸己烯雌酚和丙酸睾酮各 0.22 毫升的混合液，如注射后 2～3 天无发情表现，说明已经妊娠。

3. 人绝经期促性腺激素（HMG）法

HMG 是绝经后妇女尿中提取的一种激素，其主要作用与 PMSG 相同。据报道，使用南京农业大学生产的母猪妊娠诊断液，在广东数个猪场试用 1000 胎次，诊断准确率达 100%。

（三）尿液检查法

1. 尿中雌酮诊断法

用 2 厘米×2 厘米×3 厘米的软泡沫塑料，拴上棉线作阴道塞。检测时从阴道内取出，用一块硫酸纸将泡沫塑料中吸纳的尿液挤出，滴入塑料样品管内，于－20℃储存待测。尿中雌酮及其结合物经放射免疫测定（RIA），小于 20 毫克/毫升为非妊娠，大于 40 毫克/毫升为妊娠，20～40 毫克/毫升为不确定。蔡正华等报道其准确率达 100%。

2. 尿液碘化检查法

在母猪配种 10 天以后，取其清晨第一次排出的尿放于烧杯中，加入 5%碘酊 1 毫升，摇匀，加热、煮开，若尿液变为红色，即为已怀孕；若为浅黄色或褐绿色说明未孕。本法操作简单，据报道，准确率达 98%。

（四）血小板计数法

文献报道，血小板显著减少是早孕的一种生理反应，根据血小板是否显著减少就可对配种后数小时至数天内的母畜做出超早期妊娠诊断。该方法具有时间早、操作简单、准确率高等优点。尤其是为胚胎附植前的妊娠诊断开辟了新的途径，易于在生产实践中推广和应用。

在母猪配种当天和配种后第1～11天从耳缘静脉采血20微升置于盛有0.4毫升血小板稀释液的试管内，轻轻摇匀，待红细胞完全破坏后再用吸管吸取一滴充入血细胞计数室内，静置15分钟后，在高倍镜下进行血小板计数。配种后第7天是进行超早期妊娠诊断的最佳血检时间，此时血小板数降到最低点 $(250\pm91.13)\times10^3$/毫米^3。试验母猪经过2个月后进行实际妊娠诊断，判定与血小板计数法诊断的妊娠符合率为92.59%，未妊娠符合率为83.33%，总符合率为93.33%。

该方法虽具有时间早、准确率高等优点，但应排除某些疾病所导致的血小板减少。例如，肝硬化、贫血、白血病及原发性血小板减少性紫癜等。

（五）其他方法

1. 公猪试情法

配种后18～24天，用性欲旺盛的成年公猪试情，若母猪拒绝公猪接近，并在公猪2次试情后3～4天始终不发情，可初步确定为妊娠。

2. 阴道检查法

配种10天后，如阴道颜色苍白，并附有浓稠黏液，触之涩而不润，说明已经妊娠。也可观看外阴户，母猪配种后，如阴户下联合处逐渐收缩紧闭，且明显地向上翘，说明已经妊娠。

3. 直肠检查法

要求为大型的经产母猪。操作者把手伸入直肠，掏出粪便，触摸子宫，妊娠子宫内有羊水，子宫动脉搏动有力，而未妊娠子宫内无羊水，弹性差，子宫动脉搏动很弱，很容易判断是否妊娠。但该法操作者体力消耗大，又必须是大型经产母猪，所以生产中较少采用。

除上述方法外，还有血或乳中黄体酮测定法、EPF检测法、红

细胞凝集法、掐压腰背部法和子宫颈黏液涂片检查等。母猪早期妊娠诊断方法很多，它们各有利弊，临床应用时应根据实际情况选用。

二、返情的处置

繁殖母猪发情期进行配种后没有怀孕的现象称为返情。返情率的增加，会导致配种分娩率降低，从而影响养殖户的经济效益。

（一）母猪返情的原因

一是公猪精液质量不合格；二是配种时间不准确；三是母猪病理性及生理性返情。在不同的时间段，母猪返情代表着不同的意义。

1. 正常返情

21 天或 42 天左右，说明发情鉴定准确，但出现受孕失败。出现此现象的原因可能是：输精后 30 天内的管理应激因素（过度驱赶、注射、混群打斗、舍内持续高温等）；输精倒流过多，授精失败；精液质量不合格；输精时间太早或太迟。

2. 不正常返情

（1）20 天内返情（通常在 18～19 天）的原因　发情鉴定不准确；发情鉴定准确，但母猪的第一次妊娠信号（授精后 9～12 天，受精卵到达子宫）没能建立；发生导致高热的疾病（特别是猪瘟、流感）；也有可能是配种太迟。

（2）24～39 天返情可能的原因　主要是指配种后的 3～4 周发生问题造成胚胎损失，是非管理因素，可能原因为：疾病所致胚胎吸收或妊娠失败；母猪遗传型的个体差异；泌乳期太短，子宫未能完全恢复。

（3）妊娠中期（45～105 天）的未孕返情原因　如果未见到确切流产，则是由妊娠鉴定的疏漏造成的；如果确切观察到明显的中期流产，则可能是由细小病毒、日本脑炎病毒和流感病毒等最为常见的病原体引起的感染，尤其是南方以及北方初夏季节极易出现这种情况。

（4）106 天以上的流产或早产　除了管理因素外，应该留意是否有蓝耳病毒感染。

（二）处置

为减少母猪返情率，常见的措施有以下几点。

1. 提供合格的精液

精液品质好坏是影响受胎率的主要因素之一。没有品质优良的精液，要想提高母猪的受胎率是不现实的。对精液的品质进行物理性状（精液量、颜色、气味、精子密度、活力、畸形率等）检查，确保精液质量合格。同时，在高温季节到来前调整好防暑降温设备及采取向饮水中添加抗应激药、营养药等措施，以减少热应激对公猪精液品质的影响。

2. 提高配种技术

配种技术人员相关经验不丰富，查情查孕不准，最佳输精时机的掌握欠佳，均会造成受孕失败，母猪返情。经常培训技术人员以提高发情鉴定、输精时机判断、母猪稳定情况评定、输精等技术。

3. 做好猪舍环境卫生

每天清扫猪舍，减少病原微生物的滋生环境，并定期消毒，保证猪舍环境干净卫生。

4. 做好种母猪预防保健管理，减少母猪繁殖障碍疾病

为保证母猪有健康的体况，必须做好母猪的预防保健工作。尤其做好猪瘟疫苗（2次/年）、猪繁殖与呼吸综合征、猪伪狂犬病、猪细小病毒等会直接或间接地影响母猪怀胎的疾病的预防接种。减少细菌感染机会，特别是在人工助产、人工授精、产后护理过程中，由于消毒不严格或动作粗鲁造成的子宫炎症。由于炎症的存在就容易有返情的情况发生，甚至造成屡配不孕。一旦发现母猪子宫炎症，应及时治疗。

5. 提高饲料质量，合理调配母猪配种期营养水平

由于玉米霉菌素容易引起母猪假发情现象，因此必须保证母猪

的饲料质量，保证母猪有一个健康适宜的体况，以利发情配种。配种前后一段时间，尤其是配种后母猪的饲料营养水平的掌握是保证母猪受胎和产仔多少的关键因素。一般配种前一天到配种后一个月内是禁止高能饲料饲喂的阶段，因为过高的营养摄入将会导致受精卵的死亡、着床失败。适当补充青绿饲料，加入电解多维，以补充维生素的不足。在怀孕后期 40 天内提高营养水平，保证胎儿健康生长。

第二节　妊娠母猪的生理特点

母猪妊娠期在母猪整个繁殖周期中是非常重要的环节。

从精子与卵子的结合、胚胎着床、胎儿发育直至分娩，这一时期对母猪称之为妊娠期，对新形成的生命个体来说称之为胚胎期。这一时期饲养的目标是产出一窝数量多、初生体重大且均匀、活力强的仔猪，同时母猪健康且具有充分发育的乳腺和良好的机体养分储备。

母猪妊娠期平均为 114 天。一个理想繁殖周期为妊娠期＋哺乳期＋断奶后到配种时间＝114＋28＋5＝147 天，其中妊娠期 114 天占整个周期时间的 77.55％。而往往这段时间最长、起到承上启下作用的妊娠期最容易被人忽视。经常是母猪配种后放置到单体限位栏后，除了确定妊娠就不会被人过多地注意了，所以小到出现哺乳期泌乳问题、仔猪问题，大到出现某个阶段生产成绩不好，或者重要参数指标数据偏低，母猪非正常淘汰率高时才引起管理人员的注意，但那时发现为时已晚了。生产实践中，我们要重视妊娠期管理的重要性。

一、妊娠母猪的代谢特点与体重变化

胎儿的生长发育，子宫和其他器官的发育，使母猪食欲增大，饲料的消化率和利用率增强，故在饲养上应尽量满足这一要求；但妊娠母猪不是增重越多越好而是要控制到一定程度，一般瘦肉型初产母猪体重增加 35～45 千克，经产母猪体重增加 32～40

千克。

二、妊娠期间胚胎和胎儿的生长发育

1. 胎儿的生长曲线

胚胎的生长发育特点是前期形成器官，后期增加体重，器官在21天左右形成，出生体重的1/3生长在妊娠的前84天，而出生体重的2/3生长在妊娠的最后30天（图3-2）。

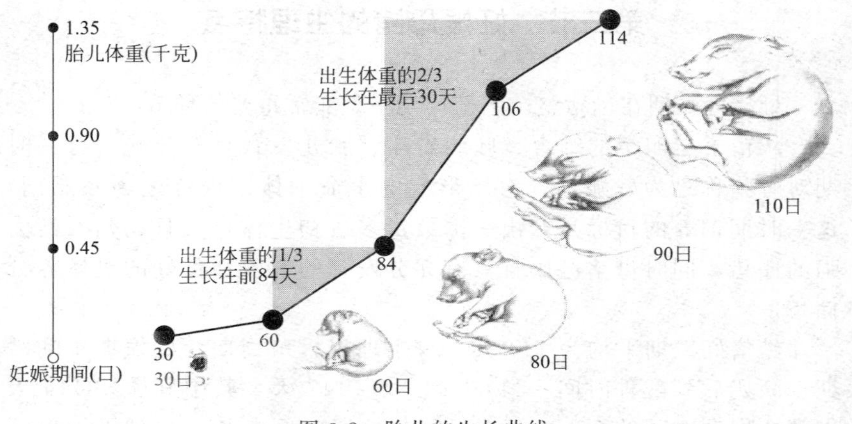

图3-2　胎儿的生长曲线

2. 引起胚胎死亡的三个关键时期

胚胎的蛋白质、脂肪和水分含量，特别是矿物质含量增加较快。母猪妊娠后，有三个容易引起胚胎死亡的关键时期，分别是9～13天、18～24天、60～70天。

（1）第一个关键时期　第一个关键时期出现在9～13天，此时，受精卵开始与子宫壁接触，准备着床而尚未植入，如果子宫内环境受到干扰，最容易引起死亡，这一阶段的死亡数占总胚胎数的20%～25%。

（2）第二个关键时期　第二个关键时期出现在18～24天，此时，胚胎器官形成，在争夺胚盘分泌物质的过程中，弱者死亡，这一阶段死亡数占胚胎总数的10%～15%。

（3）第三个关键时期　第三个关键时期出现在60～70天，此时，胚盘停止发育，而胎儿发育加速，营养供应不足可引起胚胎死亡，这一阶段死亡数占胚胎总数的5%～10%。

第三节 妊娠母猪的饲养管理

一、妊娠母猪的营养需要

为实现妊娠期母猪的饲养目标，应根据胚胎分生长发育规律、母猪乳腺发育和养分储备的需要，进行合理地限制饲养，建议将妊娠期分为妊娠前期、妊娠中期和妊娠后期，精确地控制母猪的体增重并保证胎儿的生长发育，这样既可节约生产成本，又不影响母猪最高繁殖效率的实现。

妊娠的不同阶段母猪的营养需要也不同。

1. 妊娠前期（配种后的30天内）

这个阶段胚胎几乎不需要额外营养，但有两个死亡高峰，饲料饲喂量相对应少，质量要求高，一般喂给1.5～2.0千克的妊娠母猪料，饲粮营养水平为：消化能2950～3000千卡/千克，粗蛋白14%～15%，青粗饲料给量不可过高，不可喂发霉变质和有毒的饲料。

2. 妊娠中期（妊娠的第31～84天）

喂给1.8～2.5千克妊娠母猪料，具体喂料量由母猪体况决定，可以大量喂食青绿多汁饲料，但一定要给母猪吃饱，防止便秘。严防给料过多，导致母猪肥胖。

3. 妊娠后期（临产前30天）

这一阶段胎儿发育迅速，同时又要为哺乳期蓄积养分，母猪营养需要高，可以供给2.5～3.0千克哺乳母猪料。此阶段应相对地减少青绿多汁饲料或青贮料。在产前5～7天要逐渐减少饲料喂量，直到产仔当天停喂饲料。哺乳母猪料营养水平：消化能3050～3150千卡/千克，粗蛋白16%～17%。

二、妊娠母猪的饲养方式

在饲养过程中，因母猪的年龄、发育、体况不同，就有许多不同的饲养方式。但无论采取何种饲养方式都必须看膘投料，妊娠母猪应有中等膘情，经产母猪产前应达到七八成膘情，初产母猪要有八成膘情。根据母猪的膘情和生理特点来确定喂料量。

1. 抓两头带中间饲养法

适用于断奶后膘情较差的经产母猪和哺乳期长的母猪。在农村由于饲料营养水平低，加上地方品种母猪泌乳性能好，带仔多，母猪体况较差，故选用此法。在整个妊娠期形成“高—低—高”的营养水平。

2. 步步高饲养法

适用于初配母猪。配种时母猪还在生长发育，营养需要量较大，所以整个妊娠期间的营养水平都要逐渐增加，到产前一个月达到高峰。其途径有提高饲料营养浓度和增加饲喂量，主要是以提高蛋白质和矿物质为主。

3. 前粗后精法

即前低后高法；此法适用于配种前膘情较好的经产母猪，通常为营养水平较好的提早断奶母猪。

4. “一贯式”饲养法

由于妊娠期合成代谢能力增强，营养利用率提高这些生理特征，在保持饲料营养全面的同时，采取全程饲料供给“一贯式”的饲养方式。值得注意的是，在饲料配制时，要调制好饲料营养，不能过高，也不能过低。

应当注意的是，妊娠母猪的饲料必须保证质量，凡是发霉，变质冰冻，带有毒性及强烈刺激性的饲料（如酒糟、棉籽饼）均不能用来饲喂妊娠母猪，否则容易引起流产；饲喂的时间、次数要有规律性，即定时定量，每日饲喂 2～3 次为宜；饲料不能频繁不换和突然改变，否则易引起消化机能的不适应；日粮必须要全面，多样化且适口性好，妊娠 3 个月后应该限制青粗饲料的供给量，否则容易压迫胎儿，引起流产。

三、妊娠母猪的管理

妊娠母猪管理的中心任务是做好保胎工作，促进胎儿的正常生长发育，防止流产、化胎和死胎。因此，在生产中应注意以下几方面的管理工作。

1. 注意环境卫生，预防疾病

母猪子宫炎、乳腺炎、乙型脑炎、流行性感冒等都会引起母猪体温升高，造成母猪食欲减退和胎儿死亡。因此，应及时清理猪粪（图 3-3），做好圈舍的清洁卫生（图 3-4），保持圈舍空气新鲜，认真进行消毒和疾病预防工作。

图 3-3　及时清理猪粪

图 3-4　圈舍清洁卫生

2. 防暑降温、防寒保暖

环境温度影响胚胎的发育，特别是高温季节，胚胎死亡率会增加。因此要注意保持圈舍适宜的环境温度，不过热过冷，做好夏季防暑降温、冬季防寒保暖工作。夏季降温的措施一般有洒水、洗浴、搭凉棚、通风等。标准化猪场要充分利用湿帘降温（图 3-5）。冬季可采取增加垫草、地坑、挡风等防寒保暖措施，防止母猪感冒发热造成胚胎死亡或流产。

3. 做好驱虫、灭虱工作

猪的蛔虫、猪虱等内外寄生虫会严重影响猪的消化吸收、身体健

图 3-5　用好湿帘降温

康并传播疾病，且容易传染给仔猪。因此，在母猪配种前或妊娠中期，最好进行一次药物驱虫，并经常做好灭虱工作。

4. 避免机械损伤

应防止妊娠母猪相互咬架、挤压、滑倒、惊吓和追赶等一切可能造成机械性损伤和流产的现象发生。因此，应尽量减少妊娠母猪合群和转圈，调群时不要赶得太急；妊娠后期应单圈饲养，防止拥挤和咬斗；不能鞭打、惊吓妊娠母猪，防止造成流产。

5. 适当运动

妊娠母猪要给予适当运动。妊娠的第一个月以恢复母猪体力为主，要使母猪吃好、睡好、少运动。此后，应让母猪保持充分的运动，一般每天运动 1～2 小时。妊娠中后期应减少运动量，或让母猪自由活动，临产前 5～7 天应停止运动。

四、妊娠母猪饲养管理指导方案

（一）需要明确的几个问题

1. 妊娠母猪饲养管理工作的目的

（1）规范妊娠母猪的饲养管理。

（2）确保妊娠母猪膘情合理。

（3）胚胎（胎儿）发育正常。

2. 妊娠母猪饲养管理的主要工作任务

（1）搞好妊娠猪的转群、调整工作。

（2）做好妊娠母猪防疫注射工作。

（3）负责定位栏内妊娠母猪的饲养管理工作。

3. 工作程序

（1）妊娠母猪的转入。

（2）母猪转入后的饲养管理。

（3）妊娠母猪的转出。

（4）免疫程序参照公司相关文件。

（5）每日工作安排。

（二）妊娠母猪的饲养管理指导方案

1. 妊娠母猪的转入与饲养管理

母猪完成配种后，根据配种时间的先后，按周次转入妊娠舍，在妊娠定位栏排列好。

母猪转入后饲养管理工作的重点如下。

（1）每天上班到猪舍后，先检查猪群一遍，整体观察猪群情况（图 3-6），局部观察个体情况（图 3-7），看看有无异常情况发生。

图 3-6　整体观察

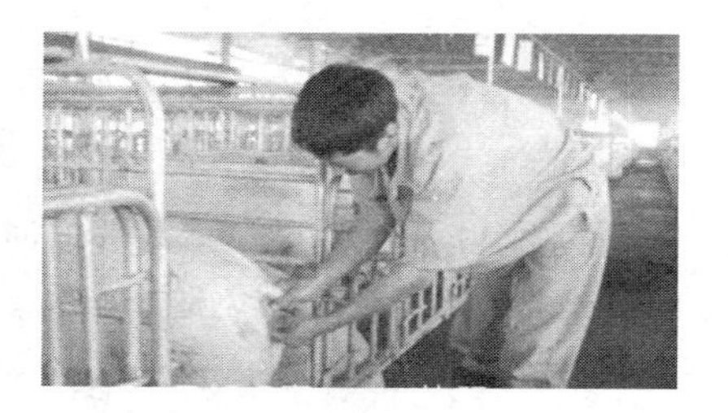

图 3-7　局部观察（外阴）

有病猪则应先治疗后喂料；有死猪，先捡出，并及时拉走，消毒原栏舍，填写《种猪死淘周报表》。

（2）检查完猪群后开始喂料，选用妊娠母猪料，分阶段按标准饲喂。

① 喂料前先将料槽内的水放干或扫干（图 3-8）。

图 3-8　喂料前扫干料槽内的水

图 3-9　投料要快、准

② 每次投料要快、准（图 3-9），以减少应激，喂料过程中先喂妊娠前期的怀孕母猪。三排怀孕猪舍提倡两人或三人同时喂料，减少喂料应激。

③ 根据母猪的膘情调整投料量（膘情可参考图 3-10）；提倡先一次过平均喂料，再喂回头料，视每头猪膘情酌情增减。

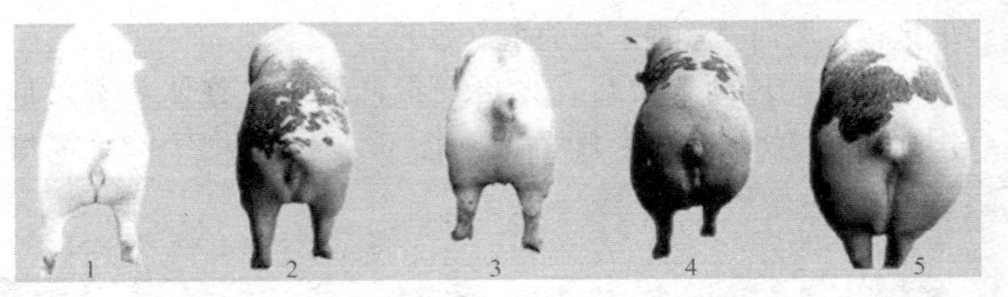

图 3-10　根据母猪膘情调整投料量

1—过瘦；2—适中；3—良好；4—稍肥；5—过肥

④ 喂料后要给每头猪足够的时间吃料（图 3-11），不要过早放水进料槽（图 3-12），以免造成浪费。

图 3-11　给猪足够的吃料时间

图 3-12　不过早向料槽内放水

⑤ 经常检查沉积在料车底部的饲料，发现发霉变质饲料要弃掉，防止妊娠母猪中毒（图 3-13、图 3-14）。

图 3-13　发霉的玉米

图 3-14　经常检查沉积在料车底部的饲料

（3）对妊娠母猪的膘情要定期进行评估，妊娠期分三阶段进行饲喂和管理，应按照猪场制定的标准喂料，保证妊娠期母猪体重的增加（表 3-1）。喂料时对初胎母猪应区别对待，怀孕中期胎儿长骨架时，适当控料，以免胎儿过大难产。

表 3-1　妊娠母猪的喂料标准

怀孕日龄/日	饲料品种	料量/千克	备注
1～7	332①	1.8～2	限料采食，日喂 2 次
8～21	332	2.0～2.3	限料采食，日喂 2 次
22～85	332	2.0～2.5	限料采食，日喂 2 次
86～107	332	2.8～3.5	限料采食，日喂 2 次
107～分娩前	333②	3.0 以上	自由采食，日喂 2 次

① 母猪怀孕中期料。

② 哺乳母猪料。

（4）及时清理定位栏内的猪粪（图 3-15、图 3-16），避免母猪吃饱料后卧下难以清理，清完后用斗车拉到猪粪池。

图 3-15　刮出定位栏内的猪粪

图 3-16　过道冲洗干净

（5）做好配种后 18～65 天内的复发情检查工作。每月做一次妊娠诊断（图 3-17、图 3-18）。

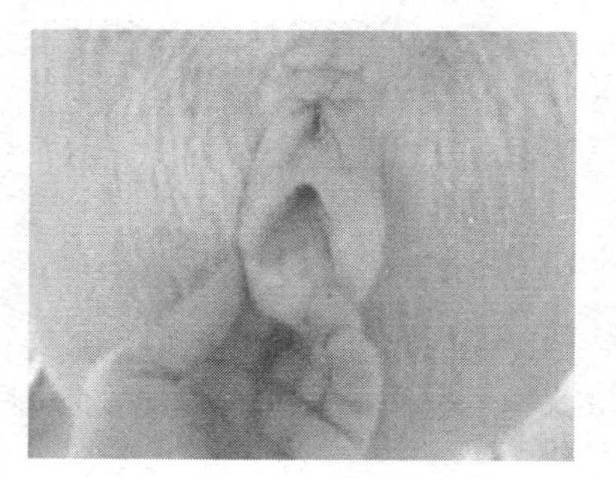

图 3-17　检查外阴

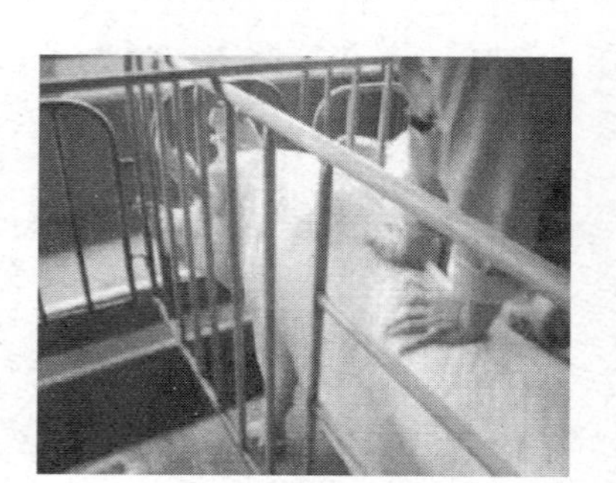

图 3-18　压背

（6）妊娠诊断：在正常情况下，配种后 21 天左右不再发情的母猪即可确定妊娠。其表现为：贪睡、食欲旺、易上膘、皮毛光、性温驯、行动稳、阴门下裂缝向上缩成一条线等。

（7）减少应激，防流保胎；夏天预防中暑，炎热时经常冲栏（图 3-19），冬天防寒保暖；对待母猪应温柔细心；减少剧烈响声刺激；免疫注射在喂料后或天气凉爽时进行；严格控制怀孕舍湿度，减少不必要的冲栏或冲猪身。

图 3-19　天气炎热时要经常冲栏

图 3-20　吃不完的料及时扫给其他猪只吃

（8）关注料槽卫生，吃不完的料及时扫给其他猪只吃（图 3-20），定期清洗，减少霉变。清洗时专人负责看猪，减少猪只吃入污物。

（9）关注饮水质量，喂料后及时放水，保证猪只饮水充足，使用饮水器的猪场注意检查饮水器质量。当饮水出现异色、大量杂质或沉淀时应加强净化处理或饮水消毒。

（10）关注怀孕前期的饲养管理与护理。加强湿度控制，饲料转换平衡过渡，适当补充青料或使用大小苏打等防止便秘。尽量减少各种应激，增加猪只受胎率，防止流产。必要时18～25日龄使用金霉素等保健。前期猪不使用大寒性的中药。

（11）怀孕后期选择适当时间进行一次健胃或清宫热保健。可供选择的药物有大黄苏打散、复方鱼腥草、穿心莲、清肺散等。一般选择怀孕85～92日龄保健。

（12）按《免疫程序》做好各种疫苗的免疫接种工作，预防烈性传染病的发生。做好《怀孕母猪免疫清单》记录工作。免疫前后注意防应激。

2. 妊娠母猪的转出

妊娠母猪临产前3～7天转入产房，转猪前一周内彻底做好体外驱虫工作，同时转猪当天要彻底给猪身冲洗消毒（图3-21），注意双腿的下方和腹部等卫生死角。

每批妊娠母猪转走后，空栏必须用清水彻底冲洗干净，不留死角；干后用消毒水消毒原猪舍（图3-22），并要求空栏至少1小时才能调另一批妊娠母猪转入。

图3-21　先冲干净猪只

图3-22　消毒原栏舍

3. 每日工作安排

见表3-2。

表 3-2　每日工作安排

上午	
7:30～8:00	观察猪群、治疗与处理
8:00～9:00	喂料、清理料槽、放水
9:00～10:30	清理卫生
10:30～11:30	其他工作
下午	
14:00～15:00	观察猪群、治疗与处理
15:30～17:00	冲洗猪栏、猪体，其他工作
17:00～17:30	喂料

4. 每周工作安排

见表 3-3。

表 3-3　每周工作安排

星期一	大清洁大消毒；淘汰猪鉴定；药品用具领用
星期二	更换消毒盆池液；整理返情、空怀母猪
星期三	免疫注射
星期四	大清洁大消毒；调整猪群；种猪淘汰鉴定
星期五	更换消毒盆池液；转出临产母猪
星期六	空栏冲洗消毒；计划下周领用物品
星期日	设备检查维修；周报表

5. 做好各种记录

及时填写《种猪死亡淘汰情况周报表》（表 3-4）、《妊娠空怀及流产母猪情况周报表》（表 3-5）、《怀孕母猪免疫清单》（表 3-6）等表格。

表 3-4　种猪死亡淘汰情况周报表

死淘日期	耳号	品种	公母	死亡原因	淘汰原因	去向

表 3-5　妊娠空怀及流产母猪情况周报表

母猪耳号	配种日期	鉴定空怀日期	鉴定流产日期	目前状况

表 3-6　怀孕母猪免疫清单

____猪场____线　　年　月　日至　　年　月　日应使用疫苗的怀孕母猪清单

疫苗名称：　　　使用规则：妊娠______天使用（对应配种日期：　　）

剂量：　　头份

周次	头数	需执行防疫的母猪耳号

五、妊娠母猪常见问题的处理

（一）妊娠发情（假发情）

母猪假发情是指母猪配种后已怀孕，在下一个情期又出现发情表现。

1. 假发情和真发情的区别

（1）假发情没有真发情明显，发情持续时间短，一两天就过去了。

（2）进入圈内将母猪哄起，可见母猪的尾巴自然下垂或夹着尾巴走，而不是举尾摇摆。

（3）假发情的母猪不让公猪爬跨。

2. 母猪假发情发生的原因

（1）当妊娠初期母猪营养状况十分恶化时，如严重缺乏蛋白质、维生素 B_1 等营养物质时，肝脏对血液循环中的雌激素的破坏作用减弱，致使雌激素的含量在短时间内有所增加，在雌激素的作用下出现假发情现象。

（2）气候多变，生殖器官的疾病，也是造成母猪内分泌紊乱出现假发情的原因。

3. 假发情的防止措施

加强母猪妊娠后期的营养，使母猪达到九成膘以上；加强母猪泌乳初期的营养，使母猪在仔猪断奶后保持中等膘情，进行短期优饲，改善母猪配种前后和妊娠初期的营养状况，这是预防假发情的根本措施。另外，预防和治疗母猪生殖道疾病，做好早春的防寒保温工作，多喂青绿多汁饲料，也是防止假发情的措施。

（二）假妊娠

猪配种后并未怀孕，但腹围一天天大起来，乳房也发育膨大，到“临产期”前后，有时乳房还能挤出奶水，但最后并不产仔，腹围和乳房慢慢收缩回去，这种现象就是假妊娠。

1. 引起母猪假妊娠的原因

（1）由于胚胎早期死亡与吸收，而妊娠黄体不消失（持久黄体），致使黄体酮继续分泌，好像妊娠仍在继续。

（2）营养不良、气候多变，以及生殖器官疾病，造成母猪内分泌紊乱，致使发情母猪排卵后所形成的性周期黄体不能按时消失（持久黄体），黄体酮继续分泌，抑制了垂体前叶分泌促滤泡成熟素，滤泡发育停滞，母猪发情周期延缓或停止。在黄体酮的作用下，子宫内膜明显增生、肥厚，腺体的深度与扭曲度增加，子宫的收缩减弱，乳腺小叶发育。

2. 预防母猪假妊娠的措施

（1）做好分阶段饲喂工作，防止母猪膘情过肥或过瘦。要尽可能供给母猪青绿饲料，要注意维生素 E 的补充，添加亚硒酸钠维生素 E 粉，或将大麦浸捂发芽后，补饲母猪。

（2）如果母猪是异常发情，不要急于配种，应采取针对性治疗措施。在自然状态下正常发情后，再进行配种。

（3）做好断奶母猪的“短期优饲”。刚断奶隔离的母猪，应强化断奶后的饲养管理，适量补充蛋白质饲料。每次断奶隔离后，都要进行一次驱虫、防疫。对于膘情特差的母猪，要在膘情得到有效恢复后，再进行配种。

（4）仔细观察母猪配种后的行为，发现假孕母猪及早采取措施，终止伪妊娠。

（5）预防生殖道疾病对卵巢功能造成影响，在母猪分娩后肌内注射青霉素，每天两次，连续 3 天。

（6）有针对性地选择使用激素类药物催情，最好在自然发情状态下进行配种。

（7）配合应用药物治疗：肌内注射前列腺素 1～2 毫克，或肌内注射甲基睾酮 1～2 毫克。

（三）胚胎死亡

母猪每个发情期排出的卵大约有 10%不能受精，有 20%～30%的受精卵在胚胎发育过程中死亡，出生仔猪数只占排卵数的 60%左右。化胎、死胎、木乃伊和流产都是常见的胚胎死亡现象。

胚胎在妊娠早期死亡后被子宫吸收，称为化胎（隐性流产）。发生在妊娠中后期，胎儿死亡，但未排出，其组织中的水分和胎水被母体吸收，变为棕褐色，好像干尸一样，称为木乃伊；如胎儿死亡不久就在分娩时随活仔一起产出而胎儿未变化，称为死胎。流产是指胎儿或母体的生理过程发生紊乱，或它们之间的正常关系受到破坏，而使妊娠中断。

1. 胚胎死亡原因

（1）配种时间不适当　精子或卵子较弱，虽然能受精，但是受精卵的生活力低，容易早期死亡，被母体吸收形成化胎。

（2）近亲繁殖　高度近亲繁殖使胚胎生活力降低，引起死胎或畸形。

（3）母猪饲料营养不全　特别是缺乏蛋白质，维生素 A、维生素 D 和维生素 E，钙和磷等容易引起死胎。

（4）饲喂发霉变质、有毒有害、有刺激性的饲料　冬季喂冰冻饲料容易发生流产。

（5）过肥　母猪喂养过肥，容易形成死胎。

（6）对母猪管理不当　如鞭打、急追猛赶，使母猪跨越壕沟或其他障碍，母猪相互咬架或进出窄小的猪圈门时互相拥挤等都可能造成母猪流产。

（7）某些疾病的影响　如猪瘟、伪狂犬病、乙型脑炎、细小病毒、高烧和蓝耳病等可引起死胎或流产。

2. 防止胚胎死亡的措施

（1）妊娠母猪的饲料要好，营养要全　尤其应注意供给足量的蛋白质、维生素和矿物质。不要把母猪养得过肥。不要喂发霉变质、有毒有害、有刺激性和冰冻的饲料。

（2）饲喂　妊娠后期可增加饲喂次数，每次给量不宜过多，避免胃肠内容物过多而压挤胎儿。产前应给母猪减料。

（3）管理　防止母猪咬斗、跳栏和滑倒等，不能追赶或鞭打母猪，夏季防暑冬季保暖防冻。

（4）应有计划配种，防止近亲繁殖　要掌握好发情规律，做到适时配种。

（5）注意卫生，控制疾病。

（6）保胎　对妊娠母猪出现减食或不吃，行动异常，阴户红肿并流出黏液，不时努责，可能会流产的母猪，应及时注射黄体酮 10～30 毫克，并内服镇静剂来保胎。

（7）人工流产　对已到达预产期、有产仔表现、乳房膨胀且分泌乳汁，流产已难免或死胎已成木乃伊而残留在子宫内的母猪，可采取人工流产。方法是先注射雌二醇 4 毫克，6～8 小时后肌注催产素 3～6 毫克或地塞米松 200 毫克。

第四节　母猪舍的建筑设计与设备配置

母猪舍内的建筑包括产房、空怀母猪舍、妊娠舍，母猪舍的生产设备主要是指产床、母猪定位栏、饲喂设施以及饮水设施等。母猪舍的建筑设计与生产设备配置应依据母猪的习性与当地的气候特点，以

经济实用为原则，为母猪创造一个舒适的生存环境。

一、母猪舍建筑设计要点

产房可选用有窗户的封闭式建筑，分设前后窗户，进行舍内采光、取暖和自然通风。窗户的大小因当地气候而异，寒冷地区应前大后小，还应降低房舍的净高，加吊顶棚。采用加厚墙或空心墙，以增加房舍的保温隔热效果。此外，产房可根据情况适当添加一些供暖、降温和通风等设备。产房供暖可采用暖风机、暖气和普通火炉等方式，其中暖风机既可供暖，又可进行正压通风，但使用成本较高。因此，对于众多小规模饲养户来说，选用火炉取暖更为经济实用。在夏季十分炎热的地区，产房可采用雾化喷水装置与风机相结合（图3-23)、室外湿帘（图3-24）进行舍内防暑降温。

图3-23 产房有窗，密闭，悬挂风机

图3-24 利用湿帘降温

产房要为母猪及哺乳仔猪设置专门的高床产栏，产栏分为母猪限位区（图3-25）和仔猪活动区（图3-26)。母猪限位区设在产栏中间部位，是母猪生活、分娩和哺乳仔猪的地方。限位区的前部设前门、母猪饲料槽和饮水器，供母猪下床和饮食使用；后部设有后门，供母猪上产床、人工助产和清粪等使用。限位架通常用钢管制成，一般长

2.0～2.1 米，宽 0.60～0.65 米，高 0.9～1.0 米，用来限制母猪活动，并使母猪不会很快“放偏”倒下，而是缓慢地以腹部着地，伸出四肢再躺下。这给仔猪留有逃避母猪踩压的机会，可有效防止仔猪被压死。仔猪活动区设在母猪限位区的两侧，配备有仔猪补料槽（图 3-27）、饮水器和取暖保温装置（保温箱或保温伞）。高床产栏的底部可采用钢筋编织漏粪地板网，其离地面有一定高度，使母猪和仔猪脱离地面的潮湿和粪尿污染，有利于猪只健康，使仔猪断奶成活率显著提高。产栏可以是单列式（图 3-28）或双列式，数量按繁殖母猪的规模和繁殖计划而定。如果哺乳期为 35 天，并进行全年均衡繁殖生产，每 20 头繁殖母猪需设置 5 个产栏。每列产栏的前后都要留出足够宽的走道，供母猪上下产栏、分娩接产和行走料车等。

图 3-25　母猪限位区

图 3-26　仔猪活动区（设红外线保温伞）

二、母猪舍生产设备配置

（一）漏粪地板

母猪和仔猪之间巨大的体型差异对产房地板的选择有很大影响。产房地板应该使仔猪和母猪感到舒适，没有摩擦，能提供好的立脚点，且对仔猪肢蹄和母猪乳房无损伤，同时易于保持圈内清洁、卫

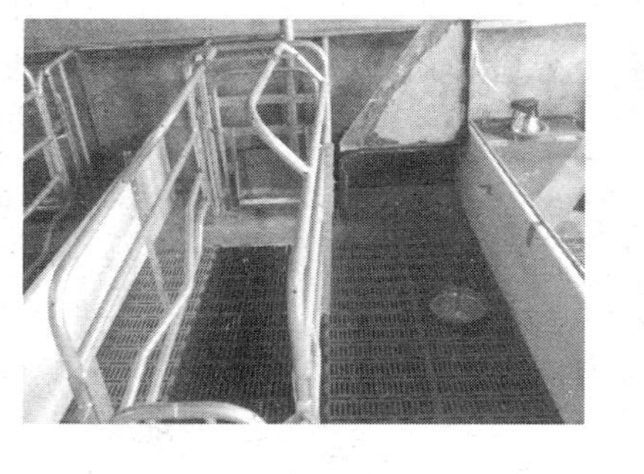

图 3-27　漏粪地板网、仔猪补料槽

图 3-28　单列式产栏

生，并有 1∶72 的落差，以便于排水。产床地板可以是实心的，也可是部分或全部漏粪地板，以便减少清理粪便所需劳力，且便于母猪尿液的排放。就部分或全部漏粪地板而言，为避免漏粪地板所产生的贼风，需要增加垫子来防止仔猪受凉。在全漏粪地板中，在保温区要求有个永久、舒适的地板或热垫。

无论采用全部还是部分漏粪地板系统，聚丙烯塑料地板都要求持久耐用，并最大限度地满足母猪、仔猪的要求。三棱杆常用于全漏粪系统，而铸铁、焊接丝网、编织金属线和钻孔金属板常用于部分漏粪地板系统。所有这些地板都应至少有 10 毫米的间隙，以最大限度地保持清洁，并对仔猪肢蹄造成最小伤害。表面平坦的材料有利于猪只的正常行走。

部分漏粪地板系统中，可以用纸、木屑、刨花作垫料，母猪和仔猪对这种系统的感觉较为舒适，而在全漏粪地板系统也会获得优异的效果。部分漏粪地板系统的保温地板是在水泥地面（3∶1 的沙和水泥比例）下加 30 毫米的聚苯乙烯泡沫或 150 毫米不含细矿粉的混凝土，为此需要高质量的木制模具。混凝土必须非常干燥，并达到所需的强度要求。

（二）饲喂、饮水设备

母猪料槽应合理占用产床面积，并成为圈栏的组成部分，以能容纳 5 升水的深口料槽最为理想（图 3-29）。1 个易于固定在产栏长度约 5/8 处，小巧的仔猪料槽是必要的，要用易于清洁的材料制成。

必须随时供应清洁、新鲜饮水。安装鼻式饮水器（图 3-30）。仔猪的咬式饮水器可促进其饮水，还可使仔猪学会使用断奶时会遇到的类似饮水器。

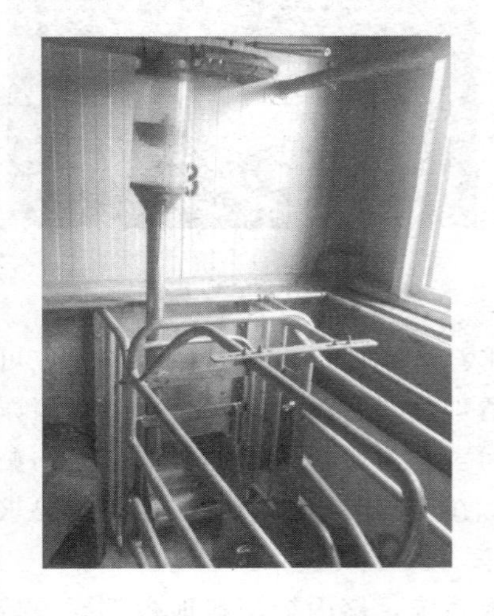

图 3-29　供料系统和料槽

图 3-30　鼻式饮水器

（三）照明设施

无论自然光还是人造光，白天室内的照明强度都应保证能清楚地看到猪只。若使用保温灯，就能提供猪只进行正常生理活动的光线。但还应提供至少 50 勒克斯的光照，以便进行近距离的猪只检查和断奶时的清洁工作。应尽可能使用太阳光，在需要时才使用人工光源补充光照。

第四章 母猪的分娩、接产及救护

第一节 母猪的转栏与分娩前管理

一、预产期推算

母猪从交配受孕日期至开始分娩，妊娠期一般在108～123天，平均大约114天。一般本地母猪妊娠期短，引进品种较长。正确推算母猪预产期，做好接产准备工作，对生产很重要。常用的推算母猪预产期的简便易记的方法有以下三个。

1. 推算法

此法是常用的推算方法，从母猪交配受孕的月数和日数加3个月3周3天；即3个月为30天，3周为21天，另加3天，正好是114天，即是妊娠母猪的预产大约日期。例如，配种期为12月20日，12月加3个月，20日加3周（21天），再加3天，则为母猪分娩日期，即在4月14日前后。

2. 月减8，日减7推算法

即从母猪交配受孕的月份减8，交配受孕的日期减7，不分大月、小月、平月，平均每月按30日计算，得数即是母猪妊娠的大约分娩日期。用此法也较简便易记。例如，配种期12月20日，12月减8个月为4月，再把配种日期20日减7是13日，所以母猪分娩日期大约在4月13日。

3. 月加4，日减8推算法

即从母猪交配受孕后的月份加4，交配受孕日期减8。得出的数就是母猪的大致预产日期。用这种方法推算月加 4，不分大月、小月和平月，但日减 8 要按大月、小月和平月计算。用此法要比推算法更为简便，可用于推算大群母猪的预产期。例如，配种日期为 12 月 20 日，12 月加 4 为 4 月，20 日减 8 为 12，即母猪的妊娠日期大致在 4 月 12 日。使用上述方法时，如月不够减，可借 1 年（即 12 个月），日不够减可借 1 个月（按 30 天计算）；如超过 30 天进 1 个月，超过 12 个月进 1 年。

二、转栏与分娩前管理

（一）转栏与分娩前准备

1. 核实预产期

核对配种记录，做好预产期预告。

2. 产房准备

根据推算的母猪预产期，在母猪分娩前 5～10 天准备好产房（分娩舍）。产房要保温，舍内温度最好控制在 15～18℃。寒冷季节，舍内温度较低时，应有采暖设备（暖气、火炉等），同时应配备仔猪的保温装置（护仔箱等）。应提前将垫草放入舍内，使其温度与舍温相同，要求垫草干燥、柔软、清洁、长短适中（10～15 厘米）。炎热季节应防暑降温和通风，若温度过高，通风不好，对母猪、仔猪均不利。舍内相对湿度最好控制在 65%～75%，若舍内潮湿，应注意通风，但在冬季应注意通风造成舍内温度的降低。母猪进入分娩舍前，要进行彻底清扫、冲洗（图 4-1）、消毒（图 4-2）工作，清除过道、猪栏、运动场等的粪便、污物，地面、圈栏、用具等用 2%火碱溶液刷洗消毒。然后用清水冲洗、晾干，墙壁、天棚等用石灰乳粉刷消毒，对于发生过仔猪下痢等疾病的猪栏更应彻底消毒。

3. 转栏与母猪清洁消毒

为使母猪适应新的环境，应在产前 3～5 天，选择早晨空腹时将母猪转入产房，转栏后立即饲喂。若进产房过晚，母猪精神紧张，影响正常分娩。在母猪进入产房前，应对猪体进行清洁或沐浴（图 4-3），清除猪体，尤其是腹部、乳房、阴户周围的污物，并用高锰酸钾等擦洗消毒（图 4-4），以免带菌进入产房。

图 4-1 产房冲洗

图 4-2 产房消毒

图 4-3 猪体的清洁

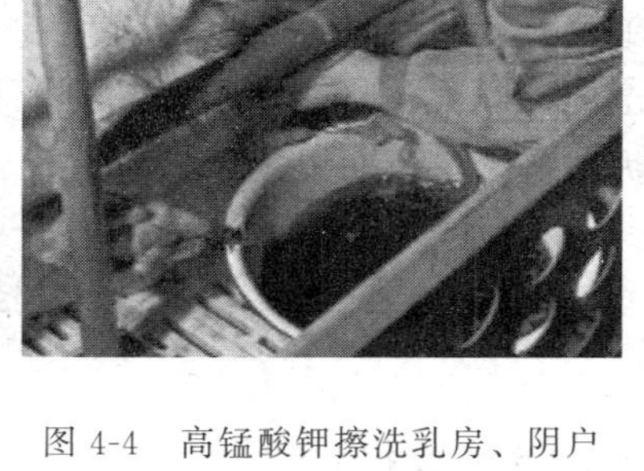

图 4-4 高锰酸钾擦洗乳房、阴户

4. 准备分娩用具

应准备好必要的药品（图 4-5）、洁净的毛巾或拭布、剪刀、5%碘酊、高锰酸钾溶液、凡士林油，称量仔猪的秤及耳刺钳（图 4-6）、分娩记录卡等。

图 4-5 准备好必要的药品

图 4-6 耳刺钳

（二）产前母猪的饲养管理

视母猪体况投料，体况较好的母猪，产前5～7天应减少精料的10%～20%，以后逐渐减料，到产前1～2天减至正常喂料量的50%。但对体况较差的母猪不仅不能减料，而且应增加一些营养丰富的饲料以利泌乳。在饲料的配合调制上，应停用干粗不易消化的饲料，宜用一些易消化的饲料。在配合日粮的基础上，可添加一些青料，调制成稀料饲喂。产前可饲喂麸皮粥等轻泻性饲料，防止母猪便秘和乳腺炎。产前1周应停止驱赶运动和大群放牧，以免由于母猪间互相挤撞，造成死胎或流产。饲养员应有意多接触母猪，并按摩母猪乳房，以利于母猪产后泌乳、接产和对仔猪的护理。对带伤乳头或其他可能影响泌乳的疾病应及时治疗，不能利用的乳头或带伤乳头应在产前封好或治好，以防母猪产后疼痛而拒绝哺乳。做好产前值班看护，尤其是夜间。

第二节　母猪的分娩与接产

一、分娩过程

（一）母猪临产征兆

母猪临产前在生理上和行为上都发生一系列变化，掌握这些变化规律既可防止漏产，又可合理安排时间。

在母猪分娩前3周，母猪腹部急剧膨大而下垂，乳房亦迅速发育，从后至前依次逐渐膨胀。至产前3天左右，乳房潮红加深，两侧乳头膨胀而外张，呈“八”字排开（图4-7）。猪乳房动、静脉分布多，产前3天左右，用手挤压，可以在中部两对乳头挤出少量清亮液体；产前1天，可以挤出1～2滴初乳；母猪生产前半天，可以从前部乳头挤出1～2滴初乳。如果能从后部乳头挤出1～2滴初乳，而能从中、前部乳头挤出更多初乳，则表示在6个小时左右即将分娩。等最后一对奶头能挤出呈线状的奶时，为即将产仔（图4-8）。

母猪分娩前3～5天，外阴部开始发生变化，其阴唇逐渐柔软、

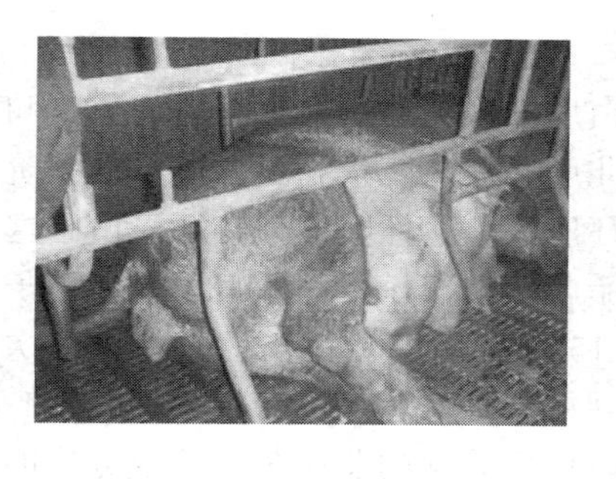

图 4-7　乳头呈“八”字排开

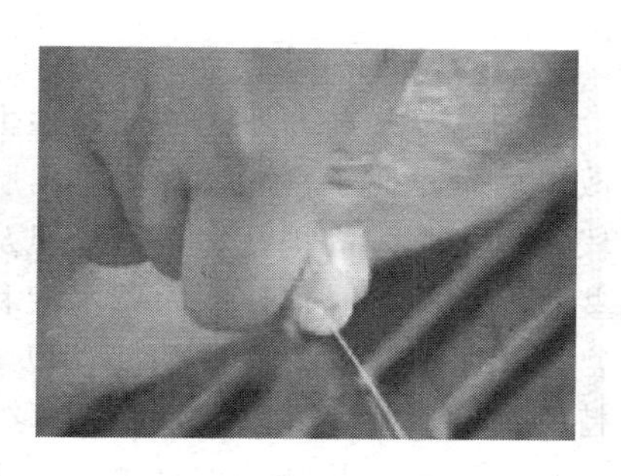

图 4-8　最后一对奶头挤出线状奶

肿胀增大，皱褶逐渐消失，阴户充血而发红，与此同时，骨盆韧带松弛变软，有的母猪尾根两侧塌陷。母猪临产前，子宫栓塞软化，从阴道流出。在行为上母猪表现出不安静，时起时卧，在圈内来回走动，但其行动缓慢谨慎，待到出现衔草做窝、起卧频繁、频频排尿等行为时，分娩即将在数小时内发生。

母猪临产前 10～90 分钟，躺下、四肢伸直、阵缩间隔时间逐渐缩短；临产前 6～12 小时，常出现衔草做窝，无草可叼窝时，也会用嘴拱地，前蹄扒地呈做窝状。母猪紧张不安，时起时卧，突然停食，频频排粪尿，且短软量少，当阴部流出稀薄的带血黏液时，说明母猪已“破水”，即将在 10～20 分钟产仔。在生产实践中，常以母猪叼草做窝，最后一对乳头挤出浓稠的乳汁并呈线状射出作为判断母猪即将产仔的主要征状。

母猪的临产征兆与产子时间见表 4-1。

表 4-1　母猪临产征兆与产仔时间

产前表现	距产仔时间
乳房潮红加深，两侧乳头膨胀而外张，呈“八”字排开	3 天左右
阴户红肿，尾根两侧下陷(塌胯)	3～5 天
挤出乳汁(乳汁透亮)	1～2 天(从前排乳头开始)
衔草做窝	6～12 小时
能从后部乳头挤出 1～2 滴初乳，中、前部乳头挤出更多初乳	6 小时
能在最后一对奶头挤出呈线状的奶	临产
躺下、四肢伸直、阵缩间隔时间逐渐缩短	10～90 分钟
阴户流出稀薄的带血黏液	1～20 分钟

(二)分娩过程

临近分娩前，肌肉的伸缩性蛋白质即肌动球蛋白开始增加数量和改进质量，使子宫能够提供排出胎儿所必需的能量和蛋白质。准备阶段，以子宫颈的扩张和子宫纵肌及环肌的节律性收缩为特征。由于这些收缩的开始，迫使胎内羊水液和胎膜推向已松弛的子宫颈，促进子宫颈扩张。在准备阶段初期，以每 15 分钟周期性地发生收缩，每次持续约 20 秒钟，随着时间的推移，收缩频率、强度和持续时间增加，一直到以每隔几分钟重复收缩。这时任何异常的刺激都会造成分娩的抑制，从而延缓或阻碍分娩。在此阶段结束时，由于子宫颈扩张而使子宫和阴道成为连续的管道。

膨大的羊膜同胎儿头和四肢部分被迫进入骨盆入口，这时引起横眼膜和腹肌的反射性及随意性收缩，在羊膜里的胎儿即通过阴门。猪的胎盘与子宫的结合是弥散性的，在准备阶段开始后不久，大部分胎盘与子宫的联系就被破坏而脱离。如果在排出胎儿阶段，胎盘与子宫仍然不能很快脱离，胎儿就会因窒息而死亡。胎盘的排出与子宫收缩有关。由子宫角顶部开始的蠕动性收缩引起尿囊绒毛膜内翻，有助于胎盘的排出。在胎儿排出后，母猪即安静下来，在子宫主动收缩下使胎衣排出。一般正常的分娩间歇时间为 5～25 分钟，分娩持续时间依胎儿多少而有所不同，一般为 1～4 小时。在仔猪全部产出后 10～30 分钟胎盘便排出。胎儿和胎盘排出以后，子宫恢复到正常未妊娠时的大小，这个过程称为子宫复原。在产后几周内子宫的收缩更为频繁，这些收缩的作用是缩短已延伸的子宫肌细胞。大致在 45 天以后，子宫恢复到正常大小，而且替换子宫上皮。

二、接产

接产员最好由饲养该母猪的饲养员担任。

(一)接产要求

① 产房必须安静，不得大声吵嚷和喧哗，以免惊扰母猪正常分娩。

② 接产动作要求稳、准、轻、快。

③ 消毒。用0.1%高锰酸钾溶液消毒外阴、乳房、后躯(图 4-9、图 4-10)。

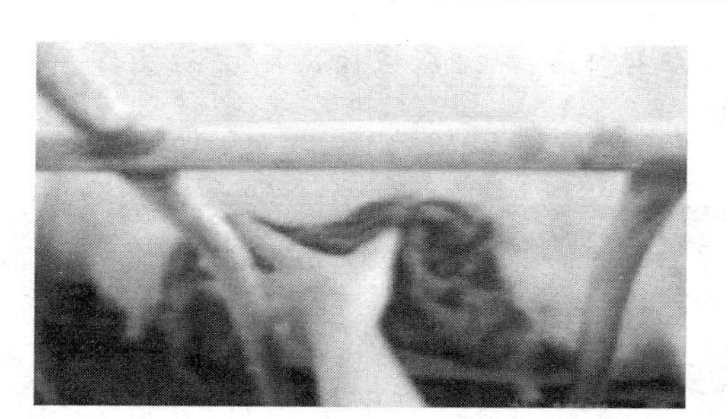

图 4-9　乳房消毒

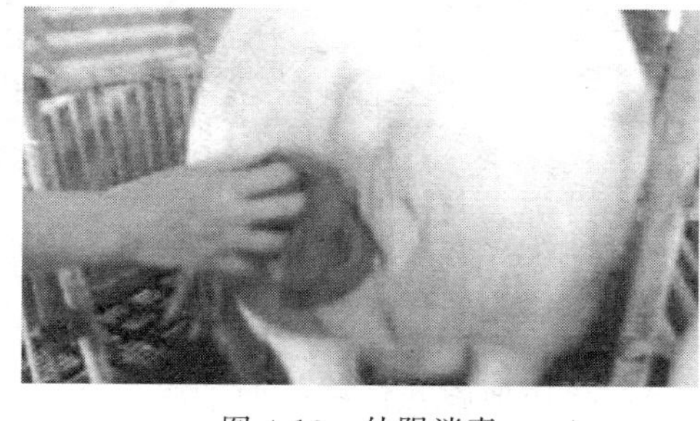

图 4-10　外阴消毒

母猪产仔时多数为侧卧，当见到母猪腹部努责，全身发抖，阴户流出羊水，两后腿伸直，尾巴向上翘时，即会产出仔猪。在分娩顺利时，基本每隔 15～20 分钟左右就产出一头仔猪，仔猪出生时，以头部先出来为多数，约占总产仔数的 60%；臀部先出来的约占总产仔数的 40%，这两种胎位均属正常。

（二）接产过程

1. 铺好麻包（图 4-11）。

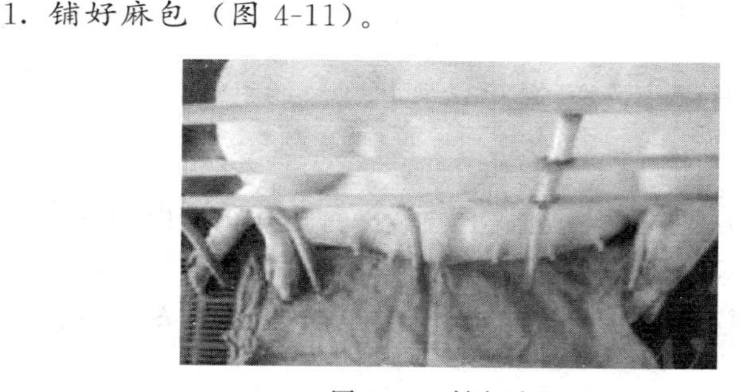

图 4-11　铺好麻包

2. 待母猪尾根上举时，则仔猪即将分娩出来（图 4-12）。可人工辅助娩出（图 4-13）。

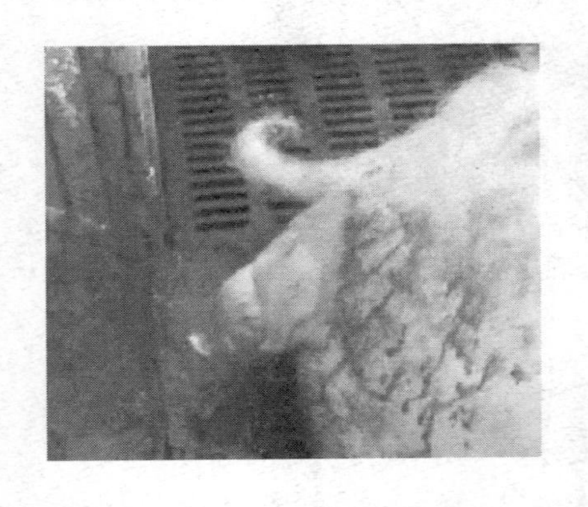
图 4-12 尾根上举，仔猪娩出

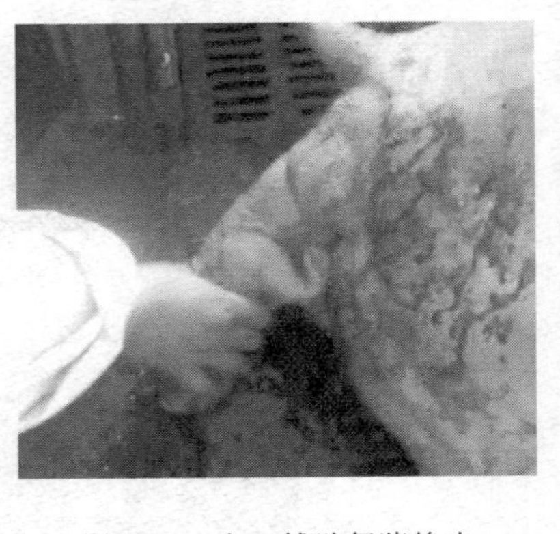
图 4-13 人工辅助仔猪娩出

3. 一破三擦

胎儿落草后，应尽快地破开仔猪表面的膜（图 4-14），擦净仔猪口、鼻、全身的黏液（图 4-15），以防误咽。

图 4-14 破开仔猪表面的膜

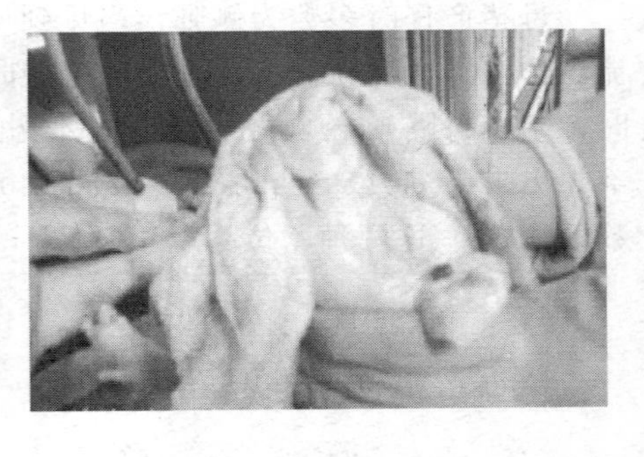
图 4-15 擦净口、鼻、全身的黏液

4. 断脐

在距离仔猪腹壁 4～5 厘米处，用右手先将脐带内的血液向仔猪腹部方向挤压，然后用力捏一会儿脐带（图 4-16），再用已消毒的拇指指甲将脐带掐断（图 4-17），这样其断口为不整齐断口，有利于止血。

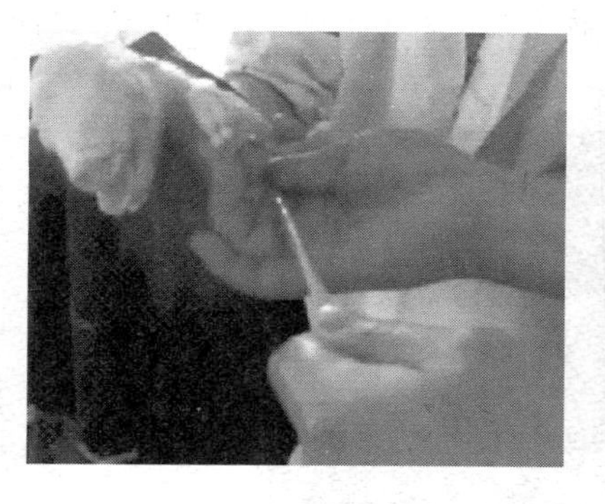

图 4-16　将脐带血向腹部方向挤压

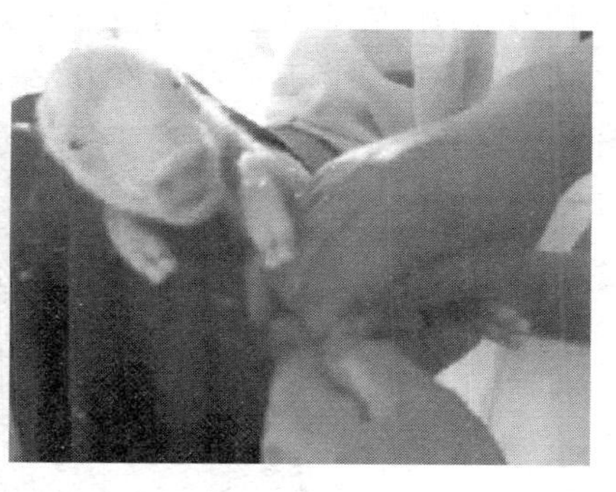
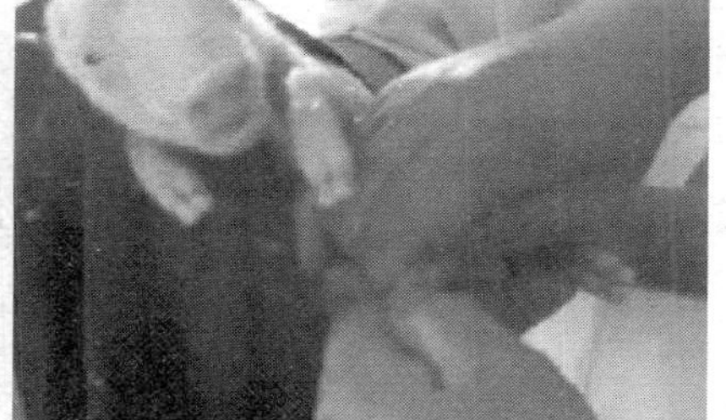

图 4-17　掐断脐带

5. 烤干

将仔猪放入产仔箱内烤干。

6. 吃初乳

必须确保出生的仔猪能在 6 小时内吃上初乳。研究表明：初乳中，分娩后的 3 小时，免疫球蛋白下降 30%；6～7 小时，下降 50%；12 小时，下降 70%；24 小时，只有初始浓度的 10%。这些特殊的抗体蛋白，新生仔猪必须吸收，以提供对各种细菌的防御，比如大肠杆菌，新生仔猪吮吸不到足够的初乳会降低其成活的可能性，影响后期的生长均匀度。

初乳除了能提供大量的母源抗体（母源蛋白）外，还富含能量，能提供热量，减少了因体表面积比过小，散热大，分解肝糖原的可能，提升仔猪的活力，为后期仔猪生长均匀奠定基础。

无论是免疫蛋白还是初乳里的能量物质，它们仅仅能在产后 18～24 小时内被吸收。研究表明：仔猪出生 24 小时后空肠的上皮细胞通路关闭。为了生存下来，必须保证有足够的初乳被小猪吸收。成功的哺乳管理应保证产后 6 小时内所有小猪吃到初乳。

烤干后，将仔猪送到母猪腹下吃初乳（3 小时内，这时仔猪吸收初乳中的抗体效果最好）。在喂仔猪初乳前，用 1%的高锰酸钾水溶液擦洗母猪乳房乳头。

大部分健康仔猪在出生后会主动寻找母猪的乳头，对于一些身体弱、活力差的仔猪不知道寻找乳头，这就需要给予人工辅助（图 4-18），使仔猪尽早获得热源基质和免疫力。

图 4-18　人工辅助仔猪吃初乳

（三）母猪难产处理

母猪在生产过程中，发生难产是难以避免的，如果处理不当易造成母仔死亡的严重后果。母猪从第一头仔猪产出到胎衣排出，整个产程持续时间为 2～4 小时，产仔间隔时间一般为 10～15 分钟。由于各种原因致使分娩进程受阻称为难产。准确判断母猪是否难产，直接关系到母仔是否健康，这是进行助产急救的重要前提。

1. 母猪难产的判断方法

分娩过程中，出现产仔间隔时间变长，并且多次努责，母猪激烈阵缩，仍产不出仔猪的现象。此时，母猪呼吸急促，心跳加快，烦躁紧张，可视黏膜发绀等。如果羊水流出超过 30 分钟，母猪不安或疲劳，精神不振，呼吸加快，就应视为母猪难产（图 4-19），应采取助产处理。

2. 母猪难产的处理原则

母猪在生产时必须有专人看守，当发生难产时采取不同的助产措施，以减少因难产造成的经济损失。助产中要做好“查，变，摩，按，拉，摸，注，牵，掏，输”助产十字方针。

（1）查　即检查难产母猪骨盆腔与产道是否异常，如骨盆狭窄，宫颈狭窄，仔猪无法经过产道就应采取剖宫产。

（2）变　即看到母猪分娩间隔超过 30 分钟时，把母猪赶起来，

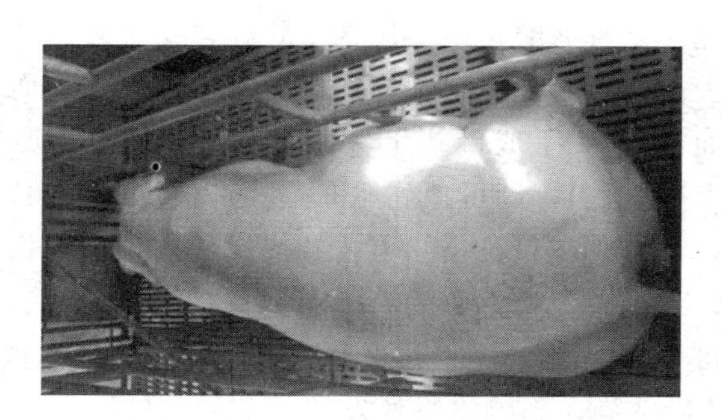

图 4-19　难产的母猪

变换一下体位，可以促进胎位不正时体位的纠正。

（3）摩　即分娩时，人可以给母猪乳房按摩，也可以让刚生下的仔猪去吸吮母猪的乳房以达到自然按摩的效果。这样有利于没产出的小猪快速顺利地产出。

（4）按　摸母猪软腰处下方的肚子里是否有未产的仔猪。如肚内有未产的仔猪，会感到有明显的凹凸不平，稍用力压时有可移动的硬物。当看到胎儿按压鼓起时，可顺势按在鼓起的部位，有利于胎儿产出。

（5）拉　当看到母猪努责阵缩微弱，无力排出胎儿，看到胎儿部分露出阴门时，及时拉出胎儿，节省母猪分娩时体力消耗。建议：一定避免手伸到产道里面去拉，以免增加感染的机会。

（6）摸　当助产人员将手伸入产道，若摸到直肠中充满粪球，压到产道，可用矿物油或肥皂水软化粪球，便于粪便排出；若摸到膀胱积尿过多挤压产道，可用手指肚轻压膀胱壁，促进排尿；或强迫驱赶该母猪起立运动，促其排尿。

（7）注　对母猪羊水过早排出的，如果胎儿过大，产道狭窄干燥，易引起难产，可向产道注入干净的食用植物油等大量润滑剂，助产人员将消毒过的手伸入产道，随着母猪阵缩，缓缓地将胎儿拽出。

（8）牵　若有仔猪到达骨盆腔入口处或已入产道，在感觉其大小、姿势、位置等情况下应立即行牵引术。

（9）掏　若注射催产素助产失败或确诊为产道异常、胎位不正，实施手掏术。产仔无力，应及时掏出胎儿。

术者首先要认真剪磨指甲，用3%甲酚皂液（又名来苏儿）消毒手臂，并涂上液体石蜡或肥皂，蹲在高床网上产仔栏后面或侧卧在母猪臀后（平面产仔）。手成锥状于母猪努责间隙，慢慢地伸入母猪产道（先向斜上后直入），即可抓住胎儿适当部位（如下颌、腿等），再随母猪努责，慢慢将仔猪拉出。不要拉得过快，以免损伤产道。掏出一头仔猪后，可能转为正常分娩，即不要再掏了。如果实属母猪子宫收缩乏力，可全部掏出。做过手掏术的母猪，均应抗炎预防治疗5～7天，以免产后感染，影响将来的发情、配种和妊娠。

（10）输　猪的死胎往往发生在最后分娩的几个胎儿中，在产出后期，若发现仍有胎儿未产出而排出滞缓时，最好用药物催产，如缩宫素。

在助产过程中，要尽量防止损伤和感染产道。助产后应当给母猪注射抗菌药物，以防感染。输液的方案，第一瓶：0.9%生理盐水500毫升＋头孢噻呋（每千克体重5毫克）＋鱼腥草注射液（每千克体重0.1毫升）；第二瓶：5%葡萄糖500毫升＋维生素C（一次量500毫克）＋维生素B_1（一次量50毫克）。

实在没有办法的情况下，可以使用剖宫产。

需要注意的是，生产母猪处于产道阻塞、胎位不正、骨盆狭窄及子宫颈尚未开放时禁用催产。有些人想使母猪快速产仔，在母猪子宫颈刚刚张开时就大剂量静注缩宫素，这样适得其反。子宫强烈收缩，羊水大量流出，造成产道干燥，仔猪不易产出，严重时仔猪脐带都挤断了，仔猪也不能存活；若不打缩宫素，仔猪在母猪肚子里依然用脐带连着母猪，母猪提供氧气，仔猪一般也不会死亡；打缩宫素也容易造成初乳大量外流，这对仔猪可是最大的浪费，因为初乳中含有大量母源抗体，对增强仔猪抵抗力，减少疾病发生是任何东西都不可以替代的。

（四）假死仔猪的急救

有的仔猪出生后全身发软，奄奄一息，甚至停止呼吸，但心脏仍在微弱跳动（用手压脐带根部可摸到脉搏），此种情况称为仔猪假死。如不及时抢救或抢救方法不当，仔猪就会由假死变为真死。

急救前应先把仔猪口鼻腔内的黏液与羊水用力甩出或捋出，并用消毒纱布或毛巾擦拭口、鼻，擦干躯体。急救的方法如下。

① 立即用一只手捂住仔猪的鼻、口，另一只手捂住肛门并捏住脐带。当仔猪深感呼吸困难而挣扎时，触动一下仔猪的嘴巴，以促进其深呼吸。反复几次，仔猪就可复活。

② 将仔猪放在草垫上，用手伸屈两前肢或两后肢，反复进行，促其呼吸成活。

③ 仔猪四肢朝上，一手托肩背部，一手托臀部，两手配合一屈一伸猪体，反复进行，直到仔猪叫出声为止。

④ 倒提仔猪后腿，并抖动其躯体，用手连续轻拍其胸部或背部，直至仔猪出现呼吸。

⑤ 用胶管或塑料管向仔猪鼻孔内或口内吹气，促其呼吸。

⑥ 往仔猪鼻子上擦点酒精或氨水，或用针刺其鼻部和腿部，刺激其呼吸。

⑦ 将仔猪放在 40℃温水中，露出耳、口、鼻、眼，5 分钟后取出，擦干，使其慢慢苏醒成活。

⑧ 将仔猪放在软草上，脐带保留 20～30 厘米长，一手捏紧脐带末端，另一只手从脐带末端向脐部捋动，每秒钟捋 1 次。连续进行 30 余次时，假死仔猪就会出现深呼吸；捋至 40 余次时，即发出叫声，直到呼吸正常，一般捋脐 50～70 次就可以救活仔猪。

⑨ 一只手捏住假死仔猪的后颈部，另一只手按摩其胸部，直到其复活。

⑩ 如仔猪因短期缺氧，呈软面团的假死状态，应用力擦动体躯两侧和全身，促进仔猪血液循环而成活。

三、母猪产后护理

（一）分娩结束后的处理

1. 检查胎衣排出情况

母猪产仔结束后，要注意检查胎衣是否完全排出，当胎衣排出困难时，可给母猪注射一定量的催产素。及时将胎衣、脐带和被污染了的垫草撤走，换上新的备用垫草。

2. 清洗

用温水将母猪外阴、后躯、腹下及乳头擦洗干净。

（二）母猪产后的饲养

1. 母猪产后不能立即饮喂

分娩时体力消耗很大，体液损失多，母猪表现出疲劳和口渴，因此，在产后2～3小时，要准备足够的、温热的1%盐水，供母猪饮用，也可以喂些温热的略带盐味的麦麸汤。

2. 基本原则

母猪产后要遵循逐步增加饲喂量的基本原则。

母猪分娩后8小时内不宜喂料，第2天早上给少量流食。如果母猪消化能力恢复得好，仔猪又多，2天后可将喂量逐渐增加0.5千克左右；待到产后5～7天后可逐渐达到标准。

（三）母猪分娩后的管理

① 在安排好仔猪吃初乳的前提下，让母猪有足够的休息时间。

② 及时清理污染物和胎衣。

③ 密切关注母猪的变化，如体温、呼吸、心跳、皮肤黏膜颜色、产道分泌物、乳房、采食、粪尿等，如有异常应及时处理。

第五章 产房与哺乳母猪的饲养管理

第一节 产房内的环境管理

母猪产房对环境的总体要求是：温暖干燥、清洁卫生、舒适安静、空气新鲜。为此，要做好以下工作。

一、卫生管理

产房是整个猪场中最干净的区域，环境控制非常重要。良好的环境可以减少饲料消耗，提高整个猪群的健康水平，充分发挥生产力。

产房内的猪全部转出后，首先彻底清理猪舍和地下粪沟。然后用清水把猪舍的屋顶、墙壁、门窗、产床、饲槽、保温箱等一切饲养设备设施，以及所有地面和地下粪沟冲洗干净。晾干后用2%的火碱水喷洒消毒，3天后用清水冲洗、晾干，再用其他消毒药消毒、再冲洗、晾干。然后封闭，用福尔马林和高锰酸钾熏蒸消毒，3天后开窗放气3～4天，方可进猪。

二、温度管理

温度和采食量的关系密切。空气的流速是影响猪的舒适度的主要因素，当温度足够时，猪栏内的气流能使小猪发生寒抖，也是造成10～14日龄猪下痢的主要原因。刚出生的24小时，仔猪喜欢躺卧在母猪的乳头附近睡觉，然后它们才会学会找温暖的地方并转移过去，所以要在母猪附近放置保温垫，但保温垫不能太过靠近母猪，仔猪很容易被母猪压到。夏天高温天气，仔猪喜欢躺卧在相对凉快的地方，不舒服或者过热、过潮的地方便成了其大小便的地方。

1. 分娩时保温方案

刚出生的20～30分钟是最关键的时候，最好是在母猪后方安装保温灯，以免分娩时温度过低，同时乳头附近的上方也需要保温灯和下方铺放大量纸屑，母猪后方没有开始分娩前不放置纸屑，可以先放置在后边的两侧，以免粪尿将其污染。

尽量保持舍内恒温，需要变化温度时一定要缓和处理，切忌温度骤变。在保温箱中加红外线灯等保温设备，给乳猪创造一个局部温暖的环境。母猪进入产房未分娩时舍内保持20℃；母猪分娩当周保持舍内25℃，保温箱内35℃；乳猪2周龄保持舍内23℃，保温箱内32℃；乳猪3周龄保持舍内21℃，保温箱内28℃；乳猪4周龄保持舍内20℃，保温箱内26℃。推荐的最佳温度见表5-1。

表5-1　仔猪和母猪的最佳参考温度

猪类别	年龄	最佳温度/℃	推荐的适宜温度/℃
仔猪	初生几小时	34～35	32
	1周内	32～35	1～3日龄30～32
			4～7日龄28～30
	2周	27～29	25～28
	3～4周	25～27	24～26
母猪	后备及妊娠母猪	18～21	18～21
	分娩后1～3天	24～25	24～25
	分娩后4～10天	21～22	24～25
	分娩10天后	20	21～23

因为仔猪在子宫里的温度是39℃，所以要保证初生猪的实感温度是37℃。在此要强调的是实感温度，所以如果温度计实测温度是37℃，加上其他保温工具，实感温度可能要高于37℃。不同垫料对实感温度的影响大致是：木屑（5℃）、纸屑（4℃）、稻草（2℃）、锯末（0～1℃）、水泥地板（0～1℃），所以实感温度37℃可以由室温（22℃）、保温灯＋保温垫（10℃）、塑料地板（1℃）、纸屑（4℃）组成。

2. 保温灯的放置

分娩前一天，室温保持 18～21℃；分娩区准备，打开保温灯；分娩时，打开后方保温灯；分娩结束，将后方保温灯关闭；分娩后1～2 天，移除后方保温灯。

3. 第一天温度管理

大多数农场只有一个保温灯，母猪有时左侧卧、有时右侧卧，所以在出生前几个小时仔猪只有 50%的保温时间，而这段时间是仔猪保温的关键时间。出生 24 小时，保温灯最好置于保温垫对面，让仔猪无论在哪一边都有热源保障。

4. 2～3 日龄保温方案

这时候的仔猪已经可以自己找到舒适的地方，对低温不会太过敏感，这时候可以撤掉保温垫对面的保温灯，也可以选择两个产床共用一个保温灯，直至仔猪 1 周龄。

5. 光源管理

光也会让母猪感觉不舒服，可以用块挡板给母猪遮挡光源。光线太强的地方，仔猪也不喜欢，但猪对光敏感，喜欢红色，所以可以考虑红色光线的保温灯。

6. 如何判断产房温度过高

（1）母猪的表现　①母猪试图玩水；②频繁转身，改变体位或者过多饮水。

（2）躺卧姿势　①胸部着地不是侧卧，检查地面是否过湿；②乳腺炎多发，甚至分娩前就发生。

注意：有人认为产房内有了保温灯、保温箱等保温设施便万事大吉，实际生产中要根据仔猪实际休息状态和睡姿来判断温度是否合适，如小猪打堆、跪卧、蜷卧便是温度过低，小猪四肢摊开、侧卧、排排睡才是正常温度，但要注意过于分散的四肢摊开、侧卧睡姿有可能是温度过高。

三、湿度控制

保持产房内干燥、通风。因高温高湿、低温高湿都有利于病原体繁殖，诱发乳猪下痢等疾病。高温高湿可用负压通风去湿，低温高湿可用暖风机控制湿度。相对湿度保持在65%～70%为宜。

四、空气质量控制

要求猪舍空气新鲜，少氨味和异味。有害气体（二氧化碳、氨气、硫化氢）浓度过大时，会降低猪本身的免疫力，影响猪的正常生长，长时间有害气体加上猪舍中的尘埃超标，容易使猪感染呼吸道及消化道疾病。要减少猪舍内的有害气体，首先要及时将粪尿清除，其次用风机换气。

五、噪声控制

母猪分娩前后保持舍内安静，可避免母猪突然性起卧压死乳猪，同时有利于顺产。国外资料介绍，噪声性应激可诱发应激综合征和伪狂犬疾病发生。

另外，要做好产房夏季降温与除湿，冬季保温与通风的协调兼顾。

第二节　哺乳母猪的饲养

哺乳母猪饲养的主要目标是提高泌乳量，控制母猪减重，仔猪断奶后能正常发情、排卵，延长母猪利用年限。

一、母猪的泌乳规律及影响因素

1. 母猪乳房的构造特点

猪是多胎动物，母猪一般有乳头6对以上，沿腹线两侧纵向排列。乳腺以分泌管的形式通向乳头，中前部的乳头绝大多数有2～3个分泌管，而后部乳头绝大多数只有1个分泌管，有些猪最后一对乳头的乳腺管发育不全或没有乳腺管。由于每个乳头内乳腺管数目不同，各个乳头的泌乳量不完全一致。猪的乳腺在机能上都完全独立，与相邻部分并无联系。

母猪乳房的构造与牛、羊等其他家畜不同。牛、羊的乳房都有蓄乳池，而猪乳房的蓄乳池极不发达，不能蓄积乳汁，所以小猪不能随时吸吮乳汁。只有在母猪“放乳”时才能吃到奶。

猪乳腺的基本结构是在 2 岁以前发育成熟的。再次发育主要发生在泌乳期，只有被仔猪哺用的乳头，其乳腺才得以充分发育。对初产母猪来说，其乳头的充分利用是至关重要的。如果初产母猪产仔数过少，有些乳头未被利用，这部分乳头的乳腺则发育不充分，甚至停止活动。因此，要设法使所有的乳头常被仔猪哺用（如采取并窝、代哺，或训练本窝部分仔猪同时哺用两个乳头等措施），才有可能提高和保持母猪一生的泌乳力。

2. 母猪的泌乳规律

由于母猪乳房结构的特点，母猪泌乳具有明显的定时“循环放乳”规律。

（1）泌乳行为　当仔猪饥饿需求母乳时，它们就会不停地用鼻子摩擦揉弄母猪的乳房，经过 2～5 分钟后，母猪开始频繁地发出有节奏的“吭、吭”声，标志着乳头开始分泌乳汁，这就是通常所说的放乳。此时仔猪立即停止摩擦乳房，并开始吮乳。母猪每次放乳的持续期非常短（最长 1 分钟左右，通常 20 秒左右）。一昼夜放乳的次数随分娩后天数的增加而逐渐减少。产后最初几天内，放乳间隔时间约 50 分钟，昼夜放乳次数为 24～25 次；产后 3 周左右，放乳间隔时间约 1 小时以上，昼夜放乳次数为 10～12 次。而每次放乳持续的时间，则在 3 周内从 20 秒逐渐减少为 10 多秒后保持基本恒定。

（2）泌乳量　母猪的泌乳量依品种、窝仔数、母猪胎龄、泌乳阶段、饲料营养等因素而变动。每个胎次泌乳量也不同，通常以第三胎最高，以后则逐渐减少。以较高营养水平饲养的长白猪为例：60 天泌乳期内泌乳量约 600 千克，在此期间，产后 1～10 天平均日泌乳量为 8.5 千克，11～20 天为 12.5 千克，21～30 天为 14.5 千克（泌乳高峰期），31～40 天为 12.5 千克，41～50 天为 8 千克，51～60 天为 5 千克。

不同的乳头泌乳量不同，一般前面 2 对乳头泌乳量较多，中部乳头次之，最后 2 对最少。

每天泌乳量不平衡。母猪整个泌乳期内的泌乳总量为 250～400 千克，日平均 4～8 千克。但每天泌乳量不同，且呈规律性变化。一般是产后 3～4 周时达高峰期，以后泌乳量减少。第一个月的泌乳量占全期泌乳量的 60%～65%。

在整个泌乳期内，各阶段的泌乳量也不一致。母猪泌乳量一般在产后 10 天左右上升得最快，21 天左右达到高峰，以后开始逐渐下降（图 5-1）。所以，一般营养水平的仔猪早期断奶日龄不宜早于 21 日龄。

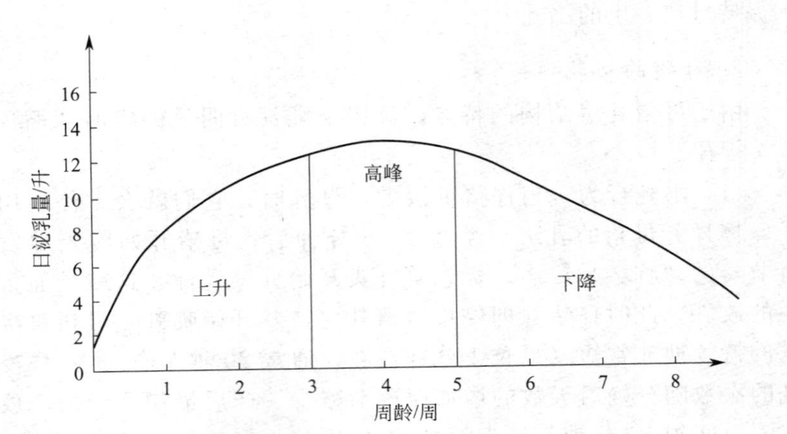

图 5-1　母猪的泌乳曲线

（3）乳汁成分　母猪乳汁成分随品种、日粮、胎次、母猪体况等因素有很大差异。

猪乳分为初乳和常乳两种。初乳是母猪产仔 3 天之内所分泌的乳，主要是产仔后头 12 小时之内的乳。常乳是母猪产仔 3 天后所分泌的乳。初乳和常乳的成分不相同（表 5-2）。

同一头母猪的初乳和常乳的成分比较，初乳含水分低，含干物质高。初乳蛋白质含量比常乳含量高。初乳中脂肪和乳糖的含量均比常乳低。初乳中还含有大量抗体和维生素，这可保证仔猪有较强的抗病力和良好的生长发育。由此可见，初乳完全适应刚出生仔猪生长发育快、消化能力低、抗病力差等特点。

表 5-2　初乳和常乳的成分

项目	水分/%	蛋白质总量/%	脂肪/%	乳糖/%	免疫球蛋白/(毫克/毫升血液)			白蛋白/%
					G	A	H	
初乳	73.5	19.3	4.0	2.2	64.2①	15.6①	6.7	13.8①
常乳	81.1	5.8	7.3	4.3	3.5②	5.5②	2.3②	4.9②

① 分娩后 12 小时平均值；②分娩后 72 小时平均值。

注：免疫球蛋白项目的数据仅供参考，因为其含量受各种因素影响而变化幅度很大。这些数据旨在说明初乳中免疫球蛋白的含量大大高于常乳中的含量，且其含量随时间迅速减少。

3. 影响母猪泌乳量的因素

（1）饮水　母猪乳中含水量为 81%～83%，每天需要较多的饮水，若供水不足或不供水，都会影响母猪的泌乳量，常使乳汁变浓，含脂量增多。

（2）饲料　多喂些青绿多汁饲料，有利于提高母猪的泌乳力。另外，饲喂次数，饲料优劣，对母猪的泌乳量也有影响。

（3）年龄与胎次　一般情况下，第一胎的泌乳量较少，以后逐渐增多，4～5 胎后逐渐减少。

（4）个体大小　“母大仔肥”，一般体重大的母猪泌乳量要多。因此体重大的母猪失重较多，这是用于泌乳的需要。

（5）分娩季节　春秋两季，天气温和凉爽，母猪食欲旺盛，其泌乳量也多；冬季严寒，母猪消耗体热多，泌乳量也少。

（6）母猪发情　母猪在泌乳期间发情，常影响泌乳的质量和数量，同时易引起仔猪的白痢病，泌乳量较高的母猪，泌乳会抑制发情。

（7）品种　母猪品种不同，泌乳量也有所差异。一般二杂母猪的泌乳量较纯种母猪和土杂猪的泌乳量要高。

（8）疾病　泌乳期母猪若患病，如感冒、乳腺炎、肺炎等疾病，可使泌乳量减少。

二、泌乳母猪的营养需要特点

1. 能量

泌乳母猪昼夜泌乳，随乳汁排出大量干物质，这些干物质含有较多能量，如果不及时补充，一则会降低泌乳母猪的泌乳量，二则会使得泌乳母猪由于过度泌乳而消瘦，体质受到损害。为了使泌乳母猪在4～5周的泌乳期内体重损失控制在10～14千克范围内，一般体重175千克左右带仔10～12头的泌乳母猪，日粮中消化能的浓度为14.2兆焦/千克，其日粮量为5.5～6.5千克，每日饲喂4次左右，以生湿料喂饲效果较好。如果夏季气候炎热，母猪食欲下降时，可在日粮中添加3%～5%的动物脂肪或植物油；另外，冬季有些场舍内温度达不到15～20℃，母猪体能损失过多时，一种方法是增加日粮给量，另一种方法是向日粮中添加3%～5%的脂肪。如果母猪日粮能量浓度低或泌乳母猪吃不饱，母猪表现不安，容易踩压仔猪时，建议母猪产仔第4天起自由采食。上述方法有利于泌乳和将来发情配种。

2. 蛋白质

泌乳母猪日粮中蛋白质的数量和质量直接影响着母猪的泌乳量。生产实践中发现，当母猪日粮蛋白质水平低于12%时，母猪泌乳量显著减少，仔猪容易下痢且母猪断奶后体重损失过多，最终影响再次发情配种。因此，日粮中粗蛋白质水平一般控制在16.3%～19.2%较为适宜。在考虑蛋白质数量的同时，还要注意蛋白质的质量，特别是氨基酸的组成及含量问题。

（1）蛋白质饲料的选用　如果选用动物性蛋白质饲料，提倡使用进口鱼粉，一般使用比例为5%左右；植物性蛋白质饲料首选豆粕，其次是其他杂粕。值得指出的是棉粕、菜粕去毒、减毒不彻底的情况下不要使用，以免造成母猪蓄积性中毒，影响以后的繁殖利用。

（2）限制性氨基酸的供给　在玉米-豆粕-麦麸型的日粮中，赖氨酸作为第一限制性氨基酸，如果供给不足将会出现母猪泌乳量减少，母猪失重过多等后果。因此，应充分保证泌乳母猪对必需氨基酸的需要，特别是限制性氨基酸更应给予满足。实际生产中，多用含必需氨基酸较丰富的动物性蛋白质饲料来提高饲粮中蛋白质的质量，也可以使用氨基酸添加剂达到需要量，其中赖氨酸水平应在0.75%左右。

3. 矿物质和维生素

日粮中矿物质和维生素的含量不仅影响着母猪的泌乳量，而且也影响着母猪和仔猪的健康。

（1）矿物质的供应　在矿物质中，如果钙磷缺乏或钙磷比例不当，会使母猪的泌乳量减少。有些高产母猪也会在过度泌乳，在日粮中又没有及时供给钙磷的情况下，会动用体内骨骼中的钙和磷而引起瘫痪或骨折，使得高产母猪利用年限减少。泌乳母猪日粮中的钙一般为0.75%左右，总磷在0.60%左右，有效磷0.35%左右，食盐0.4%～0.5%。钙磷一般使用磷酸氢钙、石粉等来满足需要。现代养猪生产，母猪生产水平较高，并且处于封闭饲养条件下，其他矿物质和维生素也应该注意添加。

（2）维生素的供应　哺乳仔猪生长发育所需要的各种维生素均来源于母乳，而母乳中的维生素又来源于饲料。因此，母猪日粮中的维生素应充足。饲养标准中的维生素推荐量只是最低需要量，现在封闭式饲养，泌乳母猪的生产水平又较高，基础日粮中的维生素含量已不能满足泌乳的需要，必须靠添加来满足，实际生产中的添加剂量往往高于标准。特别是维生素A、D、E、B_2、B_5、B_{12}及泛酸等应是标准的几倍。一些维生素缺乏症，有时不一定在泌乳期得以表现，而是影响以后的繁殖性能，为了使母猪能继续使用，在泌乳期间必须给予充分满足。

三、哺乳母猪的饲养要点

1. 饲料喂量要得当

母猪分娩的当天不喂料或适当少喂些混合饲料，但分娩后喂量必须逐渐增加，切不可一次喂很多，骤然增加喂量，对母猪消化吸收不利，会减少泌乳量。母猪产后发烧的原因之一，往往是突然增加饲料喂量。为了提高泌乳量，一般都采用加喂蛋白质饲料和青绿多汁饲料的办法。但蛋白质水平过高，会引起母猪酸中毒。故必须多喂含钙质丰富的补充饲料，再加喂些鱼粉、肉骨粉等动物性饲料，可以显著地提高泌乳量。

哺乳母猪应按带仔多少，随之增减喂料量，一般都按每多带1头仔猪，在母猪维持需要量基础上加喂0.35千克饲料，母猪维持需要量按每100千克重喂1.1千克料计算。如120千克的母猪，带仔10头，则每天平均喂 4.8 千克料。如带仔 5 头，则每天喂 3.1 千克料。

2. 饲喂优质的饲料

发霉、变质的饲料，绝对不能喂哺乳母猪，否则会引起母猪严重中毒，还能使乳汁变质，引起仔猪拉稀或死亡。为了防止母猪发生乳腺炎，在仔猪断奶前 3～5 天减少饲料喂量，促使母猪回奶。仔猪断奶后 2～3 天，不要急于给母猪加料，等乳房出现皱褶后，说明已回奶，再逐渐加料，以促进母猪早发情、配种。

3. 保证充足的饮水

猪乳中水分含量 80%左右，泌乳母猪饮水不足，将会使其采食量和泌乳量减少，严重时会出现体内氮、钠、钾等元素紊乱，诱发其他疾病。一头泌乳母猪每日饮水为日粮质量的 4～5 倍左右。在保证数量的同时要注意卫生和清洁。饮水方式最好使用自动饮水器（图 5-2），水流量至少 250 毫升/分钟，安装高度为母猪肩高加 5 厘米（一般为 55～65 厘米），以母猪稍抬头就能喝到水为好（图 5-3）。如果没有自动饮水装置，应设立饮水槽，保证饮水卫生清洁。严禁饮用不符合卫生标准的水。

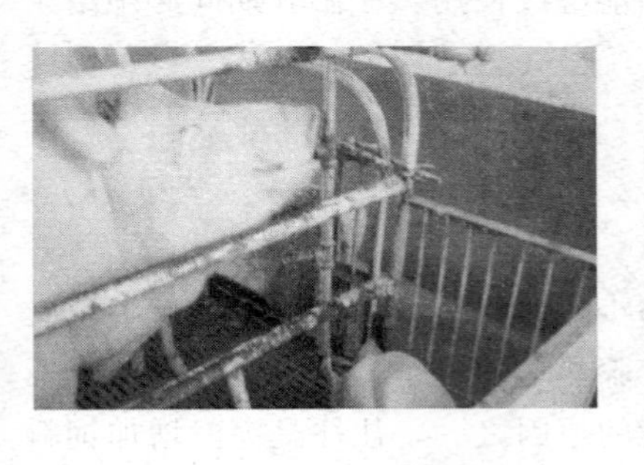

图 5-2 自动饮水器饮水

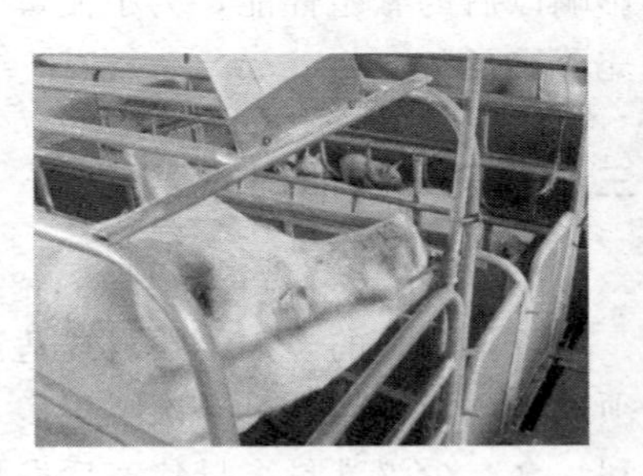

图 5-3 饮水头高度要合适

第三节 哺乳母猪的管理

哺乳母猪管理的重点是在保持良好的环境条件的基础上，进行全方位观察，发现异常及时纠正。

一、保持良好的环境条件

良好的环境条件，能避免母猪感染疾病，从而减少仔猪的发病率，提高成活率。

粪便要随时清扫，即做到母猪一拉大便就立即清扫，并用蘸有消毒液的湿布擦洗干净，防止仔猪接触粪便或粪渣。保持清洁干燥和良好的通风，应有保暖设备，防止贼风侵袭，做到冬暖夏凉。

二、乳房检查与管理

1. 有效预防乳腺炎

每天定时认真检查母猪乳房，观察仔猪吃奶行为和母仔关系，判断乳房是否正常。同时用手触摸乳房，检查有无红肿、结块、损伤等异常情况。如果母猪不让仔猪吸乳，伏地而躺，有时母猪还会咬仔猪，仔猪则围着母猪发出阵阵叫奶声，母猪的一个或数个乳房乳头红肿、潮红，触之有热痛感表现，甚至乳房脓肿或溃疡，母猪还伴有体温升高、食欲不振、精神委顿现象，说明发生了乳腺炎（图 5-4）。此时，应用温热毛巾按摩后，再涂抹活血化瘀的外用药物，每次持续按摩 15 分钟，并采用抗生素治疗。

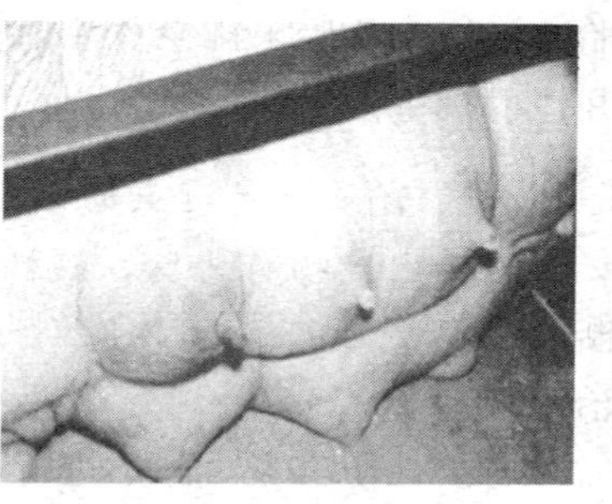
图 5-4　母猪患有乳腺炎

① 轻度肿胀时，用温热的毛巾按摩，每次持续 10～15 分钟，同时肌内注射恩诺沙星或甲磺酸培氟沙星或阿莫西林等药物治疗。

② 较严重时，应隔离仔猪，挤出患病乳腺的乳汁，局部涂擦10%鱼石脂软膏（碘 1 克、碘化钾 3 克、凡士林 100 克）或樟脑油等。对乳房基部，用 0.5%盐酸普鲁卡因 50～100 毫升加入青霉素 40 万～80 万单位进行局部封闭。有硬结时进行按摩、温敷，涂以软膏。静脉注射广谱抗生素，如阿莫西林等。

③ 发生肿胀时，要采取手术切开排脓治疗；如发生坏死，切除处理。

2. 有效预防母猪乳头损伤

① 由于仔猪剪牙不当，在吮吸母乳的过程中造成乳头损伤。

② 使用铸铁漏粪地板的，由于漏粪地板间隙边缘锋利，母猪在躺卧时，乳头会陷入间隙中，因外界因素突然起立时，容易引起乳头撕裂。生产上，应根据造成乳头损伤的原因加以预防。

③ 哺乳母猪限位架设置不当或损坏，造成母猪乳头损伤。

三、检查恶露是否排净

1. 恶露的排出

正常母猪分娩后 3 天内，恶露会自然排净。若 3 天后外阴内仍有异物流出，应给予治疗。可肌内注射前列腺素。若大部分母猪恶露排净时间偏长，可以采用在母猪分娩结束后立即注射前列腺素，促使恶露排净，同时也有利于乳汁的分泌。

2. 滞留胎衣或死胎的排空

若排出的异物呈黑色黏稠状，并伴有蛋白腐败的恶臭，可判断为胎衣滞留或死胎未排空。注射前列腺素促进其排空，然后冲洗子宫，并注射抗生素治疗。

3. 子宫炎或产道炎的治疗

若排出异物有恶臭，黏稠，并附着于外阴周边，呈脓状，可判断为子宫炎或产道炎，应对子宫或产道进行冲洗，并注射抗生素治疗。

对急性子宫炎，除了进行全身抗感染处理（如肌内注射甲磺酸培氟沙星、林可霉素，静脉注射阿莫西林等）外，还要对子宫进行冲洗，所选药物应无刺激性（如 0.1%高锰酸钾溶液、0.1%雷夫奴尔溶液等）。冲洗后可配合注射氯前列烯醇，有助于子宫积脓或积液的排出。子宫冲洗一段时间后，可往子宫内注入 80 万～320 万单位的青霉素或 1 克金霉素或 2～3 克阿莫西林粉或 1～2 克的环丙沙星粉，有助于子宫消炎和恢复。

对慢性子宫炎，可用青霉素 20 万～40 万单位、链霉素 100 万单位，混在高压灭菌的植物油 20 毫升中，注入子宫。为了排出子宫内

的炎性分泌物，可皮下注射垂体后叶素20～40单位，也可用青霉素80万～160万单位、链霉素1克溶解在100毫升生理盐水中，直接注入子宫内进行治疗。慢性子宫炎治疗应选在母猪发情期间，此时子宫颈口开张，易于导管插入。

四、检查泌乳量

1. 哺乳母猪泌乳量高低的观察方法

通过观察乳房的形态，仔猪吸乳的动作，吸乳后的满足感及仔猪的发育状况、均匀度等判断母猪的泌乳量高低。如母猪奶水不足，应采取必要的措施催奶或将仔猪转栏寄养。

哺乳母猪泌乳量高低的观察方法见表5-3。

表5-3　哺乳母猪泌乳量高低的观察方法

观察对象	观察内容	泌乳量高	泌乳量低
母猪	精神状态	机警，有生机	昏睡，活动减少；部分母猪机警，有生机
	食欲	良好，饮水正常	食欲不振，饮水少，呼吸快，心率增加，便秘，部分母猪体温升高
	乳腺	乳房膨大，皮肤发紧而红亮，其基部在腹部隆起呈两条带状，两排乳头呈外八字形向两外侧开张	乳房构造异常，乳腺发育不良或乳腺组织过硬，或有红、肿、热、痛等乳腺炎症状；乳房及其基部皮肤皱缩，乳房干瘪；乳头、乳房被咬伤
	乳汁	漏乳或挤奶时呈线状喷射且持续时间长	难以挤出或呈滴状滴出乳汁
	放奶时间	慢慢提高哼哼声的频率后放奶，初乳每次排乳1分钟以上，常乳放奶时间为10～20秒	放奶时间短，或将乳头压在身体下
仔猪	健康状况	活泼健壮，被毛光亮，紧贴皮肤，抓猪时仔猪行动迅速、敏捷，被捉后挣扎有力，叫声洪亮	仔猪无精打采，连续几小时睡觉，不活动；腹泻，被毛杂乱竖立，前额皮肤脏污；行动缓慢，被捉后不叫或叫声嘶哑、低弱；仔猪面部带伤，死亡率高
	生长发育	3日龄后开始上膘，同窝仔猪生长均匀	生长缓慢，消瘦，生长发育不良，脊骨和肋骨显现突出；头尖，尾尖；同窝仔猪生长不均匀或整窝仔猪生长迟缓，发育不良

续表

观察对象	观察内容	泌乳量高	泌乳量低
仔猪	吃奶行为	拱奶时争先恐后，叫声响亮；吃奶各自吃固定的奶头，安静、不争不抢、臀部后蹲、耳朵竖起向后、嘴部运动快；吃奶后腹部圆滚，安静睡觉	拱奶时争斗频繁，乳头次序乱；吃奶时频繁更换乳头、拱乳头，尖声叫唤；吃奶后长时间忙乱，停留在母猪腹部，腹部下陷；围绕栏圈寻找食物，拱母猪粪，喝母猪尿，模仿母猪吃母猪料，开食早
母仔关系	哺乳行为活动	母猪由低到高、由慢到快召唤仔猪，主动发动哺乳行为；仔猪吃饱后停止吃奶，主动终止哺乳行为	由仔猪拱母猪腹部、乳房，吮吸乳头，母猪被动进行哺乳；母猪趴卧将乳头压在身下或马上站起，并不时活动，终止哺乳、拒绝授乳
	放乳频率	放乳频率、排乳时间有规律	放乳频率正常，但放奶时间短或排乳时间不规律
	母仔亲密状况	哺乳前，母猪召唤仔猪；放乳前，母猪舒展侧卧，调整身体姿态，使下排乳头充分显露；仔猪尖叫时，母猪翻身站立、喷鼻、竖耳，处于戒备状态；压倒或踩到仔猪时，立即起身；仔猪活动到母猪头部时，母猪发出柔和的声音；仔猪听到母猪哼哼声时，积极赶到母猪腹部吃奶；仔猪紧贴着母猪下方或爬到母猪腹部侧上方熟睡	母猪对仔猪的索奶行为表现易怒症状，用头部驱赶叫唤仔猪或由嘴将其拱到一边；对吸吮乳头仔猪通过起身、骚动加以摆脱；压倒或踩到仔猪时麻木不仁；仔猪急躁不安，围着母猪乱跑，不时尖叫，不停地拱动母猪腹部、乳房，咬住乳头不松口

2．母猪奶水不足的表现和应对措施

（1）母猪奶水不足的表现

① 仔猪头部有黑色油斑。多由仔猪头部磨蹭母猪乳房导致的。

② 仔猪嘴部、面颊有噬咬的伤口。仔猪为了抢奶头而争斗，难免兄弟自相残杀，只为了填饱肚子。

③ 多数仔猪膝关节有损伤。多因仔猪跪在地上吃奶时间长，争抢奶头摩擦，导致膝盖受伤，易继发感染细菌性病原体，关节肿，被毛粗乱。

④ 母猪放奶已结束，仔猪还含着母猪奶头不放。因奶水太少，仔猪吃不饱所致。

⑤ 母猪乳房上有乳圈。奶水太少所致。

⑥ 母猪藏奶。母猪奶水不足，不愿给仔猪吮吸，吮吸使母猪不

适，又或者母猪母性不好，或者初产母猪第一次不熟悉如何带仔所致。

⑦ 母猪乳房红肿发烫，无乳综合征。母猪在产床睡觉姿势俯卧，不侧卧，是因为母猪乳房发炎，怕仔猪吸乳而疼痛。

（2）母猪奶水不足的应对措施

① 提供一个安静舒适的产房环境。

② 饲喂质量好、新鲜适口的哺乳母猪料，绝不能饲喂发霉变质的饲料。

③ 想方设法提高母猪的采食量。

④ 提供足够清洁的饮水，注意饮水器的安装位置和饮水流速，保证母猪能顺利喝到足够的水。

⑤ 做好产前、产后的药物保健，预防产后感染，有针对性地及时对产后出现的感染进行有效治疗。

⑥ 催乳。对于乳房饱满而无乳排出者，用催产素20～30单位、10%葡萄糖100毫升混合后，静脉推注；或用催产素20～30单位、10%葡萄糖500毫升混合静脉滴注，每天1～2次；或皮下注射催产素30～40单位，每天3～4次，连用2天。此外，用热毛巾温敷和按摩乳房，并用手挤掉乳头塞。

对于乳房松弛而无乳排出者，可用苯甲酸雌二醇10～20毫克+黄体酮5～10毫克+催产素20单位，与10%葡萄糖500毫升混合后，静脉滴注，每天1次，连用3～5天，会有一定的疗效。

中药催乳也有很好的疗效。催乳中药重在健脾理气、活血通经，可用通乳散或通穿散。通乳散：王不留行、党参、熟地、金银花各30克，穿山甲、黄芪各25克，广木香、通草各20克。通穿散：猪蹄匣壳4对（焙干）、木通25克、穿山甲20克、王不留行20克。

五、其他检查

1. 检查母猪采食量

由于母猪分娩过程是强烈的应激过程，分娩后母猪往往体质虚弱，容易感染各种细菌，引发各种疾病，这些极易造成母猪不吃料。在生产上如发生这种情况，要认真查找引起不吃料的原因，并采取相应的措施。

2. 检查母猪健康和精神状况

母猪在分娩期间和泌乳期间处于高度应激状态，抵抗力相对较弱，应及时在饲料中添加必要的抗生素进行预防保健。建议从分娩前7天到断奶后7天这一段时间（含哺乳全期）添加抗生素预防保健，至少应在分娩前后7天或断奶前后7天添加。

3. 检查舍内环境

给母猪和仔猪提供一个舒适安静的环境是饲养哺乳母猪非常关键的一项工作。

4. 检查饮水器的供水情况

清洁充足的饮水对哺乳母猪的重要性甚至超过饲料，它是提高母猪采食量，确保充足奶水和自身健康的重要条件。因此应每天早、中、晚定时检查饮水器，及时修复损坏的饮水器，保证充足的供水。

第六章

仔猪的培育

第一节　哺乳仔猪的教槽与补饲

一、教槽与教槽料的本质

1. 教槽与教槽料的本质

当前，关于哺乳仔猪是否需要教槽，怎么教槽等问题，各方有不同的观点。本书仅做简单介绍，供读者参考。

如果认为哺乳仔猪需要教槽，那么可通过引诱—适应—习惯—学会吃料—尽可能地多吃料这一过程，锻炼哺乳仔猪的消化道，使其尽早适应固体和植物性饲料，避免断奶应激（拉稀、失重），这应该是哺乳期对仔猪进行教槽的目的。同时在哺乳期教槽还有一个作用，就是使用教槽料给没有奶水吃的仔猪提供营养，或在母猪产仔数多、母乳不足时给仔猪提供营养。因此不可武断地认为哺乳仔猪不需要教槽，也不能片面地认为哺乳仔猪教槽料只为教槽而备。

教槽料首要关注适口性是否良好，其次才是营养的全面性。所以要在保证适口性的同时兼顾营养的全面性。

如果母猪奶水充足，用稻谷煮粥饲喂就可以达到教槽的目的。如果感觉煮粥麻烦，可以用稻谷或碎米用 1.2 毫米筛片粉碎二次熟化，用热水一调就变成粥了。可以选择两种方法饲喂：断奶前 5 天开始饲喂，在其中添加少量保育料，先稀后干，断奶后 5 天（第 10 天）过渡到正常吃保育料；或断奶开始饲喂，方法如前，十天过渡，就能很好地解决仔猪的教槽问题。也可以在出生 3～5 天仔猪饮水时，在料盘水里面放置少许饲料，添加白糖。仔猪喝水的同时也吃进去饲料，每天 3 次，固定时间，诱食效果较好。仔猪日采食量分配：自出生第 5 天起，每日每头 5 克，第 2 周每头每天 10 克，第 3 周每头每天 15～20 克。如果母猪奶水不好，可以加足量，以仔猪吃净为准。前期教槽时，水中再添加奶粉，效果就会更好，乳香对仔猪有很强的诱食性。

如果奶水不足，就要考虑选用教槽料。

2. 正确评价教槽料

评价产品时应有科学的方法与态度，片面地评价某一方面的功能是不科学的。评价教槽料一般看使用后，乳猪采食量和生长速度是否持续增加，腹泻率是否降低。通常在猪种与软硬件管理技术具备的条件下，乳猪对教槽料应表现喜欢吃、消化好（通过粪便的观察）、采食量大，尤其是教槽料结束过渡下一产品后的 1 周内，营养性腹泻率应低于 20%；饲料转化率为 1.2 左右；日均增重 250 克以上；采食量日均为 300 克以上。对于猪场而言，把解决猪场管理问题交给饲料企业，而饲料企业为了满足这些本不应该是自己的责任的要求时，只能在饲料中加些违规的东西，以期能达到最大的利益，表面看起来猪场得到了一些现实利益，但最终为超标药物买单的还是猪场自身，所以对于养猪企业来说，日常生产中还要做好生产记录，分析数据，不断发现问题、解决问题，不断提高猪场的生产管理水平。特别是猪场产房的补料方式和补料结果，断奶后保育舍的取暖方式等。

二、教槽料在选择和使用中常见的问题

1. 追求片面功能

教槽料是近几年来快速推广发展的产品，也是毛利较高的产品，大小饲料企业都在推广，部分生产厂家迫于市场推广压力，往往会满足技术不好的猪场对教槽料片面功能的追求。生产中，有些用户在选择教槽料时从感观闻到的腥味、乳香味、甜味等的浓与淡来评价乳猪料的好坏；也有人从外观看乳猪料的细腻程度、膨松程度甚至颗粒大小等来判断教槽料的好坏；也有人从腹泻多少、饲料颜色的变化等来

评价教槽料的好坏。猪场如不解决管理中的根本问题，仅希望通过调整营养配方来满足部分功能的话，往往解决了这一功能，另一个功能就会下降。如有的教槽料靠药物添加控制腹泻，往往腹泻控制了，但猪的后期生长受到很大的影响，同时动物疾病的药物敏感性也提高了很多，为猪场发生疫病后的高死亡率埋下很大的隐患。更为严重的是，有的猪场发生疫病后做不了药敏试验，找不到一种有效的抗生素使用。甚至有些企业违规使用原料来满足一些养猪者对教槽料的片面认知需求。

2. 不教槽或教槽不成功

使用教槽料的主要意义是让乳猪较早地接触到植物性饲料，从而让猪的消化道发育得更充分，消化酶的变化更适应于消化饲料而不是乳汁，起到一个使乳猪适应从吃乳到吃料的过渡作用，这个过渡的过程最好是在断奶前进行，但是现在的一些猪场断奶前很少使用教槽料或教槽不成功，乳猪 21 天断奶的采食量远不足 525 克，28 天断奶的采食量更是连起码的 1000 克都达不到，这样就使乳猪从吃乳到吃料的过渡时间延续到断奶以后，让乳猪在高度断奶应激的过程中同时完成这一过渡，且时间之紧是让乳猪的适应过程和乳猪的生命竞赛；如果提供给乳猪的条件，特别是温度条件不能让其更舒服地完成这一过渡，是很难让猪长得很快而又不腹泻的。

三、教槽料的使用

教槽料怎样使用才能让仔猪在高生产水平上达到生长、环境、腹泻的平衡？

1. 教槽料的形态

液体饲料、粉料、破碎料、颗粒料各有其优缺点（表 6-1）。就颗粒大小而言，与大颗粒饲料（直径 3 毫米）相比，仔猪更容易采食小的颗粒饲料（直径 2 毫米）。从 17 日龄仔猪开始采食饲料以后，为了使采食量最大化，也要注意颗粒硬度，水分越低，硬度越大，仔猪越不愿意采食。因为仔猪的牙齿还没有完全发育好，更喜欢松软的小颗粒料。

表 6-1　教槽料不同形态的优缺点比较

项目	液体饲料	粉料	破碎料	颗粒料
优点	早采食，主动采食，可将所有的仔猪引诱到料槽，所有的仔猪都愿意吃	与颗粒料相比，诱导采食较早，即开口时间比较早	破碎料是由大颗粒破碎成的细颗粒(含部分粉料)。采食介于粉料和颗粒料之间。由于经过熟化甚　至膨化处理，故比粉料消化更好，料肉比比粉料略高	水分适宜、松软的小颗粒料比粉料和大颗粒破碎的饲料具有更高的采食量和料肉比
缺点	容易变质，招惹苍蝇，需要经常更换，以保持新鲜，劳动强度大	难以达到很大的采食量，必须同时喝大量的水，浪费比较大(表面看猪喜欢采食，实际大部分浪费掉了)，容易扬尘	比颗粒料脏	容易吃得太多，造成消化不良。如果颗粒太硬，则采食量很小

2. 教槽料的用量

理想的教槽料采食量可以估算出来。见表 6-2。

表 6-2　理想的教槽料采食量的估算

日龄	采食量估算合计/克	小计/克		
10～14 日	约 50	350	600	1000
15～21 日	约 300			
22～24 日	约 250			
25～27 日	约 400			

注：实际生产上能达到理想值的 70%，即认为是达到标准。

5～14 日龄：让仔猪闻其味道，以感受教槽料为目的，每天 5～25 克。

15～21 日龄：少量多餐，每次喂料都会刺激仔猪的采食好奇，喂料次数越多，提高采食量的效果越好。每天由 20 克渐增到 75 克。

22～28 日龄：真正采食教槽料的阶段，每日渐增用量到 150 克以上。

3. 教槽料的选择

(1) 感官上的判断　目前在乳猪生产中使用的教槽料类型主要有颗粒、破碎、粉状和液态 4 种，前三种更为常见。由于生产工艺的限制，颗粒料和破碎料做到最好，质量也只能处于中档料水平。到目前为止，高端、高档的教槽料产品还都是粉料。选择粉料的同时要看粉碎细度，粉碎得越细越好，更容易被小猪吸收利用。

（2）水溶性判断　极易溶于水，形成乳浊液的教槽料，适于乳猪的消化和营养吸收，可提高饲料的消化率，进而提高乳猪的采食量。可以取相同质量的教槽料置于相同体积的水中，搅拌均匀，分层越不明显，沉淀越少的质量越好。

（3）适口性判断　适口性好的教槽料，乳猪喜欢吃，采食量大，才可能有良好的日增重指标。可以取同样质量的教槽料两种，分别放到同样的两个料槽里，然后同时放到同一个猪栏里，观察小猪的采食情况。小猪爱吃哪个，说明哪个教槽料的适口性就好。

（4）选药物含量低的饲料　含药物较多的教槽料，一般哺乳仔猪腹泻发生率极低，特别是环境恶劣的情况下腹泻极少；个别或较多猪出现粪球形大便，更有甚者粪球外观呈黑色，粪球内没有消化的饲料颗粒明显。猪明显消化不好，也不会出现腹泻，除了药物，其他任何正常饲料都不可能做到。

（5）生长速度和料肉比判断　综合评价仔猪断奶后 10 天内的日增重和料肉比，日增重 250 克以上，料肉比 1.3 以下效果应该非常不错，可以选用。

（6）毛色和精神状态判断　仔猪断奶后皮红毛亮，活泼好动，爱亲近人，这样的教槽料效果应该很好，可以选择使用。

4. 料槽的选择

料槽的选择对仔猪补饲效果和饲料浪费与否影响很大。料槽的选择应随着仔猪身体的生长发育而改变，以既有利于引导仔猪采食，又不会造成饲料浪费，且保证有适宜的采食位置为原则。不宜自始至终使用同一个型号的料槽。

5. 改善环境

改善猪场的硬件或软件设施，让猪生活得更舒服一些。

低抗生素的教槽料由于其含抗生素较少，所以对环境的要求较高。应当在以下几个方面进行改善。

① 取暖方式：最好是热源在下面的取暖方式。

② 断奶后 2 周内猪舍温度应比断奶前高 2～3℃。

③ 产床、保温箱、保育床、电热板等硬件会让猪生活得更舒服一些，同时也会让猪更少地接触到粪便，更少地饮用尿水等。

④ 前期的教槽很重要，断奶前的仔猪一定要吃到一定饲料。21天断奶，断奶前的采食量最少是500克，28天断奶，断奶前的采食量最少是1500克。

⑤ 产房饲养员的责任心、技术水平、人员管理、人力是否足够等方面与教槽是否成功关系密切，而教槽是否成功将会影响猪断奶应激、断奶后腹泻、断奶后生长速度、全程经济效益甚至是猪的一生。

⑥ 注意天气对断奶仔猪的影响，及时调控，减少天气变化对乳猪的影响。

6. 教槽补饲的方法

（1）自由采食　在仔猪经常出没的地方，在地板（地面平养）或平板料槽（漏粪地板）上撒上一些教槽料，让仔猪拱食、玩耍，或模仿母猪采食。每天多次撒料诱食。当仔猪熟悉教槽料的味道后，将教槽料放在浅料槽中，让仔猪随意采食。料槽应固定好，以防仔猪拱翻。料槽中的饲料要少添勤添，保证饲料新鲜，防止饲料浪费。如果每头仔猪在断奶前累计采食了600克以上的教槽料，断奶后过渡就比较顺利了。

（2）强制诱食　将教槽料用水调制成糊状，用汤匙或直接用手挑起糊状料涂抹到仔猪口腔中，任其吞食，同时在地面上撒少许同样的教槽料。反复进行2～3天后仔猪就会逐渐学会吃料。

（3）母猪引导　地面平养的哺乳母猪，可以在干净的地板上撒少许分散的教槽料，让母猪引导仔猪采食。

（4）液体补料　将饲料泡成稀水料（水：料＝1：2），添加少量奶粉或代乳料，用专用的补料盆固定在产床上让仔猪吮吸，诱导其采食，直到断奶过渡到保育期。或者从出生后第5天开始采用液体饲料，从第16天开始过渡到颗粒料。

（5）限制哺乳　在哺乳后期，将仔猪隔离，限制哺乳次数，人为减少其对母乳的依赖，强迫仔猪采食饲料。

四、乳猪腹泻问题

在生产中经常听到猪场人员抱怨乳猪腹泻，其实腹泻的原因有多种，生产中对乳猪的腹泻要分析原因，不能片面强调教槽料或管理某一方面因素，应针对原因采取有效的综合管理措施，减少或避免腹泻的发生。

第二节 仔猪的饲养管理

一、仔猪的生理与代谢特点

通常将从出生到20千克体重的猪称为仔猪。仔猪阶段是猪的生长发育和养猪生产的重要阶段。仔猪具有不同于其他阶段猪的消化生理、养分代谢和体温调节特点，这些特点成为仔猪营养需要和饲养技术独特性的重要机制，也是仔猪营养性紊乱（包括腹泻）的基本原因。

（一）消化生理

仔猪的消化器官在胚胎期虽已形成，但其结构和机能却不完善，具体表现在下列几方面。

1. 胃肠重量轻、容积小

初生时仔猪胃的重量为4～8克，仅为成年猪胃重的1%左右。初生仔猪胃只能容纳乳汁25～40克。到20日龄时，胃重增长到35克左右，容积扩大3～4倍，约到50千克体重后，才接近成年猪胃的重量。肠道的变化规律类似，初生时仔猪小肠重仅20克左右，约为成年猪小肠重的1.5%。仔猪大肠在哺乳期容积只有30～40毫升/千克体重，断奶后迅速增加到90～100毫升/千克体重。

2. 酶系发育不完善

初生仔猪乳糖酶活性很高，分泌量在2～3周龄达到高峰，以后渐降，4～5周龄降到低限。初生时，其他碳水化合物的分解酶活性很低。蔗糖酶、果糖酶和麦芽糖酶的活性到1～2周龄后开始增强，而淀粉酶的活性在3～4周龄时才达到高峰。因此，仔猪，特别是早期断奶仔猪对非乳饲料的碳水化合物的利用率很差。蛋白分解酶中，凝乳酶在初生时活性较高，1～2 周龄达到高峰，以后随日龄增加而下降；其他蛋白酶活性很低。如胃蛋白酶，初生时活性仅为成年猪的 1/3～1/4，8 周龄后数量和活性急剧增加。胰蛋白酶分泌量在 3～4 周龄时才迅速增加，到 10 周龄时总胰蛋白酶活性为初生时的 33.8 倍。蛋白分解酶的这一状况决定了早期断奶仔猪对植物饲料蛋白不能很好地消化，日粮蛋白质只能以乳蛋白等动物蛋白为主。至于脂肪分解酶，其活性在初生时就比较高，同时胆汁分泌得也较旺盛。在 3～4 周龄时脂肪酶和胆汁分泌迅速升高，一直保持到 6～7 周龄。因此，仔猪对以乳化状态存在的母乳中的脂肪消化吸收率高，而对日粮中添加的长链脂肪利用较差。

3. 胃肠酸性低

初生仔猪胃酸分泌量低，且缺乏游离盐酸，一般从 20 天开始才有少量游离盐酸出现，以后随年龄增加。仔猪在整个哺乳期胃液酸度变动于 0.05%～0.15%，且总酸度中近半数为结合酸，而成年猪结合酸的比例仅占 1/10。仔猪至少在 2～3 月龄时盐酸分泌才接近于成年猪的水平。胃酸低，不仅削弱了胃液的杀菌抑菌作用，而且限制了胃肠消化酶的活性和消化道的运动机能，继而限制了仔猪对养分的消化吸收。

4. 胃肠运动机能微弱，胃排空速度快

初生仔猪胃运动微弱且无静止期，随日龄增加，胃运动逐渐呈运动与静止的节律性变化，到 2～3 月龄时接近成年猪。仔猪胃排空的特点是速度快，随年龄增长而渐慢。食物进入胃后，完全排空的时间在 3～15 日龄时为 1.5 小时，1 月龄时为 3～5 小时，2 月龄时为 16～19 小时。饲料的种类和形态影响食物在消化道的通过速度。如 30 日龄猪饲喂人工乳残渣时，通过时间为 12 小时，而喂大豆蛋白时为 24 小时，使用颗粒料时为 25.3 小时，而粉料则为 47.8 小时。

（二）代谢特点

1. 生长发育快

仔猪初生体重一般约为成年时的 1%，以后随年龄增长，生长速

度和养分沉积量迅速增加（表 6-3）。

仔猪的绝对生长速度（克/日）随年龄增长而加快，而生长强度（体重的相对生长量）则随年龄增长而下降。如 39 日龄体重为初生重的 8 倍，而 65 日龄体重仅为 39 日龄的 2 倍。养分沉积的重要特点是脂肪沉积率在初生后前 3 周内迅速增加，从初生时的 1%提高到 5 千克时的 12%，以后与蛋白质的沉积率相当。蛋白质的沉积率初生后增长得不多，灰分的增长率更趋于稳定。但无论是脂肪、蛋白质还是灰分，在体内沉积的绝对量均随年龄增长而急剧增加，表明仔猪生长快，物质代谢旺盛。

表 6-3 仔猪的生长速度和养分沉积量

生长速度	养分沉积量				预期日龄/日
	水分/%	粗脂肪/%	粗蛋白/%	粗灰分/%	
初生重 1.25 千克	81	1.0	11	4	
体重 5 千克 日增重 240 克	68	12	13	3	22
体重 10 千克 日增重 320 克	66	15	14	3	39
体重 15 千克 日增重 380 克	64	18	15	3	53
体重 20 千克 日增重 500 克	63	18	15	3	65

2. 养分代谢机制不完善

仔猪在养分代谢上存在明显的缺陷，表现如下。

① 磷酸化酶活性低，降低了糖原分解为葡萄糖的速度，但饥饿、注射儿茶酚胺，可提高该酶的活性。

② 糖异生能力差，限制了应激仔猪所需葡萄糖的供应。

③ 肝脏线粒体数量少，限制了碳水化合物和脂肪酸作为能源的利用。而且由于 ATP 合成量少，很多生物的合成过程受到抑制。

④ 仔猪体脂沉积少。出生时，只有 1%～2%的体脂，且大部分是细胞膜成分，作为能源的血液游离脂肪酸量很低。因此，虽然仔猪的脂肪利用机制存在，但底物供应非常有限，限制了仔猪的能量

来源。

⑤ 氨基酸代谢也可能存在缺陷。

上述说明，新生仔猪主要依靠储存量相对较多的碳水化合物及母乳的摄入来获取能量。新生仔猪每千克体重含碳水化合物23克，其中21克在肌肉，其余在肝脏。按新鲜组织含量计，肝糖原浓度为200毫克/克，而肌糖原为120毫克/克。出生后首先动用肝糖原，然后动用肌糖原。随着仔猪年龄增长，或在环境刺激下，上述缺陷可逐渐得到补救。但对于弱仔猪，这些缺陷则会有致命的危险。

（三）免疫机能

初生仔猪没有先天免疫力，因在胚胎期，母体的抗体不能通过胎盘传给胎儿。出生后仔猪只有靠食入母乳，特别是初乳而获得被动免疫。初乳中总蛋白含量高达15克/100毫升，其中70%～80%为免疫球蛋白。免疫球蛋白中，80%为IgG，15%为IgA，5%为IgM。三种球蛋白中，4%的IgA，大部分的IgM和全部的IgG来自于母猪血清，其余部分由母猪乳腺合成。常乳也是仔猪获取抗体的重要途径。产后7天的母乳中含免疫球蛋白6.5毫克/毫升，其中，IgA占60%，IgG 30%。初生仔猪肠道具有原样吸收这些免疫球蛋白的能力，而这种能力在48小时后逐渐消失。三种免疫球蛋白的功能各有特点。IgA能抵抗酶的消化，并能在消化后黏附在小肠壁上12个小时以上，起抑制大肠杆菌的作用；IgG主要在血清中起杀菌作用，可防止败血症；IgM的主要作用是抵抗革兰氏阴性细菌。

在1～2周龄前，仔猪几乎全靠母乳获取抗体，随年龄增长，从母乳中获得的抗体量减少。仔猪的主动免疫在10日龄以后开始形成，并随年龄而迅速增长。仔猪自身产生的免疫球蛋白中，以IgM为主，并有少量IgA。到6周龄以后主要靠自身合成抗体。在2～6周龄期间为被动免疫向主动免疫的过渡期。

（四）体温调节

初生仔猪的体温调节机能发育不全，对寒冷的抵抗能力差，反映在两个方面。

1. 物理调节能力有限

仔猪对体温的物理调节主要靠皮毛，肌肉颤抖，竖毛运动和挤堆等方式进行。由于仔猪被毛稀疏，皮下脂肪很少，隔热能力差，且初生时活力不强，靠挤堆供暖的能力有限。因此，靠物理调节远不能维持体温恒定。

2. 化学调节效率很低

仔猪初生时，虽然下丘脑、垂体前叶及肾上腺皮质等系统的机能已较完善，但大脑皮层发育不全，对各系统机能的协调能力差。因此，当物理调节不能维持体温时，虽然体内也能通过甲状腺素、肾上腺素等的分泌来提高物质代谢，主要是提高脂肪和碳水化合物的氧化来增加产热，但效率很低，6 日龄前特别突出。7～20 日龄期间逐渐得到改善，到 20 日龄后才接近完善。

由于上述原因，初生仔猪的临界温度高达 35℃ ，如处在 13～24℃间，体温在生后第 1 小时可降低 1.7～7℃，尤其是在生后 20 分钟，降低得更快，0.5～1 小时后才开始回升，而全面恢复正常大约需 48 小时。生后绝食或长期处于低温环境下，体温下降得很快。据报道，绝食 2～3 天，体温降到 34.4℃，初生仔猪裸露在 1℃的环境中 2 小时可冻昏冻僵，甚至冻死。因此，加强哺乳仔猪和早期断奶仔猪的保温工作是降低仔猪死亡率的关键措施。

二、新生仔猪的管理

(一) 断尾

仔猪断尾可以减少保育和生长阶段的咬尾事件。咬尾通常会在保育舍和育肥舍出现，造成猪只健康问题，被咬尾的猪不但要承受痛苦，降低了猪的饮食及抗病力，同时极易感染坏死杆菌、葡萄球菌、链球菌等，大大降低猪的生产性能和食用性。

仔猪断尾可以节省饲料，提高日增重，减少咬尾症，降低仔猪死亡率，而且能改善胴体品质。仔猪断尾操作的要点有以下几方面。

1. 选

断尾时造成的伤口很容易感染，小猪在吃足初乳后获得了免疫力，从而能更好地对抗感染。因此，在产后 6 小时后才允许断尾，以保证仔猪吃到足够的初乳。另外，考虑到应激最小化问题，通常在仔猪 3 日龄与去势一同进行，也可在 1 日龄与剪牙、补铁、灌药一起进行。具体依本场的实际工作安排进行。

2. 消

为了使感染的风险降到最小，断尾钳要锋利，无缺口，而且在使用前后要用热肥皂水清洗、浸泡，洗干净之后，接着放进消毒液中浸泡消毒。操作时，在每 2 头仔猪之间，用消毒液对断尾钳进行消毒。断尾钳不能用于剪牙或断脐带。

3. 抓

左手臂夹住仔猪，仔猪头朝向操作者背部。左手抓住一只后腿和尾巴进行固定（固定猪只的方法不唯一）（图 6-1）。

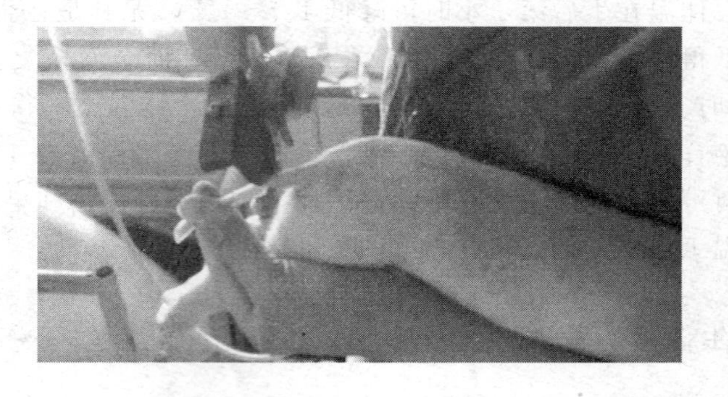

图 6-1　固定仔猪

4. 断

断尾时的主要问题是断尾后尾巴长短不一。太短，靠近尾根会愈合得慢，而且感染概率大；太长，猪仍有可能咬尾。理想留尾长度：将尾巴剪成 25 毫米长（图 6-2）。实际生产中断尾的长度为母猪尾巴刚好盖住外阴即可，公猪盖住睾丸的一半（此处仅为生产中一些经验，仅供参考，初学者以上面数据为准）。如使用电烙剪时，要充分加热，断尾时力度、速度适中。

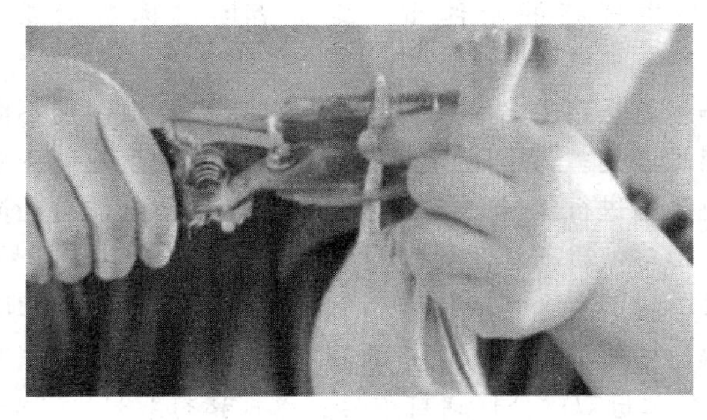

图 6-2　剪短尾巴

5. 检

在断尾之后，流血通常会很快凝固。在断尾后 5 分钟检查流血是否停止很重要（图 6-3）。如果继续流血，可使用止血带 15 分钟或使用电烙剪横切面止血；切记不要烫到其他猪。

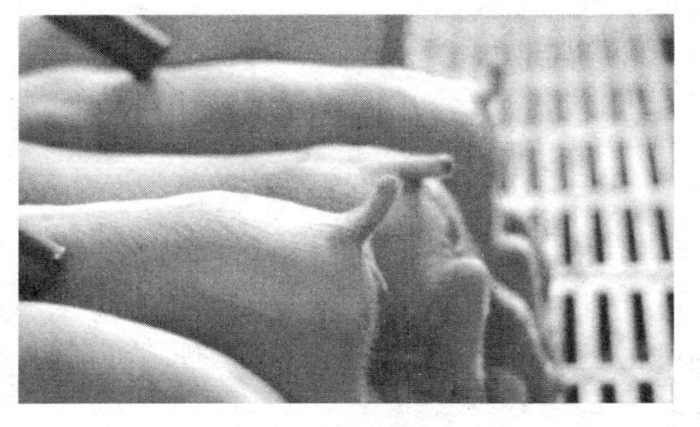

图 6-3　断尾后检查止血情况

6. 记

一窝仔猪断尾完成，要在产仔卡上做好日期记录。

（二）称重、打耳号

仔猪出生擦干后，应立即称量个体重或窝重，初生体重的大小不仅是衡量母猪繁殖力的重要指标，而且也是仔猪健康程度的重要标志，初生体重大的仔猪，生长发育快、哺育率高、肥育期短。种猪场必须称量初生仔猪的个体重，商品猪场可称量窝重（计算平均个体重）。

猪的编号就是猪的名字，在规模化种猪场要想识别不同的猪只，光靠观察很难做到。为了随时查找猪只的血缘关系并便于管理记录，必须要给每头猪进行编号，编号是在生后称量初生体重的同时进行。编号的方法很多，以剪耳法最简便易行。剪耳法是利用耳号钳在猪的耳朵上打号，每剪一个耳缺代表一个数字，把两个耳朵上所有的数字相加，即得出所要的编号。以猪的左右而言，一般多采用左大右小，上 1 下 3、公单母双（公仔猪打单号、母仔猪打双号）或公母统一连续排列的方法。即仔猪右耳，上部一个缺口代表 1，下部一个缺口代表 3，耳尖缺口代表 100，耳中圆孔代表 400。左耳，上部一个缺口代表 10，下部一个缺口代表 30，耳尖缺口代表 200，耳中圆孔代表 800（图 6-4）。

图 6-4　猪的耳号编制规则

注意事项：

① 预防缺口感染发炎导致缺口粘连变形。

② 在没有打完耳缺之时，禁止小猪寄养，特别是在无色品种间。

③ 一个猪场每个耳号都是唯一的。

④ 空距要大于间距：耳根部与耳尖部之间的缺口空距要适当大一些，至少要大于耳根处或耳尖处缺口的间距，以易于区分识别缺口属耳根或耳尖。而且还要求缺口深浅一致，不过深、过浅，清晰易认，缺口间距基本一致，稀疏均匀，排列整齐。

⑤ 应尽量避开血管，所有耳缺要适度剪到耳缘骨，不能过深，也不能过浅。

（三）剪犬齿

剪掉犬齿可防止小猪伤害母猪乳头或吮乳争抢时伤害同窝仔猪，通常用消毒的剪牙钳剪除犬齿（图 6-5）。剪牙时应小心，牙齿应尽可能接近牙床表面剪断，切勿伤及牙床，牙床一旦受损，不仅妨碍小猪吮乳，而且受伤的牙床将成为潜在的感染点。

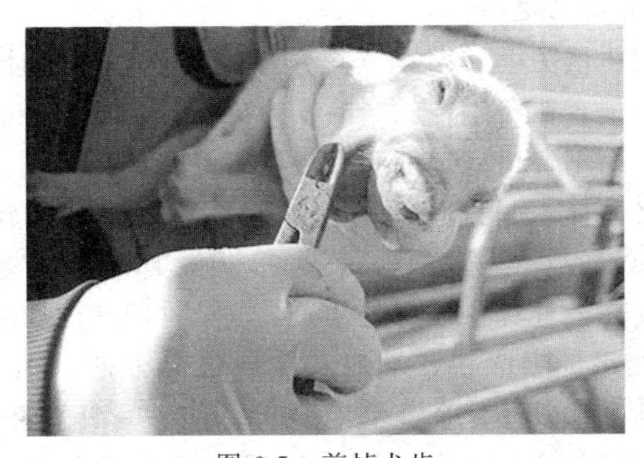

图 6-5　剪掉犬齿

（四）补铁

传统养猪中圈舍内为土地面，仔猪在补料前，母猪带领仔猪在拱食土壤的过程中可以获得一部分铁元素的补充，同时传统养猪中，猪的品种较现在规模化猪场差得远，当然生长速度也跟规模化猪场有较大的差别，尽管如此，传统养猪过程中对铁的补充依然是多数养猪场的重要工作之一。

现代规模化猪场，其封闭的管理模式不同于传统养猪，母猪不能获得带领仔猪自由生活的权力，且圈舍建筑以水泥地面为主，无法从土壤中获得机体生长所需的各项微量元素，所以只能依赖于外界的补充，即直接补充或来源于饲料。所以在当代规模化猪场日常仔猪管理中补铁显得更为重要。

1. 补铁时间的选择

新生仔猪容易发生缺铁性贫血的原因是初生仔猪体内铁储不足。

据研究发现，新生仔猪出生时体内含铁为40～50毫克。而哺乳仔猪在生长过程中每天需7～16毫克铁才能保证其较快的生长速度。而新生仔猪唯一的铁来源就是母乳，每头新生仔猪通过母乳每天仅能获得约1毫克铁。所以新生仔猪体内的铁储仅够维持机体3天的需求量。要保证3天后不发生缺铁性贫血，应在4日龄内对新生仔猪进行补铁，否则就会出现缺铁性贫血症，导致仔猪精神不振、食欲减退、腹泻、生长缓慢，甚至生长较快的仔猪会因缺氧而突然死亡。

2. 补铁制剂的选择

（1）严把质量关　养殖场（户）在选择补铁制剂时要仔细认真。首先要选择正规企业所生产的产品，另外检查生产日期、有效期、包装等，以防使用不合格或过期产品导致不必要的损失。

（2）规格选择　目前使用的补铁制剂较多的是右旋糖酐铁注射液，规格有50毫克/毫升，100毫克/毫升，150毫克/毫升。右旋糖酐铁含铁量较高，且具备较好的生产工艺，使得药剂溶液颗粒较小，对仔猪刺激性小，吸收快，抽取和注射极为方便（图6-6）。此外，额外增加了硒、钴以及复合维生素B等，能够一针多补，作用全面，更有利于铁元素的全面吸收，同时可促进机体造血机能的进一步完善，增加了铁元素在造血过程中的利用率。

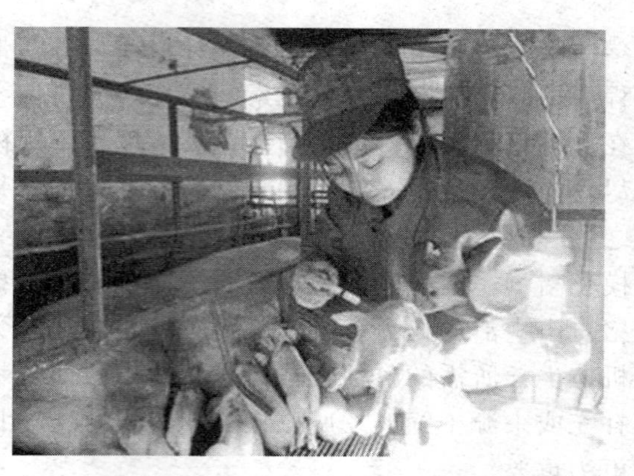

图6-6　仔猪颈部肌内注射补铁

（3）铁剂的储存　包装瓶为棕色玻璃安瓿，因为右旋糖酐铁见光易分解成导致机体过敏的右旋糖酐和毒性极强的三价铁离子，所以在储藏铁制剂时应存放于阴凉通风处，有条件者最好储存于冰箱内冷藏，严禁注射后放于阳光下暴晒。

3. 补铁剂量的确定

新生仔猪的补铁剂量应掌握在150～200毫克，量小不能满足机体需求，量大则易产生较强的毒副作用。据报道，超剂量使用补铁制剂会引起铁过负荷，许多重要器官如淋巴结、脾脏、肝脏、肺及肾脏受损伤，使机体的免疫机能下降和生理机能障碍，易患细菌性和病毒性传染病。临床表现为仔猪出血性胃肠炎、腹泻、呕吐、休克及急性肝坏死等病症。在实际操作过程中若选择50～100毫克/毫升规格的补铁制剂，需注射2～3毫升，由于猪的体重较小，此剂量注射后极易使注射部位起包，且吸收不佳，达不到注射效果。而选择含铁量为150毫克/毫升的铁制剂时，仅需注射1毫升，注射剂量小，易于注射，且吸收迅速完全。建议在3日龄、7日龄分别补铁注射一次。

4. 补铁时间的选择

在生产中，多数养殖单位对一天中补铁的时间没有严格的限制，只是为了日常工作方便而来安排补铁工作。殊不知，铁制剂不仅在体外经阳光暴晒或高温可使其中的二价铁转变为有毒性的三价铁，而且在体内如若经阳光暴晒或高温也可使二价铁转变为有毒性的三价铁，所以在实际生产中有的猪场在注射完补铁制剂后，仔猪接受阳光直射或高温也可能出现过敏或中毒的情况。建议在铁制剂的使用过程中，尤其对于半封闭猪场更要引起重视，在安排补铁工作时，在冬季应选择气温较高的下午2点左右或上午10点左右，但在夏季需选择在下午5点以后，这样注射相对效果更好一些，同时可防止不必要的铁中毒或过敏事件的发生。

（五）尽早吃足初乳

母猪产后3天内分泌的乳汁，称为初乳。初乳的营养成分与常乳不同，含有丰富的蛋白质、维生素和免疫抗体。初乳对仔猪有特殊的生理作用，能增加仔猪的抗病能力；还含有起轻泻作用的镁盐，可促进胎粪排出；初乳酸度高，有利于仔猪消化；初乳中所含各种营养成分极易被仔猪消化利用。因此，初乳是初生仔猪不可缺少、不可取代的食物。为此，要使初生仔猪吃到充足的初乳非常重要。仔猪出生后，及时训练仔猪捕捉母猪乳头的能力，尽量在3小时内给予第一次哺乳。若母猪分娩延长到2小时以上时，应不等分娩结束就要先将产下的仔猪放回母猪身边进行第一次哺乳。

（六）固定乳头

固定乳头是提高仔猪成活率的主要措施之一。全窝仔猪出生后，即可训练固定乳头，使仔猪在母猪喂乳时，能全部及时吃到母乳。否则，有的仔猪因未争到乳头耽误了吃乳，几次吃不到乳而使身体衰弱，甚至饿死。固定乳头应以自选为主，适当调整，对号入座，控制强壮，照顾弱小为原则。一般是把弱小的仔猪固定在母猪中前部乳头吃乳，强壮的固定在后面，这样可使同窝仔猪生长整齐、良好、无僵猪，也可避免仔猪为争夺咬破乳头。若母猪产仔数少于乳头数，可让仔猪吃食2个乳头的乳汁，这对保护母猪乳房很有益。若母猪产仔数多于乳头数时，可根据仔猪强弱，将其分为两组轮流哺乳，或寄养给其他母猪，或人工哺养。

（七）寄养或并窝

寄养或并窝就是将不同窝的仔猪合并起来，并给其中1头泌乳量较大的母猪哺养。

根据仔猪寄养的时期差异，大致有以下四个阶段：

① 出生后12～24小时；

② 出生后5～7天（落后仔猪第一阶段）；

③ 出生后10～14天（落后仔猪第二阶段）；

④ 断奶不达标仔猪寄养母猪。

针对以上四个阶段的差异，把寄养分为交叉寄养和奶妈猪寄养两种形式。

1. 交叉寄养

将多窝产期相近且喝过初乳的出生12～24小时的仔猪，根据仔猪的大小、毛色等，将仔猪调整到同窝相对均匀且与母猪的有效乳头数量相匹配的状态。

随后持续关注，确保母猪接受寄养过来的仔猪，同时保证每一头仔猪都能获得充足的奶水，若在寄养后持续的观察中发现仍有仔猪出现“掉队”情况，需要重新选择奶妈猪并寻找失败的原因。

要做好交叉寄养，需要注意以下几个问题。

（1）交叉寄养的原则　交叉寄养在出生后12～24小时内；选择寄养的几窝，分娩时间相近，一般是同一日内分娩的；交叉寄养后母猪所带的仔猪数不超过母猪的有效乳头数；为了促进1胎母猪乳腺的发育，让1胎母猪带较大的、与其有效乳头数相当的仔猪；若产仔数较少的分娩日，1胎母猪要比平均带仔数多带；让母猪尽可能多地带自己的仔猪（寄养出去的仔猪数量不要超过本窝仔猪数的30%）；尽量保证窝内仔猪的均匀度良好，但不能将仔猪按照体重、体格大小排序分群。

（2）交叉寄养需要注意的问题　场内应无传染性疾病暴发，如猪传染性胃肠炎、猪流行性腹泻等；蓝耳病阴性场或蓝耳病稳定场可以进行仔猪寄养；选择被寄养的仔猪时要认真仔细；清楚每一头母猪的有效乳头数；禁止把所有将要被寄养的仔猪集中到一起后再寄养；尽量充分利用每一头母猪的有效乳头（特别是一胎母猪）；在寄养之前仔猪必须吃足初乳。

2. 奶妈猪寄养

将生长落后的或者可能断奶不达标的或者超过母猪有效乳头的仔猪寄养给一头体况好、奶水好、母性好的低胎次母猪，从而重新组建一窝。

在寄养后需要评估母猪的母性、母猪的泌乳力及母猪的采食量。同时寄养之后，定时查看寄养效果，对寄养不成功的，需要及时换奶妈猪。

奶妈猪寄养要想做得成功，同样需要根据一定的原则和注意一定的事项。

（1）奶妈猪寄养原则。给奶妈猪寄养刚出生的仔猪时，仔猪必须在吃足初乳后寄养（出生后12～24小时内）；奶妈猪须在能够哺乳好自己仔猪的前提下，才能进行寄养；选用的奶妈猪必须性情温顺，泌乳能力强，体况好；奶妈猪最好选用低胎次（二胎或三胎的母猪）的哺乳母猪；奶妈猪要能够接受所寄养的仔猪；奶妈猪被寄养的仔猪数一定不能超过其之前所带的仔猪数。奶妈猪的整个哺乳期不要超过30天。

（2）奶妈猪寄养注意事项。选择的奶妈猪必须母性好、体况好、泌乳能力强，之前所带的仔猪长势好；在寄养个体非常小的仔猪之前，首先评估一下它们是否有寄养的价值；寄养时单元与单元之间的落后猪尽量不要混合寄养；寄养之后，奶妈猪的饲喂量要适当减量，以防止奶妈猪过量分泌奶水，仔猪吃不完，导致奶妈猪出现乳房问题或停止泌乳；有疾病的仔猪不能进行寄养，但应该注意营养不良和患病仔猪之间的区别；如果没有合适的二胎母猪作为奶妈猪，那么可以选择3～5胎次的母猪作为替代方案。

3. 仔猪寄养时的注意事项

仔猪寄养时要注意以下几方面的问题。

① 母猪产期接近。实行寄养时母猪产期应尽量接近，最好不超过3～4天。后产的仔猪向先产的窝里寄养时，要挑体重大的寄养，而先产的仔猪向后产的窝里寄养时，则要挑体重小的寄养。以避免仔猪体重相差较大，影响体重小的仔猪发育。

② 被寄养的仔猪一定要吃初乳。仔猪吃到初乳才容易成活，如因特殊原因仔猪没吃到生母的初乳时，可吃养母的初乳。这必须将先产的仔猪向后产的窝里寄养，这称为顺寄。

③ 寄养母猪必须是泌乳量高、性情温顺、哺育性能强的母猪，只有这样的母猪才能哺育好多头仔猪。

④ 使被寄养仔猪与养母仔猪有相同的气味。猪的嗅觉特别灵敏，母仔相认主要靠嗅觉来识别。多数母猪追咬别窝仔猪（严重的可将仔猪咬死），不给哺乳。为了使寄养顺利，可将被寄养的仔猪涂抹上养母猪奶或尿，也可将被寄养仔猪和养母猪所生仔猪合关在同一个仔猪箱内，经过一定时间后同时放到母猪身边，使母猪分不出被寄养仔猪的气味。

寄养时，常发生寄养仔猪不认“奶妈”而拒绝吃奶的情况，当养母猪放奶时，不仅不靠近吃奶，而是向相反方向跑，想冲出栏圈回到亲生母猪处吃奶。遇到这种情况可利用饥饿和强制训练的办法进行训练，才能成功。

4. 并窝时的常见问题

给哺乳仔猪并窝总是面临以下三个问题：母猪拒哺其他猪的仔猪，甚至追着咬；仔猪不认新妈妈，不会主动去吃奶；新出生的仔猪吃的是“长流奶”，可“后妈”供的是“定时奶”，吸一口吸不到奶，它们就会放弃奶头围着母猪边转边叫，影响母猪正常哺乳。能否解决以上矛盾需要讲究技巧。只要做好以下五个关键点，这三大问题也就迎刃而解了。

① 并窝时，一定要保留一部分母猪的亲生仔猪，不要全部移走。

② 打算并窝之前，先将移过来的仔猪与原保留下来的仔猪关在一起，一般可借助于保温箱，让它们串串气味。然后取一些代哺乳母猪的乳汁，涂在新迁来仔猪的身上，尤其是头部。当然，事先要采出母猪的奶水。母猪辨别仔猪是否亲生，主要是靠奶水的气味。当将一窝仔猪突然放到另一窝仔猪群中时，母猪会先“亲亲”这个外来者的嘴巴，这就是在鉴定仔猪嘴中是否有它熟悉的奶味，然后辨别出是否它亲生，决定是否攻击。

③ 放出小猪吃奶前 2 小时，先给母猪打几只缩宫素。这里缩宫素起催奶作用，利于母猪安静地放奶。

④ 放小猪吃奶时，先放出亲生的，待母猪放乳时，再放出过继过来的。需要注意要一头一头地放出，等一头彻底吃上奶再放出第二头。窍门儿就是“以多带少，逐渐渗透”，多尝试几次，只要小猪吃住奶，母猪也就不会排斥了。最后几头顺奶时，直接把它们固定在奶头中间就可以了。

⑤ 顺奶时应选择傍晚到晚上的时段。因为这一段时间母猪较安静，可静卧很久，甚至整晚保持一个姿势，更方便顺奶。而白天则会在放完奶后立马翻身、藏起奶头，比较麻烦。

三、哺乳仔猪的管理

（一）保温防压

1. 保温

初生仔猪体温调节能力差，对环境温度有较高要求。仔猪最适宜的环境温度参见表 5-1。

仔猪受冻这一问题普遍出现在产房管理较差的猪场。仔猪受冻通常见于较冷冬季的第一个月。受影响的仔猪都是日龄小、体质虚弱、行动缓慢的，它们往往会挤成一团，且通常靠近母猪的乳房。如果产房有贼风，或者产房的地面寒冷、潮湿，仔猪很容易受冻着凉。受冻的仔猪可能侧卧，逐渐呆滞、昏迷而死亡。

仔猪从温暖的母猪子宫产出，直接进入寒冷、潮湿的产房环境，极不适应；且新生仔猪尚未具备产热保温的能力，自身储存的能量也很少。

当仔猪觉得寒冷时，它们喜欢朝母猪的休息处移动，试图从母猪身上取暖，而这样使它们更容易被母猪压住。

母猪的产仔区应该拥有足够的建筑围护，不使用门、窗或窗帘，产仔栏中应有适合仔猪休息的区域和可活动的保温灯，地面应温暖、干燥，这对于冬天较冷的地区尤为重要。许多猪场用垫料或垫子给仔猪提供一个温暖、干燥的休息区。

鉴于此，产房必须提供充足的热量，室温应维持在 20℃以上，并保持生活环境的明亮；仔猪生活的区域至少应加热至 35℃以上，以便为其提供一个安全又温暖的空间，使其在睡觉时远离母猪的休息区域。要采取特殊的保温措施为仔猪创造温暖的小气候环境。

（1）厚垫草保温　水泥地面上的热传导损失约 15%，应在其上铺垫 5～10 厘米的干稻草（图 6-7），以防热散失，但应注意训练仔猪养成定点排泄的习惯，使垫草保持干燥。

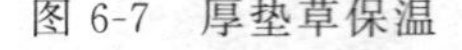

图 6-7　厚垫草保温

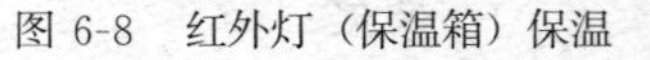

图 6-8　红外灯（保温箱）保温

（2）红外灯保温　将 250 瓦的红外灯悬挂在仔猪栏的上方或保温箱内（图 6-8），通过调节灯的高度来调节仔猪床面的温度。此种设备简单，保温效果好。

（3）烟道保暖　在仔猪保育舍内，每两个相邻的猪床中间地下挖一个 25～35 厘米宽的烟道，上面铺砖，砖上抹草泥，在仔猪舍外面的坑内生火。也可以在仔猪出生、抹干身上的黏液后，放进带有稻草、麻袋等保温材料的箩筐、纸箱内（图 6-9），2～3 天后再让仔猪到母猪身边采食母乳。此法设备简单、成本低、效果好。

（4）电热板加温　一般用作初生仔猪的暂时保温，其特点是保温效果好，清洁卫生，使用方便，但造价高（图 6-10、图 6-11）。

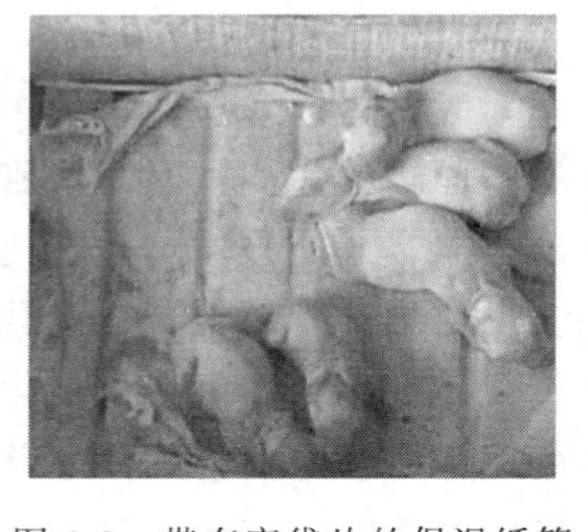

图 6-9　带有麻袋片的保温纸箱

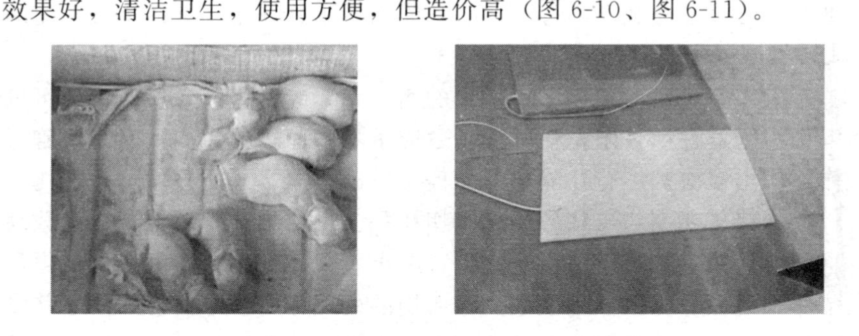

图 6-10　仔猪保温电热板

图 6-11　仔猪保温箱内的电热板

2. 防压

据统计，压死仔猪一般占仔猪死亡总数的10%～30%，甚至更多，且多数发生在出生后7天内。

母猪踩压致仔猪死亡是由综合因素引起的。

（1）母猪行为因素　研究证明，仔猪被压死基本发生于母猪由走动变为躺卧和站立，或是由躺卧和站立变为走动的时候。圈养条件下母猪躺卧姿势的变换常导致仔猪被压死，绝大多数仔猪压死发生在其出生后1天。

母猪具有良好的母性，母猪缓慢躺下是为了把躺卧区域内的仔猪赶走。群养在分娩舍的母猪在躺卧前如不驱赶仔猪，则仔猪被压死的概率显著增加。

大多数母猪对被压仔猪发出的叫声无反应。这一无反应行为可以解释为饲养在产仔限位栏的母猪适应了隔壁仔猪的叫声，因为不管它作不作出反应都不能让隔壁仔猪停止发出叫声。

仔猪压死率与母猪的体型密切相关。母猪的选育要求其窝产数高且所产仔猪生长速度快，这一选育要求不仅使仔猪个体大，也使得母猪体型变大。母猪体型变大，但所用的妊娠和产仔限位栏的尺寸并没有改变，这一不匹配使得母猪福利和生产能力下降，许多母猪因年龄和体型原因被淘汰。饲喂在妊娠限位栏的母猪比圈养或放养条件下母猪的运动量少，这使限位栏内的母猪心脏和肌肉功能降低，增加了母猪小心躺下的难度。

母猪的活动量也对仔猪死亡率有影响，仔猪受伤、被压死大多发生在母猪站立、躺卧、走动时。活跃的母猪比安静的母猪更易压死仔猪，分娩舍的母猪产后3天90%的时间都躺卧着。

母猪在限位栏的躺、坐或坐、躺的位置变换频率是圈养的2倍。限位时，许多母猪会挤压肩部与四肢关联处的疼痛位置，这会增加母猪变换位置的频率。给产后4小时内的母猪注射止痛剂能减少产后3天母猪变换位置的频率。

（2）仔猪行为因素　与新生老鼠、小白鼠和兔子一样，新生仔猪习惯与同伴一起扎堆抵御伤害、保持热量和代谢能量，这一行为增加了其被压死的可能。出生体重低的仔猪更多时间是在母猪乳房旁积极吸奶，这增加了其被压的可能。

如果说仔猪扎堆在母猪旁边是为了取暖，那么提供取暖设施吸引仔猪远离母猪，应该可以减少其被压死的可能。这些加热设施能够降低仔猪腹泻的发生，也可以保持仔猪整体健康。

虽然加热措施可以提高出生 2 天内仔猪的存活率，但增加保暖设施、采用不同的保暖方法、保暖设备处于不同的位置（正上方、前面、侧面）都不能进一步提高仔猪的存活率。不管加热设施的位置和环境温度如何，出生 3 天内的仔猪都喜欢躺在母猪的旁边。1 日龄的仔猪 60%～75%的时间都在吸奶或扎堆躺在母猪旁边，这就增加了仔猪的压死率。提高哺乳仔猪的存活率，除考虑环境因素，包括环境温度等之外，调整新生仔猪的行为也是一个重要考虑的因素。

新生仔猪被母猪的乳房强烈吸引。通过对仔猪听觉、嗅觉、视觉和触觉的测试发现，仔猪被母猪乳房的构造和热量所吸引、仔猪被母猪乳汁的气味所吸引，为了更接近母猪的乳房，仔猪的位置随着母猪的躺卧位置的变化而变化。出生 12 小时内的仔猪很快就被母猪粪便和乳房分泌物所吸引，仔猪能够分辨出母猪的气味，仔猪同时也被母猪的分娩分泌物和叫声所吸引。母猪生产后，绝大多数仔猪能直接找到母猪乳房，这说明即使仔猪没有一点视觉，也能直接找到母猪乳房。

母猪乳房的温度、气味和柔软度吸引着仔猪争先恐后地跑到母猪乳房旁边扎堆，体型越瘦小、身体越弱的仔猪越是喜欢挨着母猪的乳房，这就增加了其被压死的可能。在产仔限位栏中放入乳房模型（模拟母猪乳房的气味、柔软度和温度）比保温灯更能吸引仔猪离开母猪。

环境温度为 24℃时，仔猪与同伴扎堆取暖，环境温度为 45℃时，仔猪更喜欢独自躺卧。视觉不能决定仔猪扎堆与否，触觉和嗅觉的吸引是造成出生 3 天内的仔猪被压死的主要因素。温度虽然没有纳入主要因素，但其在保暖和抵抗疾病方面有着重要作用。

（3）设备设施　哺乳仔猪 50%的死亡发生在出生后 3 天内，绝大多数压死发生在仔猪出生 48 小时内。仔猪出生体重、环境温度、设备设施及疾病等因素影响着压死的发生率。仔猪压死率与母猪福利好坏存在着很大的关系。

给分娩圈制造一个约8%的坡度可以减少仔猪的死亡率。环境因素，如地板类型也影响着仔猪压死率，虽然地板类型和圈舍结构在开始时能够影响仔猪的存活率，但最终的断奶活仔数是相同的。

给限位栏的哺乳母猪加上垫草再加一个顶，则母猪对仔猪的叫声更敏感，且仔猪的死亡率有所下降。饲养在分娩圈的母猪分娩间隔更短，虽断奶活仔数相同，但其体重增加，分娩圈母猪母性更好。

资料表明，饲养在产仔限位栏和分娩圈的仔猪的死亡率没有明显的差异。圈舍尺寸和形状的改变都不能降低仔猪的压死率，这主要是因为出生3天内的仔猪往往被母猪的乳房所吸引，并长时间躺在其旁边，3天后，保暖灯就会代替母猪乳房，躺卧区域的变化可以避免仔猪被压死。

（4）性别　虽然窝产公猪比窝产母猪数量稍多一点，但母猪的存活率却比公猪高。窝产仔猪数多的，公猪存活率更低，公猪更容易出现死胎、弱仔，被饿死和压死的情况。

与母猪相比，阉割的公猪无论年龄多大，都会长时间躺卧而不站立，这会增加疾病感染率和死亡率。公猪大多数的死亡都是挤压和寒冷造成的。

基本的皮质醇浓度，公猪比母猪高，这会导致公猪对有害刺激和疾病更为敏感。公猪对信息激素的敏感是导致其压死率较高的原因之一。母猪乳房的信息激素使得嗅觉灵敏的公猪长时间待在母猪周围，这就增加了其被压死的可能性。

（5）遗传　产仔限位栏的应用使得经营者更关注母猪繁殖性能而不是母性行为，从而导致仔猪被压死。

因此，要采取有效的防压措施，以减少损失。防压措施有以下几方面。

（1）设置母猪限位架　母猪产房内设有排列整齐的分娩栏，在栏的中间部分是母猪限位栏，供母猪分娩和哺育仔猪，两侧是仔猪吃奶、自由活动和吃补助饲料的地方。母猪限位架的两侧是用钢管制成的栏杆，用于栏隔仔猪，栏杆长为2.0～2.2米，宽为60～65厘米，高为90～100厘米。由于限位栏架限制了母猪大范围的运动和躺卧方式，使母猪不能“放偏”倒下，而只能先腹卧，然后伸出四肢侧卧，这样使仔猪有躲避的机会，以免被母猪压死。

（2）保持环境安静　产房内防止突然响动，防止闲杂人等进入，去掉仔猪的獠牙，固定好乳头，防止因仔猪乱抢乳头造成母猪烦躁不安、起卧不定，可减少压踩仔猪的机会。

（3）加强管理　饲养员对母猪和仔猪要进行耐心细致的饲养管理，保持母猪良好的泌乳性能。为仔猪设置仔猪保温箱，产后 1～2 天内，可将仔猪关入箱内，定时放奶，可减少压死仔猪的概率，2 日龄后仔猪吃完奶便自动到保温箱中休息，减少与母猪的接触机会，保温箱即使在夏季除去取暖设备并打开顶盖，同样是仔猪休息的场所。

另外，产房要有人看管，夜间要值班，一旦发现仔猪被压，立即哄起母猪，救出仔猪。

（二）预防腹泻

腹泻是哺乳仔猪最常发的疾病之一。导致仔猪腹泻的因素很多，包括病原微生物、营养、环境、管理等。哺乳期病原微生物感染是腹泻的重要原因之一。病原性腹泻的特点见表 6-4。

预防哺乳仔猪腹泻的主要措施是加强管理，改善饲养环境。产仔前彻底消毒产房，哺乳期保持圈舍干燥、空气清新、温暖，尤其要注意仔猪保温，保持饮水清洁。对大肠杆菌性腹泻，可在母猪产前 21 天注射仔猪大肠杆菌苗。一旦发生腹泻，应及时治疗。

哺乳仔猪会因补饲不当而导致营养性腹泻。补料要求新鲜、适口性好、可消化率高。少给勤添，及时清除余料。

表 6-4　仔猪病原性腹泻及其特点

病原	腹泻种类	特点	预防措施
大肠杆菌	黄痢	早发、急性、高死亡，传染源为母猪	初乳＋抗生素＋清洁
	白痢	10～20 日龄高发，应激诱导或加剧感染	抗生素＋管理
梭菌	红痢（梭菌性肠炎）	早发、急性、高死亡，粪及肠壁呈红色	抗生素＋管理
密螺旋体	痢疾	7～12 周龄多发，主要病变在大肠	用药＋管理
病毒	传染性胃肠炎（TGE）	各年龄发病，小猪死亡率高	抗生素防继发感染
球虫	球虫病	2 周龄多发，粪便稀软，呈糊状或牙膏状，灰黄色	3～4 日龄口服妥曲珠利

（三）去势

公母猪是否去势和去势时间取决于猪的品种、仔猪的用途和猪场的生产管理水平。我国地方猪种性成熟早，肥育用仔猪如不去势，到一定阶段后，随着生殖器官的发育成熟会有周期性的发情表现，影响食欲和生长速度。公猪若不去势，其肉的臊味较浓影响食用价值。因此，地方品种仔猪必须去势后进行肥育。二元或三元杂交猪，在较高饲养管理水平条件下，6 个月龄左右即可出栏，母猪可不去势，直接进行肥育，但公猪仍需去势。引进品种，因其生长迅速，肥育期短，不必去势。

一般肥育用仔猪，要求公猪在 20 日龄、母猪在 30～40 日龄前去势。仔猪去势后，应给予特殊护理，防止创口感染。

（四）八字腿的矫正

仔猪八字腿又名“外足”，是由于肌纤维发育不全所直接导致。这种疾病本身并不致命，死亡都是与之相关的饥饿和母猪碾压造成的，因此这种病造成的死亡率也存在很大的差异，具体取决于猪场为仔猪提供的管理和照料水平。在饲养操作与管理欠缺的情况下，患仔猪的死亡率可达 100%。

1. 表现形式

表现症状在出生时或出生后很短时间内出现，可表现为下列多种形式。

（1）星状　患仔猪前后腿均外翻呈八字（图 6-12），这样的患猪无法站立，只能通过爬行或扭动身体来移动。

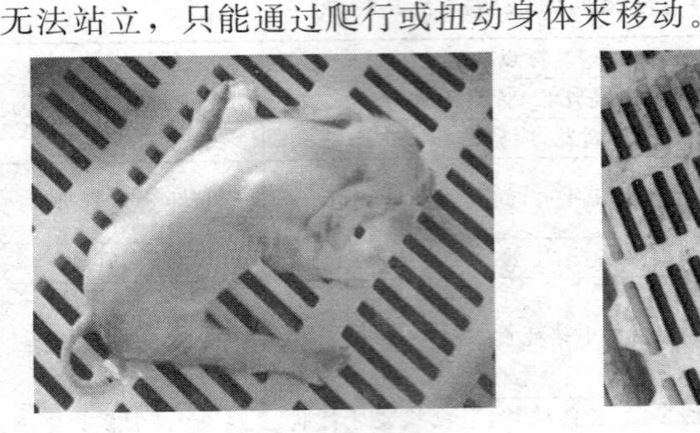
图 6-12　前后腿外翻

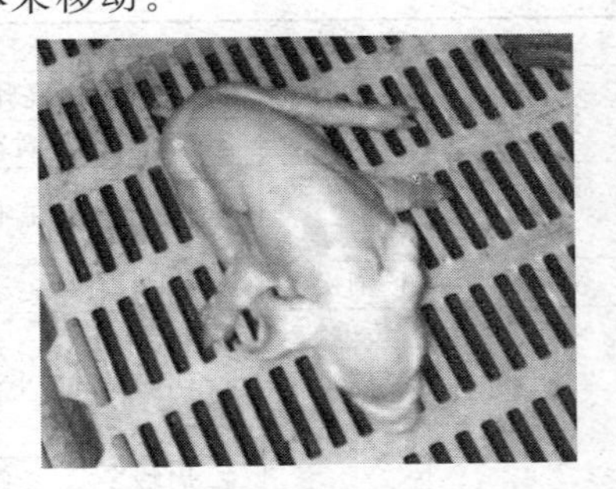
图 6-13　后腿外翻

（2）后腿外翻 这是最常见的一种形式。后肢向外前侧翻伸出，后肢站立有困难（图 6-13）。多数情况下，患猪会呈“犬坐”状，靠扭动后体来移动。这会造成明显的皮肤损伤，从而引起继发感染。

（3）前腿外翻，这种情况非常少见，唯一能够见到这种病例的情况是蓝耳病暴发的早期。患猪后肢正常，但前腿向外侧翻出，患猪移动时下颌会拖在地上。这种患猪哺乳会非常困难，死亡率很高。

2. 病因

八字腿是一种多因素疾病，最少见的两种形式前腿外翻和“星状”八字腿通常与母猪妊娠后期的疾病感染有关，疾病可能影响了神经和肌肉的发育。例如，在急性蓝耳病（PRRS）暴发的情况下就会出现这两种形式的八字腿。

然而，后腿外翻这种最常见的八字腿的原因却不是那么单一。总的来说，下列情况出现频率较高。

（1）有的猪场为了降低成本，没有采购优质饲料（玉米、豆粕、麦麸等），加上目前市面上的脱霉产品都不能彻底脱毒（个别猪场主没有认识到这点），因此很容易造成母猪霉菌毒素蓄积，甚至中毒，直接导致仔猪八字腿严重。这类情况出生的仔母猪多表现为外阴红肿，且多发生于个体较大的仔猪。

（2）生产中的数据统计表明，长白猪和长大二元的仔猪发病率高于三杂猪，且存在一定遗传性。

（3）能导致仔猪先天性震颤的疫病都可能引起八字腿，特别是圆环病毒感染、猪瘟等。

（4）母猪妊娠期的疫苗注射（特别是后期）或某些副作用较大的抗生素保健（如磺胺、土霉素等），高温嘈杂，发生热性病等应激也可加重八字腿的发生。近亲繁殖则可直接造成八字腿等其他畸形猪出生。

（5）饲料营养方面，国内普遍认为妊娠母猪饲料中硒、蛋氨酸、维生素 E 和胆碱不足是产生八字腿的重要原因。

（6）母猪体况过肥或过差，特别是过肥影响更大。

（7）接产时，仔猪身上的黏液未擦干净，若放入光滑垫板的保温箱中地板就更滑，新生仔猪可能因站立困难，后腿韧带被拉长而造成八字腿。

3. 预防

针对上述病因，采取相应的措施便可有效控制或减少仔猪八字腿。

首先必须保证饲料质量，尽量选用优质产品，加强饲料库房建设和保管，防止饲料到场后变质。猪场主应该树立一流饲料生产、一流产品的思维。因有些饲料肉眼根本无法判断其是否霉变，所以母猪妊娠料应全程添加脱霉剂，霉变饲料绝对不能用于种猪。其次做好相应疫病控制，保障猪群健康；加强饲养管理，控制母猪体况适当；减少不良应激；初生仔猪的接产和护理相当重要，一定要尽量擦干仔猪身上的黏液，若保温地板比较光滑，可以垫上洁净干燥的毛巾或麻袋，防止仔猪滑成八字腿。

一句话，就是要求生产中所采取的每项决策和行动都要有利于猪。

4. 治疗

前腿外翻和“星状”外翻八字腿的猪存活率非常低，尽早实施安乐死可能是最佳的方案。

对于后腿外翻的情况，只要能提供良好的护理并假以时日，患猪能够恢复得很好。有一套简便有效的治疗方案，成活率可达65%以上。首先通过人工单独护理保证其初乳的摄入，吃奶困难的可人工挤奶20毫升喂给，吃足初乳后，先把两后腿用胶带绑到正常腿距固定（图6-14。采用绝缘胶带效果还可以，但注意一定要在胶带对皮肤造成损伤之前将其取下，不可以用线绳或草绳拴捆），然后用细绳一端系牢仔猪尾巴，另一端打活结拴在产床钢管上，目的是强行让仔猪后肢站立着地，防止其坐下。这样就防止了被母猪压死，同时加快了猪只的康复。母猪喂奶时及时将活结打开，护理其吃奶，一般2天左右便可成功。

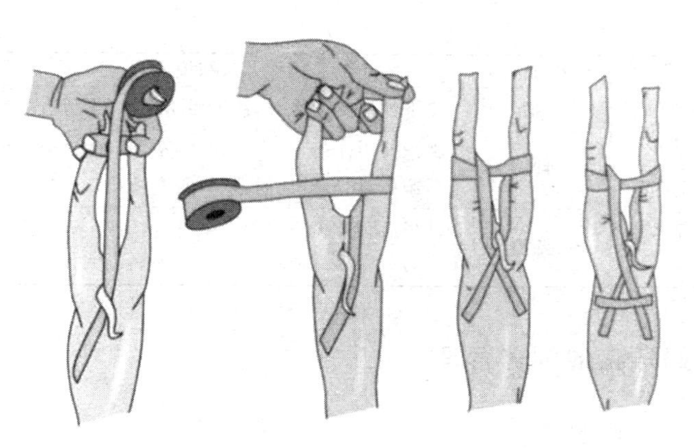

图 6-14 仔猪八字腿的纠正

（五）预防接种

仔猪应在 30 日龄前后进行猪瘟、猪丹毒、猪肺疫和仔猪副伤寒疫苗的预防接种。预防注射应避免在断奶前后 1 周内进行，以减少应激，保证仔猪快速增重和成活。猪常用疫苗及使用方法见表 6-5。

表 6-5 猪常用疫苗及使用方法

疫(菌)苗	预防的疾病	接种方法和说明	免疫期
猪瘟兔化弱毒苗	猪瘟	按瓶签注明的剂量加水稀释,各种大小猪只均肌内注射或皮下注射 1 毫升,4 天后产生免疫,哺乳仔猪在断奶后再注射一次	1.5 年
猪肺疫弱毒菌苗	猪肺疫	不论猪只大小,一律口服 1.5 亿个菌,按猪数计算需要菌苗量,用清水稀释后拌入饲料,注意让每只猪吃一定量料,口服 21 天后产生免疫力	3 个月
猪肺疫氢氧化铝菌苗	猪肺疫	不论大小猪只,一律皮下注射 5 毫升,接种 14 天后产生免疫力	9 个月
猪丹毒弱毒菌苗	猪丹毒	不论大小猪只,按瓶签稀释剂稀释,一律皮下注射 1 毫升。注射 7 天后产生免疫力	9 个月
猪丹毒氢氧化铝甲醛苗	猪丹毒	凡体重 10 千克以上的断奶仔猪,皮下注射 5 毫升,10 千克以下的仔猪或未断奶仔猪,皮下注射 3 毫升;间隔 45 天后,再注射 3 毫升。注射后 21 天产生免疫力	0.5 年
仔猪副伤寒弱毒菌苗	仔猪副伤寒	按瓶签注明稀释液稀释后,对 1 月龄以上健康哺乳仔猪或断奶仔猪,一律耳后薄层肌内注射 1 毫升	9 个月

续表

疫(菌)苗	预防的疾病	接种方法和说明	免疫期
无毒炭疽芽孢苗	炭疽	皮下注射0.5毫升,注射后14天产生免疫力	1年
布氏杆菌猪型2号弱毒苗	布氏杆菌病	臀部肌内注射1毫升,仔猪、孕猪不能注射。因系活菌苗,用后的注射器、针头煮沸消毒	1年
口蹄疫灭活疫苗	口蹄疫	耳根后颈部皮下注射5毫升,注射14天后产生免疫力。本品只能用于预防同型病毒的传染	2个月

四、断奶仔猪的饲养管理

(一) 断奶时间

仔猪断奶的适宜时间应根据仔猪的生理特点、母猪的泌乳量、养猪场（户）的饲养管理条件和养猪者的管理水平而定。从仔猪消化道酶系统发育的情况来看，仔猪在4～5周龄时可采食到所需干物质的一半的饲料，消化谷物类饲料的各种酶活力也大大上升，并超过乳糖酶，此时断奶仔猪受挫折较小，也较容易适应。母猪的泌乳量在分娩3～4周后开始下降，仔猪的生长曲线与母猪的泌乳曲线之间形成剪刀差，表明母乳在3～4周已不能满足仔猪的生长需要，因此，早期断奶就显得特别重要。如果条件允许可在2～3周龄断奶。

(二) 早期断奶的优越性与条件

1. 早期断奶可能带来的好处

① 双月龄时仔猪个体发育均匀。

② 减少母体挤压造成的损失，特别是带仔多的母猪，早期断奶可护理得更好。

③ 可完全控制营养，给予最好的全价饲粮，弥补母奶之不足，以利小猪更快更好地生长发育。

④ 较好地控制传染病和寄生虫（减少从母猪感染的机会），也可减少拉稀，同时可补充母猪奶中铁的不足。

⑤ 节约一些母猪饲料，即饲料经母猪转化成奶，再从奶转化为仔猪体成分两次转化的损失。

⑥ 母猪少失重，如果不再利用，可很快育肥出售。

⑦ 母猪可更快地再配种、怀孕。

⑧ 使母猪产仔在全年分布更均匀，有助于市场销售量和价格的稳定，即减少淡旺季的差异。

2. 早期断奶的条件

仔猪早期消化机能尚未健全，断奶过早势必会造成仔猪采食量下降、消化不良、饲料利用率低、抗病和免疫能力差、腹泻、生长停滞和体况较差等所谓的“仔猪早期断奶应激综合征”。因此，早期断奶需要具备一定的前提条件，包括：第一，需要一个适口性好、消化率高的全价饲粮（诱食料和开食料）；第二，需要精心管理，并要懂得怎样管理；第三，需要比较好的设施和环境卫生条件。

（三）断奶方法

仔猪的断奶方法有多种，各有优缺点，应根据具体情况，灵活运用。

1. 一次性断奶法

在仔猪预定断奶日期当天，将母猪与仔猪立即分开。该方法对母仔猪均有不利影响。一方面，仔猪受食物和环境的突变易出现惊恐不安、消化不良、腹泻、体重下降等现象；另一方面，又易使泌乳充足的母猪乳房肿胀，甚至诱发乳腺炎。但该法简单，工作量小。为减少母猪乳腺炎的发生，应于断奶前3～5天减少母猪的饲料和饮水的供给量，以降低泌乳量，同时加强对母猪、仔猪的护理。

2. 逐渐断奶法

在仔猪预定断奶日期前5～7天，把母猪赶到另外的圈舍或运动场，与仔猪隔开，然后每天定时放回原圈，逐日递减哺乳次数。此方法可避免仔猪和母猪遭受突然断奶应激，适于泌乳较旺的母猪，虽然工作量大，但对母仔均有益。

3. 分批断奶法

根据仔猪的发育情况、用途，分批陆续断奶。将发育好、食欲强或拟作肥育用的仔猪先断奶，而发育差或拟作种用的后断奶。此法的缺点是断奶时间长，优点是可兼顾弱小仔猪和拟留作种用的仔猪，以适当延长其哺乳期，促进生长发育。

（四）断奶仔猪的营养与饲喂技术

断奶后的营养调控对于减少腹泻、改善仔猪的生产性能起到至关重要的作用。

1. 合理配制断奶饲粮

要求饲料原料新鲜，使用一定量的乳制品、喷雾干燥猪血浆或鱼粉等优质动物蛋白质饲料。适当降低饲粮蛋白质水平、保证氨基酸平衡，添加外源酶制剂、酸化剂、高铜（250 毫克/千克）和抗生素等添加剂。按体重阶段配制饲粮（表 6-6）。

表 6-6　仔猪阶段饲养饲粮配制方案

项目	阶段 1(断奶～7 千克)高浓度养分饲粮	阶段 2(7～11 千克)乳清、玉米-豆饼饲粮	阶段 3(11～23 千克)谷实-豆饼饲粮
粗蛋白/%	20～22		
赖氨酸/%	1.5～1.6	18～20	
添加脂肪/%	4～6	1.25	
乳清粉/%	15～25	3～5	
脱脂奶粉/%	10～25	10～20	18
鱼粉/%	0～3	3～5	1.10
铜/(毫克/千克)	190～260	190～260	190～260
维生素 E/(毫克/千克)	40	40	40
硒/(毫克/千克)	0.3	0.3	0.3

2. 早期断奶仔猪的饲喂技术

基本原则是控制饲料供给量，增加饲喂次数，避免突然换料。在断奶早期，每次供料量为自由采食量的 60%～80%，每天饲喂 5～7 次。变换饲料时应有 5～7 天的适应期。饲料形态以小颗粒或液态为好。

（五）断奶仔猪的管理

断奶后1～2天仔猪很不安定，经常嘶叫并寻找母猪，夜间更甚。为减轻仔猪断奶后因失去母仔共居环境而引起的不安，应将母猪调出另圈饲养，仔猪保留在原圈。

保证充足的清洁饮水。断奶仔猪采食大量饲料后，常会感到口渴，如供水不足而饮污水则引起下痢。

提供足够的圈栏面积。若猪只在高床保育栏中饲喂到8周龄左右（20千克体重），则在转入仔猪舍时应给每头猪提供至少0.4平方米的躺卧面积。

断奶仔猪的保温十分重要。表6-7表明了断奶仔猪所需的圈舍温度。做好日常记录。日常记录非常简单且意义重大，可以计算出每批猪的日增重、料肉比、饲料成本、用水量、能源消耗、医药费用等。这些信息有助于更进一步提高断奶仔猪的生产性能。

表6-7 保育舍的温度

体重/千克	日龄/天	温度/℃
5	17	29
7	25	26
9	32	24
12	39	22
15	46	21
19	53	21
23	60	21

（六）断奶仔猪常出现的问题及原因、管理措施

断奶仔猪的管理，特别是断奶后的第1周，是仔猪管理环节的“重中之重”，因为断奶是仔猪出生后的最大应激因素。仔猪断奶后的饲养管理技术直接关系到仔猪的生长发育，搞不好会造成仔猪生长发育迟缓、腹泻，甚至诱发疾病，造成高死淘率等严重后果。

1. 断奶仔猪常出现的问题

（1）断奶后生长受阻　断奶后仔猪的生长速度立即放慢。由于断奶应激，仔猪在断奶后的几天内食欲较差，采食量不够，造成仔猪体重不仅不增加，反而减少。往往需1周时间，仔猪体重才会重新增

加。断奶后第1周仔猪的生长发育状况会对其一生的生长性能有重要影响。据报道，断奶期仔猪体重每增加0.5千克，则达到上市体重标准所需天数会减少2～3天。但是如果断奶后一周出现0.5～1千克的负增重，将会延长出栏时间15～20天。

（2）仔猪腹泻　断奶仔猪通常会发生腹泻，表现为食欲减退、饮欲增加、排黄绿稀粪。腹泻开始时尾部震颤，但直肠温度正常，耳部发绀。死后解剖可见全身脱水，小肠胀满。

（3）诱发副猪嗜血杆菌病死亡　多发生于断奶后的第2周，发病率一般在10%～15%，严重时死亡率可达50%。表现为发热，食欲下降，皮肤发红或苍白，被毛粗乱，腹式呼吸，行走缓慢或不愿站立，腕关节、跗关节肿大，生长不良，直至衰竭而亡。

2. 断奶仔猪出现以上问题的原因

（1）仔猪生理特点　仔猪整个消化道发育最快的阶段是在20～70日龄，说明3周龄以后因消化道快速生长发育，仔猪胃内酸环境和小肠内各种消化酶的浓度有较大变化。母乳中的乳糖在仔猪胃中转化成乳酸，使胃酸度较大，即pH值较小。仔猪一经断奶，胃内pH值则明显升高。仔猪消化道内酶的分泌量一般较低，但随消化道的发育和食物的刺激会发生重大变化。如果提前给乳猪补充饲料，而且设法使其尽可能多采食开口料，可刺激胃肠道发育，促进胃酸和消化酶分泌功能，增强对饲料消化能力，减少断奶后的消化不良引起的腹泻，大大提高断奶后的抗病力。

（2）仔猪的免疫状态　新生仔猪从初乳中获得母源抗体，在1日龄时母源抗体达最高峰，然后抗体浓度逐渐降低。第2～4周母源抗体浓度较低，而自身免疫也不完善，如果在此期间断奶，仔猪容易发病。研究发现，肠道黏膜下集结全身60%～70%的免疫细胞，是最大的“免疫器官”。因此，吃母乳时，尽可能多地补饲开口料刺激消化功能，减少断奶时肠黏膜损伤，即可提高断奶猪的免疫功能。

（3）微生物区系变化　哺乳仔猪消化道的微生物是乳酸菌占优势，它可减轻胃肠中营养物质的破坏、减少毒素产生、提高胃肠黏膜的保护作用、有力地防止因病原菌造成的消化紊乱与腹泻。乳酸菌最适宜在酸性环境中生长繁殖。断奶后，食物结构发生变化，胃内pH

值升高，乳酸菌逐渐减少，大肠杆菌逐渐增多（pH 为 6～8 时环境中生长），原微生物区系受到破坏，导致疾病发生。

（4）应激反应　仔猪断奶后，因离开母猪，在精神和生理上会产生一种应激，加之离开原来的生活环境，对新环境不适应，如舍温低、湿度大、有贼风，以及房舍消毒不彻底，导致仔猪发生条件性腹泻。

（5）营养问题　大多数猪场饲养管理人员对营养问题认识程度不够，在仔猪至关重要的过渡期（断奶后，仔猪立刻由母乳喂养转变为吃饲料，没办法很好地进行消化吸收固体饲料的过程）没有给予正确合理的营养。

在日粮配方设计方面，使日粮的消化吸收尽可能在仔猪的消化系统中进行，特别是早期断奶仔猪，不能为降低成本，用质量不高的乳猪饲料，减少乳猪生长受阻现象。

3. 管理措施

（1）提前补饲，设法做到补料量最大化　造成仔猪断奶应激的根本原因，就是仔猪断奶时对饲料的消化功能弱，之后几天内摄入营养物质少，造成营养负平衡。因此，通过提前补饲，刺激胃酸-消化酶分泌功能，以适应消化植物性营养。这样乳猪断奶后即可采食、消化吸收饲料营养，不会出现营养负平衡。研究表明，小肠微绒毛长度与断奶后采食量成正比，高采食量有利于保育猪肠道尽快发育完善，降低断奶应激，提高抗病力，加快保育期长势，实现“多活、均匀、快长”。28 日龄乳猪，断奶前累计补料量至少 400 克/头。遵循少给勤添，保持饲料新鲜为原则。刚开始补饲和刚断奶几天内，可用温开水将饲料调制成粥状（图 6-15），有利于仔猪采食。

（2）选择高质量的开口保育饲料　首要考虑的条件是采食量大、易消化和营养性腹泻少。解决仔猪消化不良引起的腹泻要从饲料的易消化性和添加促消化制剂着手，而不是通过添加大量抗生素掩盖等。这样有利于猪肠道尽早发育，微生态区系形成，完善消化功能，增强肠黏膜的免疫功能，提高断奶猪的抗病力和保育期成活率。应用适合仔猪消化生理特点的饲料原料（如乳清粉、优质鱼粉、发酵豆粕等），采用先进生产设备工艺制成酥软、易消化的高品质开口料，更易使

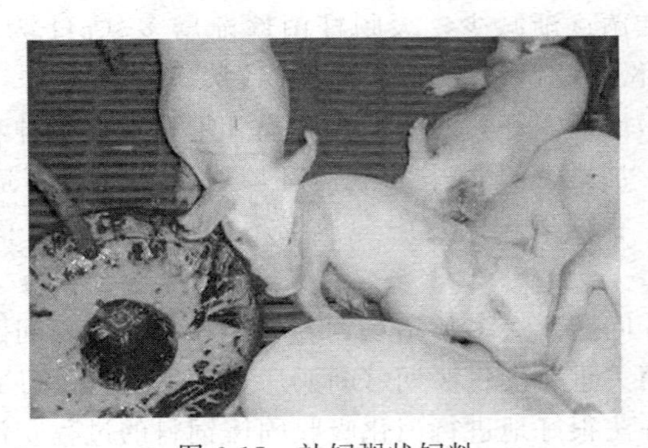

图 6-15　补饲粥状饲料

10 日龄左右哺乳仔猪提前吃料，多吃料，促进消化道发育，可尽早完善消化和免疫功能。

（3）饮水中添加有机酸化剂　仔猪消化道的酸碱度（pH 值）对日粮蛋白质消化十分重要。大量研究表明，在 3～4 周龄断奶仔猪玉米-豆粕型日粮中添加有机酸，可明显提高仔猪的日增重和饲料的转化率。另外，酸化剂还可杀死饮水管线中的病原菌，减少断奶仔猪腹泻，提高断奶仔猪的成活率和健康程度，提高养殖效益。已知有机酸中效果确切的有柠檬酸、富马酸（延胡索酸）和丙酸。一定选择含酸量高、缓冲性好、不腐蚀皮肤黏膜的复合性酸化剂。

（4）添加高品质的发酵饲料　发酵饲料因其发酵产酸、产消化酶，含有大量益生菌，进入肠道能抑制有害菌繁殖，促进饲料消化，尽早建立肠道微生物群系。加之含有酸香气味，诱食性好，乳仔猪采食量大，可协同促进仔猪肠道发育尽早成熟，提高仔猪的成活率和生长率，加快后期长势。这些综合作用，提升乳仔猪肠道健康水平，获得最佳消化吸收功能和生长潜能，是解决制约目前养猪效益提升的关键环节。但是市场上的发酵饲料良莠不齐，养殖场可以自已选择活力强的复合益生菌发酵剂，运用自家饲料制作发酵饲料，实用高效。

（5）其他管理措施

①母去仔留。断奶仔猪对环境变化的应变能力很差，尤其是温度变化。仔猪断奶后，将母猪赶走，让仔猪继续待在原圈（图 6-16），可以减少应激程度。

图 6-16　母去仔留

② 适宜的舍温。刚断奶仔猪对低温非常敏感。一般仔猪体重越小，要求的断奶环境温度越高，并且越要稳定。据报道，断奶后第 1 周，日温差若超过 2℃，仔猪就会发生腹泻和生长不良的现象。

③ 干燥的地面。应该保持仔猪舍清洁干燥。潮湿的地面不仅使动物被毛紧贴于体表，而且破坏了被毛的隔热层，使体温散失增加。原本热量不足的仔猪更易着凉和体温下降。

④ 避免贼风。研究表明，暴露在贼风条件下的仔猪，生长速度减慢 6%，饲料消化增加 16%。

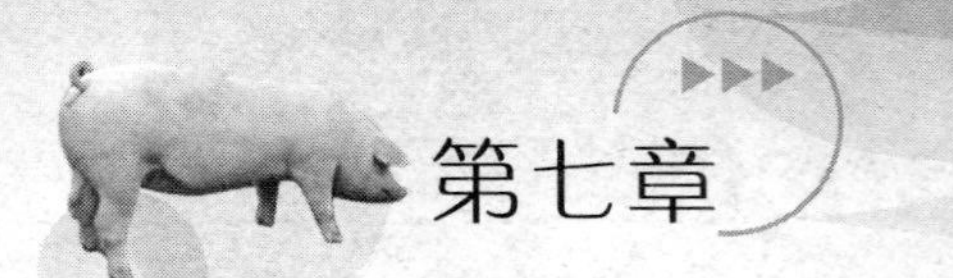

第七章 以生物安全为核心的猪场疫病防控体系

第一节 改善猪的生存环境

猪的生存环境包括内部环境和外部环境，影响猪只生理过程和健康状况。内部环境是指猪机体内部一切与猪只生存有关的物理、化学和生物学因素；外部环境是指周围一切与猪只有关的事物总和，包括空气、土壤、水等非生物环境，动植物、微生物等生物环境，以及猪舍及其设备、饲养管理等人为环境。这些外部环境是多变的，猪体通过其内部调节功能，在不断变化的环境中维持体内环境的相对稳定。但机体对环境的适应能力是有限度的，当环境条件剧烈变化，超过机体调节能力限度时，则机体的内部环境遭到破坏，猪体的健康和生产能力受到影响，严重时可导致死亡。生物安全环境是猪只生存环境最重要的组成部分。生物安全措施是指采取预防措施，减少从外界带入疫病的危险性。

一、场址的选择

1. 猪场选址的生物环境要求

理想的猪场环境，一般要求地形整齐开阔，地势较高、干燥、平坦或有缓坡，背风向阳，通风良好，不受洪涝灾害的影响，不积水，利于排污和污水净化，有充足的洁净水源。

2. 交通便利

猪场必须选在交通便利，较偏僻且易于设防的地方，更为重要的是猪场还必须有一个保证防疫安全的生物环境，不可太靠近主要交通干道，最好离主要干道400米以上，同时，要距离居民点500米以上。如果有围墙、河流、林带等屏障，则距离可适当缩短些。禁止在旅游区及工业污染严重的地区建场。

3. 水源、水质

猪场水源要求水量充足，水质良好，便于取用和进行卫生防护。水源水量必须能满足场内生活用水、猪只饮用水及饲养管理用水（如清洗调制饲料、冲洗猪舍、清洗机具和用具等）的要求。

4. 场地面积

猪场占地面积依据猪场生产的任务、性质、规模和场地的总体情况而定。生产区面积一般可按每头繁殖母猪40～50平方米计划。

二、符合生物安全要求的规划布局

1. 生产区

生产区包括各类猪舍和生产设施，这是猪场中的主要建筑区，一般建筑面积约占全场总建筑面积的70%～80%。种猪舍要求与其他猪舍隔开，形成种猪区。种猪区应设在人流较少和猪场的上风向，种公猪在种猪区的上风向，防止母猪的气味对公猪形成不良刺激，同时可利用公猪的气味刺激母猪发情。分娩舍既要靠近妊娠舍，又要接近培育猪舍。培育猪舍应设在下风向，且离出猪台较近。在设计时，使猪舍方向与当地夏季主导风向成30°～60°角，使每排猪舍在夏季得到最佳的通风条件。总之，应根据当地的自然条件，充分利用有利因素，从而在布局上做到对生产最为有利。在生产区的入口处，应设专门的消毒间或消毒池，以便对进入生产区的人员和车辆进行严格地消毒。

2. 饲养管理区

饲养管理区包括猪场生产管理必需的附属建筑物，如饲料加工车间、饲料仓库、修理车间；变电所、锅炉房、水泵房等。它们和日常的饲养工作有密切关系，所以该区应该与生产区毗邻建立。

3. 病猪隔离间及粪便堆存处

病猪隔离间及粪便堆存处这些建筑物应远离生产区，设在下风向、地势较低的地方，以免影响生产猪群。

4. 兽医室

应设在生产区内，只对区内开门，为便于病猪处理，通常设在下风方向。

5. 生活区

生活区包括办公室、接待室、财务室、食堂、宿舍等，这是管理人员和家属日常生活的地方，应单独设立。一般设在生产区的上风向，或与风向平行的一侧。此外，猪场周围应建围墙或设防疫沟，以防兽害和避免闲杂人员进入场区。

6. 道路

道路对生产活动正常进行，对卫生防疫及提高工作效率起着重要的作用。场内道路应净、污分道，互不交叉，出入口分开。净道的功能是人行和饲料、产品的运输，污道为运输粪便、病猪和废弃设备的专用道。

7. 水塔

自设水塔是清洁饮水正常供应的保证，位置选择要与水源条件相适应，且应安排在猪场的最高处。

8. 绿化

绿化不仅美化环境，净化空气，而且可以防暑、防寒，改善猪场的小气候，同时还可以减弱噪声，促进安全生产，从而提高经济效益。因此在进行猪场总体布局时，一定要考虑和安排好绿化。

三、各类猪舍的建筑设计

1. 猪舍的形式

(1) 按屋顶形式分　猪舍有单坡式、双坡式等。单坡式一般跨度小，结构简单，造价低，光照和通风好，适合小规模猪场。双坡式一般跨度大，双列猪舍和多列猪舍常用该形式，其保温效果好，但投资较多。

（2）按墙的结构和有无窗户分　猪舍有开放式、半开放式和封闭式。开放式是三面有墙一面无墙，通风透光好，不保温，造价低。半开放式是三面有墙一面半截墙，保温稍优于开放式。封闭式是四面有墙，又可分为有窗和无窗两种。

（3）按猪栏排列分　猪舍有单列式、双列式和多列式。

2. 猪舍的基本结构

一列完整的猪舍，主要由墙壁、屋顶、地面、门、窗、粪尿沟、隔栏等部分构成。

（1）墙壁　要求坚固、耐用，保温性好。比较理想的墙壁为砖砌墙，要求水泥勾缝，离地 0.8～1.0 米水泥抹面。

（2）屋顶　比较理想的屋顶为水泥预制板平板式，并加 15～20 厘米厚的土以利保温、防暑。目前，很多猪场已经使用新型材料，做成钢架结构支撑系统、瓦楞钢房顶板，并夹有玻璃纤维保温棉，保温效果良好。

（3）地板　地板要求坚固、耐用，渗水良好。比较理想的地板首先是水泥勾缝平砖式。其次为夯实的三合土地板，三合土要混合均匀，湿度适中，切实夯实。

（4）粪尿沟　开放式猪舍要求设在前墙外面；全封闭、半封闭（冬天扣塑棚）猪舍可设在距南墙 40 厘米处，并加盖漏缝地板。粪尿沟的宽度应根据舍内面积设计，至少有 30 厘米宽。漏缝地板的缝隙宽度要求不得大于 1.5 厘米。

（5）门窗　开放式猪舍运动场前墙应设有门，高 0.8～1.0 米，宽 0.6 米，要求特别结实，尤其是种猪舍；半封闭式猪舍则在运动场的隔墙上开门，高 0.8 米，宽 0.6 米；全封闭式猪舍仅在饲喂通道侧设门，门高 0.8～1.0 米，宽 0.6 米。通道的门高 1.8 米，宽 1.0 米。无论哪种猪舍都应设后窗。开放式、半封闭式猪舍后窗的长与高皆为 40 厘米，上框距墙顶 40 厘米；半封闭式中隔墙窗户及全封闭式猪舍的前窗要尽量大，下框距地面应为 1.1 米；全封闭式猪舍的后墙窗户可大可小，若条件允许，可装双层玻璃。

（6）猪栏　除通栏猪舍外，在一般密闭猪舍内均需建隔栏。隔栏材料基本上是两种，砖砌墙水泥抹面及钢栅栏。纵隔栏应为固定栅栏，横隔栏可为活动栅栏，以便进行舍内面积的调节。

3. 猪舍的类型

猪舍的设计与建筑，首先要符合养猪生产工艺流程，其次要考虑各自的实际情况。黄河以南地区以防潮隔热和防暑降温为主；黄河以北地区则以防寒保温和防潮防湿为重点。

（1）公猪舍、配怀舍　这类栏舍的地面坡度设计要科学。坡度过大，猪只站立或活动时易打滑，坡度过小，易积水。地面的倾斜度一般 1/30 较适宜，最好设计防滑拉纹（搓衣板状）。但不能太粗糙，以免磨伤猪脚，同时还要考虑清洗或排尿后不打滑以及易于干燥等问题。笔者见过两个新建大型猪场，猪栏地面太光滑且坡度太大，猪只无法站立，特别是在猪拉尿弄湿地面后，或断奶母猪混群打斗等情况下，猪腿必将受伤无疑，严重者残废淘汰。为防猪因打滑致残，这两个场对猪栏地面都进行了处理。一个猪场用大锤加钢钎对猪栏地面进行打毛处理，虽说打滑问题解决了，但由于处理后的地面又过于毛糙以及高低不平，积水严重，卫生状况太差，母猪生殖道炎症等疾病很难控制。

很多猪场把公猪舍、配怀舍设计在同一栏舍，这种设计的主要好处：一是母猪能随时闻到公猪气味以及抬头就能看到公猪，可有效刺激母猪发情；二是诱情、查情、配种等工作较为方便。但猪栏应设计成三种类型，即单栏（饲养公猪）、小群栏（每栏饲养 3 头空怀猪）、单体限位栏（用于母猪人工授精）。笔者曾见过有些猪场的配怀舍只有单栏、小群栏，没有限位栏，配种只好在小群栏内进行。这样，同一栏内既有发情待配母猪也有空怀母猪，配种操作起来十分不方便，有时刚输完精、输精管就被其他猪扯下来了，只好重新再来一次，既浪费了精液，又增加了工作时间。此外，还有猪爬猪的现象，这对刚配种母猪的负面影响很大。

公猪栏的围栏上不要留有公猪踏脚的地方，以免公猪爬上栏杆养成自淫的坏习惯。

猪舍外应设置运动场，按大、小间设计。大间用于断奶母猪混

群，小间用于公猪运动。通过运动，一是可增强公、母猪的体质；二是通过混群促进母猪发情；三是通过混群使猪只相互熟悉，可防止母猪合栏时相互咬架而致残。此外，运动场内应安装饮水设施，地面应铺草皮或厚度30厘米以上黄沙，周围有阔叶树木或搭盖遮阳网。

（2）怀孕舍　夏季降温难的问题在有些猪场较为突出。目前，部分猪场怀孕栏的设计都是三列式、80米左右的长度，且湿帘不配套。这样的猪舍，猪群密度大，夏季猪舍散热困难就不足为奇了。例如：某工厂化种猪场由于怀孕舍设计不合理，每到夏季，种猪热应激问题往往令场长们头疼，因热应激导致母猪死亡的事在该场经常发生。因此怀孕舍的设计要从以下几个方面予以考虑。

① 改三列式为二列式以减少猪舍的长度（以不超过70米为宜），其主要目的是降低怀孕猪的饲养密度以及改善通风条件。或采取其他办法解决猪舍降温问题。

② 湿帘、风机与猪舍要配套：门窗要严，确保湿帘系统的降温效果。对较大怀孕猪群体，湿帘厚度应确保15厘米。目前，国内大多数猪场使用的湿帘厚度为10厘米，降温效果不佳。

③ 猪颈部的上方要安装滴水降温系统，解决停电时湿帘、风机不能使用时的降温问题。在这里需要说明的是：滴水降温只能在停电时或湿帘未用时使用，且门窗要打开，以降低舍内湿度。

④ 考虑干燥、清洁问题：限位栏食槽内侧要设计水沟，上盖铸铁漏缝板，防饮水时打湿地面，同时，后部也要铺盖铸铁缝板，以防猪只拉尿打湿栏位。如国内某大型商品猪场，为节约开支，没有采用上述方案，限位栏地面设计为全水泥地坪。在生产中，猪栏地面水淋淋、脏兮兮的。这就是该猪场母猪生殖道炎症、皮肤病等较为严重的主要原因。

⑤ 限位栏的长、宽、高要适中，应依种猪的体型而定，一般限位栏的长度为200厘米（不含饲槽空间），宽度为65厘米，高度为100厘米。过窄，大体型猪睡不下，或躺下后相互挨着，夏天时不利于散热；过宽，小体型猪（后备猪）易调头翻栏；过长，猪来回走动，易弄脏栏位；过短，猪的活动空间太小；过矮，猪易翻栏。

⑥ 漏缝板缝隙应小于1.2厘米，以免伤害猪脚（尤其是长白猪

脚趾较尖）。某猪场因漏缝板缝隙稍大，相当多的怀孕母猪脚趾损伤、趾甲脱落、溃烂，失去种用价值而提前淘汰。

（3）分娩舍　产床高度应适中，一般不超过30厘米为宜。过高，母猪上床难；过低，湿度大。

产床采用全铸铁漏缝板较好，漏缝长条状（圆洞状伤乳头）缝宽不应大于1厘米，而塑料漏缝板不太耐用。

保温箱用玻璃钢制作较好，而夹板、泡沫板不耐用，且易藏污纳垢。

电热板、红外线灯线要采取措施防猪咬，而红外线灯最好用防爆、防水、双调和功率型的，这种灯泡既耐用又节能。

（4）保育舍　保育舍的地面可采用半漏缝设计，即1/2的无缝塑料板，1/2的塑料漏缝板。其中无缝部分放置食槽、电热板、保温箱。

保育舍应设计成小单元、两阶段保育模式：第一阶段用大保温箱加红外线保温灯，第二阶段可取消保温箱和保温灯，用电热板即可。大环境可采用热风炉保温，这种方法效果好，可达到升温、除湿、去异味之功效。

保育猪下床是一件令人头疼的事情，如果在高床底部四周安装活动围栏，平时折叠起来放置，猪下床时再安装使用，可解决保育猪下床时钻入床底的难题。

最好设计饮水加药系统，也可以自制加药桶。加药桶制作很简单，制作一个铁皮桶（水箱），在离桶底处上方2～3厘米处弄一小孔安装一台自动饮水器，在药桶和自动饮水器之间加焊一个阀门（图7-1）。使用时装上药水，待加药水饮完后再正常供水。猪场自制加药桶，费用低，效果好。

（5）生长、育肥舍　每栏应安装饮水器两个，一高一低（生长舍），保证每头猪都能得到充分饮水。

舍内粪道栅栏门既要做到开启方便，又要确保不被猪拱开。

舍内粪尿沟要通畅，深浅适宜，最好盖上铸铁漏缝板，以防止个别较小体型的猪只掉下粪尿沟，被卡住憋死。

地面要既防漏又利于清洁卫生。

每栋猪舍要设计几个小间，作为外伤猪、普通病猪的临时隔离治

疗间。

赶猪通道、拖粪道要合理，要方便、省力、易管理。

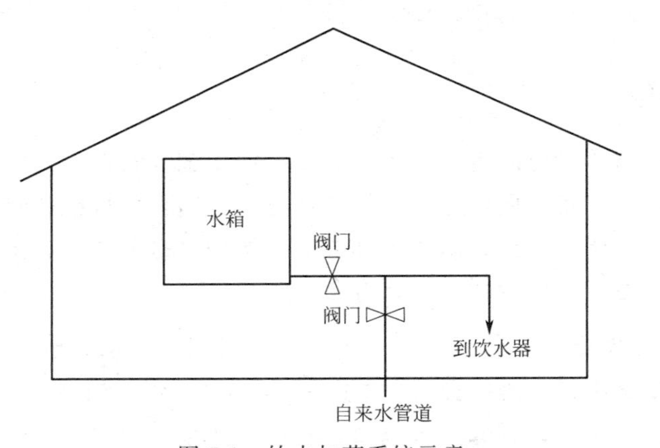

图 7-1　饮水加药系统示意

（6）其他　所有栏舍应设置若干个可开启式通风孔（天窗），供氨气等有害气体排出，确保栏内空气清新。目前，国内较多猪舍都不注重通风孔，特别是在冬季，这也是猪呼吸道疾病发生的又一诱因。如条件许可，公猪舍可采用空调降温。

自动供料系统主要应考虑饲料塔的防漏水、防高温（防日晒）等问题，目前国内部分猪场存在这方面的问题。主要原因是接口处、紧固螺栓处密封不好或密封胶质量未过关。再说饲料塔的保温问题，国内的饲料塔（储料罐）大多是由薄薄一层镀锌板加工而成，特别是在夏天，太阳一晒，饲料塔（储料桶）内温度可达到 60℃以上，饲料质量受到很大的影响，尤其是维生素损失更大。解决办法：对渗漏问题，可在接口处、紧固螺栓处加优质密封胶垫并铺垫封严；使用前先做冲水试验，看有无渗漏现象；防高温（防日晒）的问题，把储料罐做成夹层，夹层内填充隔热保温物质或外层涂以反光漆，可取得一定效果。

第二节　选用先进的设备

先进的猪场设备是确保猪只健康、提高生产水平和经济效益的重要保障。猪场设备有：猪栏、漏缝地板、饲料供给及饲喂设备、供水及饮水设备、供热保温设备、通风降温设备、清洁消毒设备、粪便处理设备、监测仪器及运输设备。

一、猪栏

使用猪栏可以减少猪舍占地面积，便于饲养管理和改善环境。不同的猪舍应配备不同的猪栏。按结构有实体猪栏、栅栏式猪栏、母猪限位栏、高床产仔栏、高床育仔栏等。按用途有公猪栏、配种栏、妊娠栏、分娩栏、保育栏、生长育肥栏等。

1. 实体猪栏

即猪舍内圈与圈间以0.8～1.2米高的实体墙相隔，优点是可就地取材、造价低，相邻圈舍隔离，有利于防疫，缺点是不便通风和饲养管理，而且占地。适于小规模猪场。

2. 栅栏式猪栏

即猪舍内圈与圈间以0.8～1.2米高的栅栏相隔，占地小，通风好，便于管理。缺点是耗钢材，成本高，且不利于防疫。现代化猪场多用。

3. 综合式猪栏

即猪舍内圈与圈间以0.8～1.2米高的实体墙相隔，沿通道正面用栅栏。集中了前二者的优点，适于大小猪场。

4. 母猪单体限位栏

单体限位栏由钢管焊接而成，由两侧栏架和前、后门组成，前门处安装食槽和饮水器，尺寸：2.1米×0.6米×0.96米（长×宽×高）。用于空怀母猪和妊娠母猪，与群养母猪相比，便于观察发情、配种、饲养管理，但限制了母猪的活动，易发生肢蹄病。适于工厂化集约化养猪。

5. 高床产仔栏

用于母猪产仔和哺育仔猪，由底网、围栏、母猪限位架、仔猪保温箱和食槽组成。底网采用由直径5毫米的冷拔圆钢编成的网或塑料漏缝地板，2.2 米×1.7 米（长×宽），下面附于角铁和扁铁，靠腿撑起，离地面 20 厘米左右；围栏即四面的侧壁，由钢筋和钢管焊接而成，2.2 米×1.7 米×0.6 米（长×宽×高），钢筋间缝隙为 5 厘米；母猪限位架为 2.2 米×0.6 米×(0.9～1.0)米（长×宽×高），位于底网中央，架前安装母猪食槽和饮水器，仔猪饮水器安装在前部或后部；仔猪保温箱为 1 米×0.6 米×0.6 米（长×宽×高）。优点是占地小，便于管理，防止仔猪被压死和减少疾病，但投资高。

6. 高床育仔栏

用于 4～10 周龄的断奶仔猪，结构同高床产仔栏的底网和围栏，高度 0.7 米，离地面 20～40 厘米，占地小，便于管理，但投资高，规模化养殖多用。

二、漏缝地板

采用漏缝地板易于清除猪的粪尿，减少人工清扫，便于保持栏内的清洁卫生，保持干燥。要求耐腐蚀、不变形、表面平整、坚固耐用，不卡猪蹄、漏粪效果好，便于冲洗。漏缝地板距粪尿沟约 80 厘米，沟中经常保持 3～5 厘米的水深。

目前，其样式主要有如下几种。

水泥漏缝地板：表面应紧密光滑，否则表面会有积污而影响栏内的清洁卫生，水泥漏缝地板内应设有钢筋网，以防受破坏。

金属漏缝地板：由金属条排列焊接（或用金属编织）而成，适用于分娩栏和小猪保育栏。其缺点是成本较高，优点是不打滑、栏内清洁、干净。

金属冲网漏缝地板：适用于小猪保育栏。

生铁漏缝地板：经处理后表面光滑、均匀无边，铺设平稳，不会伤猪。

塑料漏缝地板：由工程塑料模压而成，有利于保暖。

陶质漏缝地板：具有一定吸水性，冲洗后不会在表面形成小水滴，还具有防水功能，适用于小猪保育栏。

橡胶漏缝地板：多用于配种栏和公猪栏，不会打滑。

三、饲料供给及饲喂设备

饲料储存、输送及饲喂，不仅花费劳动力多，而且对饲料利用率及清洁卫生都有很大影响。饲料储存、输送及饲喂设备主要有储料塔、输送机、加料车、食槽和自动食箱等。

储料塔：储料塔多用2.5～3.0毫米镀锌波纹钢板压型而成，饲料在自身重力作用下落入储料塔下锥体底部的出料口，再通过饲料输送机送到猪舍。

输送机：用于将饲料从猪舍外的储料塔输送到猪舍内，然后分送到饲料车、食槽或自动食箱内。类型有卧式搅龙输送机、链式输送机、弹簧螺旋式输送机和塞管式输送机。

加料车：主要用于定量饲养的配种栏、怀孕栏和分娩栏，即将饲料从饲料塔出口送至食槽，有两种形式，手推机动式加料和手推人力式加料。

食槽：可用水泥、金属等制成。水泥食槽主要用于配种栏和分娩栏，优点是坚固耐用，造价低，同时还可作饮水槽，缺点是卫生条件差。金属食槽主要用于怀孕栏和分娩栏，便于加料，又便于清洁，使用方便。

(1) 间歇添料食槽　条件较差的一般猪场采用。可设为固定或移动食槽。一般为水泥浇注固定食槽。设在隔墙或隔栏的下面，由走廊添料，滑向内侧，便于猪采食。一般为长形，每头猪所占饲槽的长度依猪的种类、年龄而定。集约化、工厂化猪场，限位饲养的妊娠母猪或泌乳母猪，其固定食槽为金属制品，固定在限位栏上。

(2) 方型自动落料食槽　它常见于集约化、工厂化的猪场。方形自动落料食槽有单开式和双开式两种。单开式的一面固定在与走廊的隔栏或隔墙上；双开式则安放在两栏的隔栏或隔墙上，自动落料饲槽一般由镀锌铁皮制成，并以钢筋加固。

(3) 圆形自动落料食槽　圆形自动落料食槽用不锈钢制成，较为坚固耐用，底盘也可用铸铁或水泥浇注，适用于高密度、大群体生长育肥猪舍。

四、供水及饮水设备

设备主要包括猪饮用水和清洁用水的供应设备，都是同一管路。应用最广泛的是自动饮水系统（包括饮水管道、过滤器、减压阀和自动饮水器等）。猪用自动饮水器的种类很多，有鸭嘴式、杯式、吸吮式和乳头式等。乳头式饮水器具有便于防疫、节约用水等优点。由饮水器体、顶杆（阀杆）和钢球组成。平时，饮水器内的钢球靠自重及水管内的压力密封了水流出的孔道。猪饮水时，用嘴触动饮水器的“乳头”，由于阀杆向上运动而钢球被顶起，水由钢球与壳体之间的缝隙流出。用完，钢球及阀杆靠自重下落，又自动封闭。乳头式饮水器对水质要求高，易堵塞，应在前端加装过滤网。由于乳头式饮水器和杯式自动饮水器的结构和性能不如鸭嘴式饮水器，目前普遍采用的是鸭嘴式自动饮水器。鸭嘴式猪用自动饮水器主要由饮水器体、阀杆、弹簧、胶垫或胶圈等部分组成。平时，在弹簧的作用下，阀杆压紧胶垫，从而严密封闭了水流出口。当猪饮水时，咬动阀杆，使阀杆偏斜，水通过密封垫的缝隙沿鸭嘴的尖端流入猪的口腔。猪不咬动阀杆时，弹簧使阀杆恢复正常位置，密封垫又将出水孔堵死，停止供水。

五、供热保温设备

我国大部分地区冬季猪舍内温度都达不到猪只的适宜温度，需要提供采暖设备。另外，供热保温设备主要用于分娩栏和保育栏。采暖分集中采暖和局部采暖。供热保温设备主要有以下几种。

红外线灯：设备简单，安装方便，最常用，通过灯的高度来控制温度，但耗电，寿命短。

吊挂式红外线加热器：其使用方法与红外线灯相同，但费用高。

电热保温板：优点是在湿水情况下不影响安全，外形尺寸多为1000×450×30（毫米），功率为100瓦，板面温度为260～320℃，分为调温型和非调温型。

加热地板：用于分娩栏和保育栏，以达到供温保暖的目的。

电热风器：吊挂在猪栏上，热风出口对着要加温的区域。

挡风帘幕：用于南方较多，且主要用于全敞式猪舍。

太阳能采暖系统：经济，无污染，但受气候条件制约，应有其他的辅助采暖设施。

六、通风降温设备

为了节约能源，尽量采用自然通风的方式，但在炎热地区和炎热天气，就应该考虑使用降温设备。通风除降温作用外，还可以排出有害气体和多余水汽。

通风机：大直径低速小功率的通风机比较适用于猪场。这种风机通风量大，噪声小，耗能少，可靠耐用，适于长期工作。

水蒸发式冷风机：它是利用水蒸发吸热的原理以达到降低空气温度的目的。在干燥的气候条件下使用时，降温效果特别显著；湿度较高时，降温效果稍微差些；如果环境的相对湿度在85%以上时，空气中的水蒸气接近饱和，水分很难蒸发，降温效果差一些。

喷雾降温系统：其冷却水由加压水泵加压，通过过滤器进入喷水管道系统，而从喷雾器喷出成水雾，使猪舍内空气温度降低。其工作原理与水蒸发式冷风机相同，而设备更简单易行。如果猪场的自来水系统水压足够，可以不用水泵加压，但过滤器还是必要的，因为喷雾器喷嘴很小，容易堵塞而不能正常喷雾。旋转式喷雾可使喷出的水雾均匀。

滴水降温：在分娩栏，母猪需要用水降温，而小猪要求温度稍高，而且不能喷水使分娩栏内地面潮湿，否则影响小猪生长。因而采用滴水降温法。即冷水对准母猪颈部和背部下滴，水滴在母猪背部体表散开，蒸发，吸热降温，未等水滴流到地面上已全部蒸发掉，不会使地面潮湿。这样既照顾了小猪需要干燥，又使母猪和栏内局部环境温度降低。

自动化程度很高的猪场，供热保温、通风降温都可以实现自动调节。如果温度过高，则帘幕自动打开，冷气机或通风机工作；如果温度太低，则帘幕自动关闭，保温设备自动动作。

七、清洁消毒设备

清洁消毒设备有冲洗设备和消毒设备。

固定式自动清洗系统：台湾产的自动冲洗系统能定时自动冲洗，配合程式控制器（PLC）做全场系统冲洗控制。冬天时，也可只冲洗一半的猪栏，在空栏时也能快速冲洗，以节省用水。水管架设高度为2米时，清洗宽度为3.2米；高度为2.5米时，清洗宽度为4米；高度为3米时，清洗宽度为4.8米。

简易水池放水阀：水池的进水与出水靠浮子控制，出水阀由杠杆机械人工控制。优点是简单、造价低，操作方便，缺点是密封可靠性差，容易漏水。

自动翻水斗：工作时根据每天需要冲洗的次数调好进水龙头的流量，随着水面的上升，重心不断变化，水面上升到一定高度时，翻水斗自动倾倒，几秒钟内可将全部水倒出，冲入粪沟，翻水斗自动复位。优点是结构简单，工作可靠，冲力大，效果好，主要缺点是耗用金属多，造价高，噪声大。

虹吸自动冲水器：常用的有两种形式，盘管式虹吸自动冲水器和U形管虹吸自动冲水器。结构简单，没有运动部件，工作可靠，耐用，故障少，排水迅速，冲力大，粪便冲洗干净。

高压清洗机：高压清洗机采用单相电容电动机驱动卧式三柱塞泵。当与消毒液相连时，可进行消毒。

火焰消毒器：利用煤油高温雾化剧烈燃烧产生的高温火焰对设备或猪舍进行瞬间高温喷烧，以达到消毒杀菌之功效。

紫外线消毒灯：以产生的紫外线来消毒杀菌。

八、粪便处理设备

每头猪平均年产猪粪2500千克左右，及时合理地处理猪粪，既可获得优质肥料，又可减少对周围环境的污染。

粪便处理设备包括带粉碎机的离心泵、低速分离筒、螺旋压力机、带式输送装置等部分。将粪液用离心泵从储粪池中抽出，经粉碎后送入筛孔式分离滚筒，将粪液分离成固态和液态两部分。固态部分进行脱水处理，使其含水率低于70%后，再经带式输送装置送往运输车，运到储粪场进行自然堆放状态下的生物处理。液态部分经收集器流入储液池，可利用双层洒车喷洒到田间，以提高土壤肥力。

复合肥生产设备：可把猪粪生产为有机复合肥，设备包括原料干燥、粉碎、混合、成粒、成品干燥、分级、计量包装等部分。在颗粒成形上根据肥料含有纤维质的比例，选用不同的制粒机。纤维质占比例较大时采用挤压式制粒机，占比例小时采用圆盘造粒机，干燥燃料以煤为主，也可用其他燃料代替。

BB 肥（掺混肥）生产设备：能利用猪粪生产出高含量全价营养复合肥，本设备可根据不同作物及土质，加入所需的微量元素和杀虫剂，自动计量封包，精度准确，每包定量可以自由设定在 20～50 千克。

九、监测仪器

根据猪场实际情况可选择下列仪器：饲料成分分析仪、兽医化验仪、人工授精相关仪器、妊娠诊断仪、称重仪、活体超声波测膘仪、计算机及相关软件。

十、运输设备

主要有仔猪转运车、饲料运输车和粪便运输车。仔猪转运车可用钢管、钢筋焊接，用于仔猪转群。饲料运输车采用罐装料车或两轮、三轮和四轮加料车。粪便运输车多用单轮或双轮手推车。

除上述设备外，猪场还应配备断尾钳、牙剪、耳号钳、耳号牌、捉猪器、赶猪鞭等。

第三节　实施有效消毒

一、消毒的分类

（一）按消毒目的分

根据消毒的目的不同，可分为疫源地消毒和预防性消毒。

1. 疫源地消毒

疫源地消毒是指对有传染源（病猪或病原携带者）存在的地区进

行消毒，以免病原体外传。疫源地消毒又分为随时消毒和终末消毒两种。

（1）随时消毒　是指猪场内存在传染源的情况下开展的消毒工作，其目的是随时、迅速杀灭刚排出体外的病原微生物。当猪群中有个别或少数猪发生一般性疫病或有突然死亡现象时，立即对所在栏舍进行局部强化消毒，包括对发病和死亡猪只的消毒及无害化处理，对被污染的场所和物体的立即消毒。这种情况的消毒需要多次反复地进行。

（2）终末消毒　是采用多种消毒方法对全场或部分猪舍进行全方位地彻底清理与消毒。当被某些烈性传染病感染的猪群已经死亡、淘汰或痊愈，传染源已不存在时，准备解除封锁前应进行大消毒。在全进全出生产系统中，当猪群全部从栏舍中转出后，对空栏及有关生产工具要进行大消毒。春秋季节气候温暖，适宜于各种病原微生物的生长繁殖，春秋两季应进行常规大消毒。

2. 预防性消毒

或称日常消毒，是指未发生传染病的安全猪场，为防止传染病的传入，结合平时的清洁卫生工作、饲养管理工作和门卫制度对可能受病原污染的猪舍、场地、用具、饮水等进行的消毒。主要包括以下内容。

（1）定期消毒　根据气候特点、本场生产实际，对栏舍、舍内空气、饲料仓库、道路，周围环境、消毒池、猪群、饲料、饮水等制订具体的消毒日期，并且在规定日期进行消毒。例如，每周一次带猪消毒，安排在每周三下午；周围环境每月消毒一次，安排在每月初的某一晴天。

（2）生产工具消毒　食槽、水槽（饮水器）、笼具、断尾钳、接种针、注射器等用前必须消毒，每用一次必须消毒一次。

（3）人员、车辆消毒　任何人、任何车辆、任何时候进入生产区均应经严格消毒。

（4）猪只转栏前对栏舍的消毒　转栏前对准备转入猪只的栏舍进行彻底清洗、消毒。

（5）术部消毒　猪只手术局部必须消毒，注射部位、手术部位应该消毒。

（二）按消毒程度分

1. 高等水平消毒

杀灭一切病菌繁殖体，包括分枝杆菌、病毒、真菌及其孢子和绝大多数细菌芽孢。达到高水平消毒常用的方法包括采用含氯制剂、邻苯二甲醛、过氧乙酸、过氧化氢、臭氧、碘酊等以及能达到灭菌效果的其他化学消毒剂在规定条件下，以合适的浓度和有效的作用时间进行消毒的方法。

2. 中等水平消毒

杀灭除细菌芽孢以外的各种病原微生物，包括分枝杆菌。达到中等水平消毒常用的方法包括采用碘类消毒剂（碘伏、氯己定碘等）、醇类和氯己定碘的复方、醇类和季铵盐类化合物的复方、酚类等消毒剂，在规定条件下，以合适的浓度和有效的作用时间进行消毒的方法。

3. 低等水平消毒

包括能杀灭细菌繁殖体（分枝杆菌除外）和亲脂类病毒的化学消毒方法以及通风换气、冲洗等机械除菌法。如采用季铵盐类消毒剂（苯扎溴铵等）、双胍类消毒剂（氯己定）等，在规定条件下，以合适的浓度和有效的作用时间进行消毒的方法。

二、养猪生产中相关的消毒方法

（一）清洁法

消毒前，彻底的清洁工作很重要。

潮湿肮脏的地面，有机物的存在加大了猪场消毒的难度（图 7-2）；猪舍顶部结满蜘蛛网，给细菌、病毒的繁殖提供了条件（图 7-3）。

生锈的猪舍、肮脏的母猪，很容易感染细菌，不仅对母猪的健康有影响，同时威胁到仔猪的健康（图 7-4、图 7-5）。

许多养猪场只是空栏清扫后，用清水简单冲洗，就开始消毒，这种方法不可取。经过简单冲洗的消毒现场或多或少存在血液、胎衣、

羊水、体表脱落物、动物分泌物和排泄物中的油脂等，这些有机物会对微生物具有机械性的保护作用，因而影响杀菌效果。另外，一些清洁不彻底的角落藏匿着大量病原微生物，这种情况下，消毒药是难以渗透其中发挥作用的。用机械方法，如清扫、洗刷、通风等清除病原体，是最普通、常用的方法。如畜舍地面的清扫和洗刷、畜体被毛的刷洗等，可以使畜舍内的粪便、垫草、饲料残渣清除干净，并将家畜体表的污物去掉。随着这些污物的清除，大量病原体也被清除，随后的化学消毒剂对病原体能发挥更好的杀灭作用。

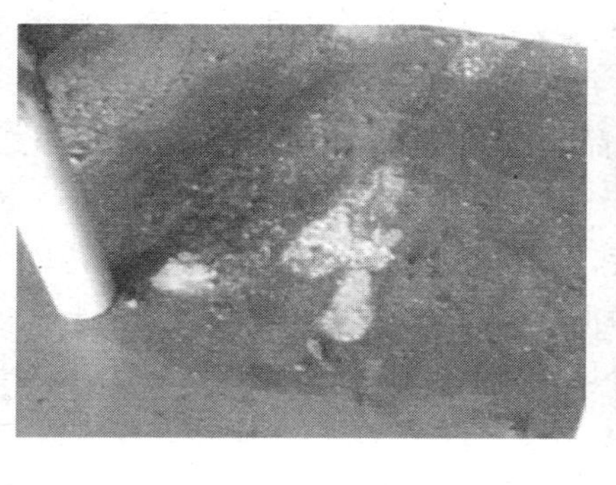

图 7-2　潮湿肮脏的地面

图 7-3　猪舍顶部结满蜘蛛网

图 7-4　生锈的猪舍

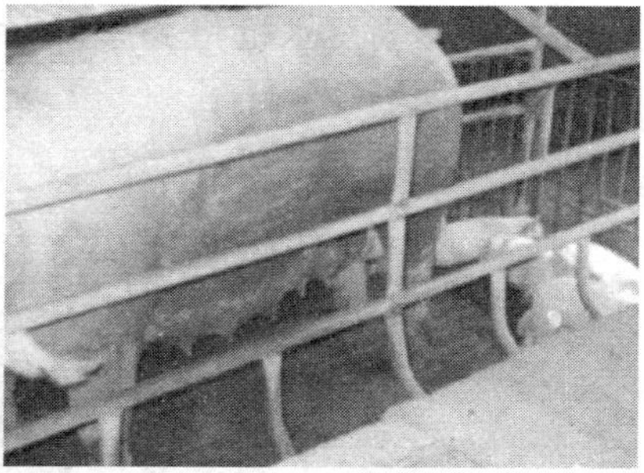

图 7-5　肮脏的母猪

日常清洁是保证消毒效果的重要条件，因此如何在猪群日常管理工作中，做好猪舍日常清洁工作，方法尤为重要，可参考如下操作。

1. 一般清洁（小清洁）

（1）清除杂草　场区杂草丛生的地方，是鼠和蚊蝇的藏身之地，鼠和蚊蝇都是疾病的传播者。例如：乙脑的主要传播者就是蚊子，附红细胞体的传播者一部分就是鼠和蚊蝇了。因此，彻底清理生产场区的杂草，对养殖场防疫起到了积极的作用，可减少蚊蝇滋生和鼠害。

（2）清理垃圾和杂物　垃圾和杂物的堆积也有利于蚊蝇和鼠害存在。一些猪场建设完工后不及时清理杂物或平时的垃圾及杂物堆积如山，从而给蚊蝇和老鼠提供了生长繁殖的有利条件。

因此，每天要定时打扫清理圈舍垃圾、栏内粪便和尿液等，猪粪定点堆放、尿液进入污水收集池。每月清理圈舍外环境。使用过的药盒、疫苗瓶、一次性输精瓶等物品应立即进行掩埋或焚烧无害化处理。

（3）批次冲洗　按照养殖进度，产房每断奶一批、保育舍每转栏一批、育肥舍每出栏一批，都必须彻底冲洗（包括顶棚、门窗、走廊等平时不易打扫的地方）→对猪舍场地进行喷雾或喷洒消毒→熏蒸。

2. 圈舍彻底清洁（大清洁）

① 清洁前，舍内应无猪、无饲料、无推车、无加热设备等，防止漏电。

② 使用高压水枪将粪尿、污泥、料槽内残留的饲料进行彻底冲洗（图 7-6）。

图 7-6　高压水枪冲洗

③ 设备表面、猪栏、地面可用肥皂或洗衣粉水等去污剂先喷洒或预浸泡→用含有一定浓度、价格便宜的冲洗水进行彻底清洗→熏蒸消毒→做好消毒记录。

（二）通风换气法

猪舍通风换气的目的有两个：一是在气温高的情况下，通过加大气流使猪感到舒适，以缓和高温对猪的不良影响；二是猪舍封闭的情况下，引进舍外的新鲜空气，排出舍内的污浊空气和湿气，以改善猪舍的空气环境，并减少猪舍内空气的微生物数量。通风分为自然通风和机械通风两种。自然通风不需要专门设备，不需动力和能源，而且管理简便，所以在实际生产中，开放舍和半开放舍以自然通风为主，在夏季炎热时辅以机械通风。在密闭猪舍中，以机械通风为主。

生猪在生长、发育、繁殖等各种生命活动中，都需要消耗能量。生猪是依赖摄入糖、脂类和蛋白质的氧化而获得能量的，而氧是新陈代谢的关键物质。因此，良好的通风可保证氧气供给，进而满足生猪生长、发育、繁殖等各种生命活动的需要。生猪在各种生命活动中会排出大量排泄物，其中含有大量氨气、二氧化碳、硫化氢。这些有害气体在猪舍内蓄积会对生猪健康产生不同程度的影响，如在低浓度氨气的长期作用下，猪体质变弱，采食量、日增重、生殖能力都会下降；较高浓度氨气能刺激黏膜，引起黏膜充血、喉头水肿、支气管炎，严重时引起肺水肿、出血；氨气还能引起中枢神经系统麻痹，中毒性肝病等。通风是改善猪舍内空气质量的有效措施。

另外，猪场发生传染病后，良好的通风可以迅速降低猪舍内外病原微生物的数量，不仅可以防止其他猪群发病，而且可能会使其他猪群获得一定特异免疫力。

1. 创造良好的通风环境

（1）合理选择场址　理想的猪场场址应在西北方向背靠山，这样既可以防止冬季冷风对猪舍的不良影响，夏季还可以充分利用东南风。若在空旷地带建猪场，虽然通风理想，但是冬季保温难度较大。另外，选址时尽量选择南北长、东西短的地形，这样猪场的通风效果会更佳。

（2）科学进行猪舍布局　理想的猪舍排列方向应该为东西走向，即猪舍长轴为东西向，这样既有利于猪舍采光，又能保证猪场内通风畅通无阻。猪舍的横向间距应大于 10 米，纵向间距应在 5 米以上；连体猪舍应将东西走向的猪舍横面（即南、北墙）连在一起，各连体之间的距离应大一些，保持在 30～50 米。

（3）搞好绿化　绿化可以防止阳光直射，降低舍外温度，增加舍内外温差。但绿化时除隔离带外，猪场种植树木不宜过密，宜种植大量草坪，种植少量较矮树木，否则易阻挡风力，影响整个猪场通风。紧靠猪舍可以种植泡桐等高大阔叶树木，其顶端会对猪舍形成良好遮阴，下端则保证良好通风。

2. 采用利于通风的设施设备

（1）猪床和猪栏　漏风猪床的通风条件比较好，如果再辅以猪床下通风口和天窗，可以产生良好的通风效果。钢管猪栏非常有利于猪床水平通风，而实地面和砖砌猪栏则不利于通风，应避免在实地面上建造砖砌猪栏。

（2）完善通风设施　通风设施主要包括排气孔、窗和换气扇。理想猪舍应该有 3 层空气流动通道，只有这样才能形成全方位通风。第一层是地面通风口，它对排出长期滞留在地面附近的二氧化碳等有害气体至关重要；第二层是窗户，它既是采光通道，又是通风主要通道；第三层是天窗，它对排出氨气等有害气体至关重要。换气扇是实行强制通风的常用设施，采用正压或负压通风方式，在安装时换气扇的风力方向应与暖季主风向一致。对于传统实地面猪床，笔者建议应在靠近地面的位置加装排气扇，以加速二氧化碳等有害气体和湿气的排放。

（3）供暖和降温设施　冬季通风易造成猪舍内温度降低，因此，要保证冬季合理通风，必须配备热风炉、地热管、热水散热片、电地暖等供暖设施，以保持猪舍内温度的稳定；夏季为了提高通风降温效果，可以配备水帘等降温设施。

3. 实行合理的通风模式

通风模式主要包括 3 种：一是自然通风，通过门、窗等自然通风

口进行空气和热量交换，主要适用于猪舍面积小、存栏密度低和生猪日龄小的猪舍，是冬、春气温较低季节常用的通风模式；二是强制通风，借助风机通过正压或负压作用进行空气和热量交换，主要适用于猪舍面积大、存栏密度高和生猪日龄大的猪舍，是一年四季通风常用的模式；三是降温水帘＋强制通风，通过负压通风交换空气和促使水分蒸发带走大量热量，从而达到降温作用，主要适用于猪舍面积大、存栏密度高和生猪日龄大的猪舍，是夏季通风降温的较好模式。

4. 统筹兼顾，规范操作

一到冬季，猪舍的通风、保温就非常矛盾，通风不足，舍内空气质量达不到要求；通风过度，舍内温度过低。因此，在进行通风时，首先要完善供暖设施，保证暖气供应，最好配备气体测定仪和温度计，根据测定结果进行调整，既要保证有害气体低于临界值（猪舍内氨气浓度应控制在0.003%以内，二氧化碳浓度不应超过0.15%，硫化氢浓度不应超过0.001%），又要保证猪舍温度尽量达到适宜温度。一般哺乳仔猪舍的适宜温度为28～35℃，保育仔猪舍的适宜温度为22～28℃，其他猪舍的适宜温度为16～22℃。

（三）辐射消毒法

辐射消毒法主要分为两类：一类是紫外线辐射消毒，另一类是电离辐射灭菌。

1. 紫外线辐射消毒

紫外线能量较低，不能引起被照射物体原子的电离，仅产生激发作用。紫外线照射使微生物诱变和致死的主要原因是引起核酸组成中胸腺嘧啶（T）发生化学转化作用。紫外线作用DNA的胸腺嘧啶与相邻的一条DNA链上的胸腺嘧啶化学链相结合形成二聚体，这种二聚体成为一种特殊连接，从而使微生物DNA失去应有的活性（转录、转译）功能，导致微生物的死亡。关于紫外线对微生物RNA的作用，可能会对RNA产生水化作用和引起尿嘧啶（U）的二聚体，使RNA灭活。值得注意的是，经紫外线照射后，引起微生物DNA和RNA变性，可在可见光线照射下，修复或复性而恢复正常结构。因此，紫外线消毒具有可逆性。另外，不同类别的微生物对紫外线的抗力不同，其中细菌芽孢对紫外线的抗力最强，支原体、革兰氏阴性菌对紫外线的抗力最弱，基本次序为：芽孢＞革兰氏阳性菌＞革兰氏阴性菌。其主要应用在对空气、水及污染表面的消毒。

2. 电离辐射灭菌

利用γ射线、伦琴射线或电子辐射穿透物品，杀死其中微生物的一种低温灭菌方法称为电离辐射灭菌。目前，在养猪业中主要用于饲料的消毒。

（四）热力消毒技术

1. 热力消毒的机理

热力消毒的基本机理是通过破坏微生物蛋白质、核酸的活性，导致微生物死亡。蛋白质是各种微生物的重要组成成分，构成微生物的蛋白质有结构蛋白和功能蛋白。结构蛋白主要包括构成微生物细胞壁、细胞膜和细胞质内含物等的蛋白质。功能蛋白是构成细菌的酶类。干热和湿热对细菌蛋白质的破坏机制是不同的。湿热是通过使蛋白质分子运动加速，互相撞击，致使肽链连接的副键断裂，使其分子由有规律的紧密结构变为无秩序的散漫结构，大量疏水基暴露于分子表面，并互相结合成为较大的聚合体而凝固、沉淀。干热灭菌主要通过热对细菌细胞蛋白质的氧化作用灭菌，并不是蛋白质的凝固。因为干燥的蛋白质加热到100℃也不会凝固。细菌在高温下死亡加速是由于氧化速率增大的缘故。干热和湿热对细菌和病毒的核酸均有破坏作用。加热能使RNA单链的磷酸二酯键断裂；而单股DNA的灭活是通过脱嘌呤。实验证明，单股RNA对热的敏感性高于单股DNA对热的敏感性。但二者的对热敏感性都随温度的升高而增大。

2. 热力消毒的分类

热力消毒方法主要分为两类：干热消毒和湿热消毒。由于微生物的种类、含水量及环境水分的不同，所以两种消毒方法所需要的温度和时间也不尽相同。

（1）干热消毒　主要包括焚烧、烧灼、干烤及红外线消毒四种方法。

① 焚烧。主要是对病猪尸体、垃圾、污染的杂草、地面和不可利用的物品采用的消毒方法。

② 烧灼。是指直接用火焰灭菌，主要适用于猪栏、地面、墙壁及一些兽医用品的消毒。

③ 红外线消毒。是通过红外线的热效应来起到消毒的效果，但现在应用有一定局限性。

④ 干烤。本方法是在特定的干烤箱内进行的，适用于在高温条件下不损坏、不变质、不蒸发的物品的消毒，如玻璃制品、金属制品、陶瓷制品等，不适用对纤维织物、塑料制品的灭菌。

（2）湿热消毒

①煮沸消毒　是应用最早的消毒方法之一，方法简单、方便、安全、经济、实用，效果比较可靠。适用于养猪场检验室器材及兽医室医疗用品的消毒。

② 流通蒸汽消毒　又称为常压蒸汽消毒。是在 101.325 千帕（1 个大气压）下，用 100℃的水蒸气进行消毒，常用于一些不耐高温的物品消毒；通过间歇灭菌法可以杀灭芽孢。

③ 巴氏消毒法　在猪场应用较少，主要用于血清、疫苗的消毒。

④ 低温蒸汽消毒法　主要用于一些怕高温的物品及房屋的消毒。

⑤ 高压蒸汽灭菌　具有灭菌速度快、效果可靠、温度高、穿透力强等特点，是目前猪场兽医室最常用的一种消毒、灭菌方法。

（五）生物消毒法

利用某种生物来杀灭或清除病原微生物的方法称为生物消毒法。在养猪业中常用的有地面泥封发酵消毒法和坑式堆肥发酵法等。

1. 地面泥封发酵消毒法

堆肥地点应选择在距离畜舍、水池、水井较远处。挖一宽 3 米，两侧深 25 厘米向中央稍倾斜的浅坑，坑的长度据粪便的多少而定。坑底用黏土夯实。用小树枝条或小圆棍横架于中央沟上，以利于空气流通。沟的两端冬天关闭，夏天打开。在坑底铺一层 30～40 厘米厚的干草或非传染病畜禽的粪便，然后将要消毒的粪便堆积于其上。粪便堆放时要疏松，掺 10％马粪或稻草。干粪需加水浸湿，冬天应加热水。粪堆高 1.2 米。粪堆好后，在粪堆的表面覆盖一层厚 10 厘米的稻草或杂草，然后再在草外面封盖一层 10 厘米厚的泥土。这样堆放 1～3 个月后即达到消毒目的。

2. 坑式堆肥发酵法

在适当场所设粪便堆放坑池若干个，坑池的数量和大小视粪便的多少而定。坑池的内壁最好用水泥或坚实的黏土筑成。堆粪之前，在坑底垫一层稻草或其他秸秆，然后堆放待消毒的粪便，上方再堆一层稻草等或健畜粪便，堆好后表面加盖或加约 10 厘米厚的土或草泥。粪便堆放发酵 1～3 个月即达目的。堆粪时，若粪便过于干燥，应加水浇湿，以便其迅速发酵。另外，在生产沼气的地方，可把堆放发酵与生产沼气结合在一起。值得注意的是，生物发酵消毒法不能杀灭芽孢。因此，若粪便中含有炭疽、气肿疽等芽孢杆菌时，则应焚毁或加有效化学药品处理。坑式堆肥发酵法的注意事项为：堆肥坑内不能只放粪便，还应放垫草、稻草等，以保证堆肥中有足够的有机质作为微生物活动的物质基础；堆肥应疏松，切忌夯压，以保证堆内有足够的空气；堆肥的干湿度要适当，含水量应在 50%～70%；堆肥时间要足够，须等腐熟后方可施用，在夏季需 1 个月左右，冬季需 2～3 个月方可腐熟。

（六）化学消毒法

使用化学药品（或消毒剂）进行的消毒称为化学消毒法。化学消毒法主要应用于养猪场内外环境中，栏舍、器皿等各种物品的表面及饮水消毒。

三、猪场不同消毒对象的消毒

（一）猪群卫生

① 每天及时打扫圈舍卫生，清理生产垃圾，保持舍内外卫生、干净、整洁，所用物品摆放有序。

② 每天必须进圈内打扫清理猪的粪便，尽量做到猪、粪分离，若是干清粪的猪舍，每天上下午及时将猪粪清理出来堆积到指定地

方；若是水冲粪的猪舍，每天上下午及时将猪粪打扫到地沟里以清水冲走，保持猪体、圈舍干净。

③ 每周转运一批猪，空圈后要清洗、消毒；种猪上床或调圈，要把空圈先冲洗后用广谱消毒药消毒；产房每断奶一批、育成舍每育肥一批、育肥舍每出栏一批，先清扫，再用火碱雾化 1 小时后冲洗、消毒、熏蒸、消毒。

④ 注意通风换气。冬季做到保温、舍内空气良好，冬季每天可用风机通风 5～10 分钟（各饲养阶段根据具体情况通风）。夏季通风，防暑降温，排出有害气体。

⑤ 生产垃圾，即使用过的药盒、瓶、疫苗瓶、消毒瓶、一次性输精瓶用后立即焚烧或妥善放在一处，适时统一销毁处理。料袋能利用的返回饲料厂，不能利用的焚烧掉。

⑥ 舍内的整体环境卫生包括顶棚、门窗、走廊等平时不易打扫的地方，每次空舍后彻底打扫一次，不能空舍的每一个月或每季度彻底打扫一次。舍外环境卫生每一个月清理一次。猪场道路和环境要保持清洁卫生，保持料槽、水槽、用具干净，地面清洁。

（二）空舍消毒

1. 消毒程序

① 首先要将猪舍内的地面、墙壁、门窗、天棚、通道、下水道、排粪污沟、猪圈、猪栏、饮水器、水箱、水管、用具等彻底清理、打扫干净，再用水浸润，然后用高压水枪反复冲洗。

② 干燥后用消毒药液洗刷、消毒 1 次。

③ 第二天再用高压水枪冲洗 1 次。

④ 干燥后再用消毒药液喷雾消毒 1 次。

⑤ 如为空舍，最后用福尔马林熏蒸消毒 1 次，空舍 3 天后可进猪。熏蒸消毒每立方米空间用福尔马林溶液 25 毫升，高锰酸钾 25 克，水 12.5 毫升，计算好用量后先将水和福尔马林混合（分点放药）于容器中，然后加入高锰酸钾，并用木棍搅拌一下，几秒钟后即可见浅蓝色刺激眼鼻的气体蒸发出来。室内温度应保持在 22～27℃，关闭门窗 24 小时，然后开门窗通风。

不能实施全进全出的猪舍，可在打扫、清理干净后，用水冲洗，再进行带猪消毒，每周进行1次，发生疫情时每天2次。

⑥ 转群后舍内消毒。产房、保育舍、育肥舍等每批猪调出后，要求猪舍内的猪只必须全部出清，一头不留，对猪舍进行彻底消毒。可选用过氧乙酸（1%）、氢氧化钠（2%）、次氯酸钠（5%）等。消毒后需空栏5～7天才能进猪。消毒程序为：彻底清扫猪舍内外的粪便、污物，疏通沟渠→取出舍内可移动的部件（饲槽、垫板、电热板、保温箱、料车、粪车等），洗净、晾干或置于阳光下暴晒→舍内的地面、走道、墙壁等处用自来水或高压泵冲洗，栏栅、笼具进行洗刷和抹擦→闲置一天→自然干燥后才能喷雾消毒（用高压喷雾器），消毒剂的用量为每平方米1升→要求喷雾均匀，不留死角→最后用清水清洗消毒机器，以防腐蚀机器。

⑦ 猪舍周围洼地要填平，铲除杂草和垃圾，消灭鼠类、杀灭蚊蝇、驱赶鸟类等，每半月清扫1次，每月用5%来苏儿溶液喷雾消毒1次。

⑧ 工作服、鞋、帽、工具、用具要定期消毒；医疗器械、注射器等煮沸消毒，每用1次消毒1次。

2. 消毒注意要点

① 详细阅读药物使用说明书，正确使用消毒剂。按照消毒药物使用说明书的规定与要求配制消毒液，配比要准确，不可任意加大或减小药物浓度，根据每种消毒剂的性能决定其使用对象和使用方法，如在酸性环境和碱性环境下应分别使用氯化物类和醛类消毒剂，才可达到良好的消毒效果。当发生病毒及芽孢性疫病时，最好使用碘类或氯化物类消毒剂，而不用季铵盐类消毒剂。

② 不要随意将两种不同的消毒剂混合使用或同时消毒同一物品。因为两种不同的消毒剂合用时常因物理或化学的配合禁忌导致药物失效。

③ 严格按照消毒操作规程进行，事后要认真检查，确保消毒效果。

④ 消毒剂要定期更换，不要长时间使用一种消毒剂消毒一种对象，以免病原体产生耐药性，影响消毒效果。

⑤ 消毒药液应现用现配，尽可能在规定时间内用完，配制好的

消毒药液放置时间过长，会使药液有效浓度降低或完全失效。

⑥ 消毒操作人员要做好自我保护，如穿戴手套、胶靴等防护用品，以免消毒药液刺激手、皮肤、黏膜和眼等。同时也要注意消毒药液对猪群的伤害及对金属等物品的腐蚀作用。

（三）带猪消毒

1. 消毒前应彻底消除圈舍内猪只的分泌物及排泄物

（1）分泌物及排泄物中含有大量病原微生物　临床患病猪只的分泌物及排泄物中含有大量病原微生物（细菌、病毒、寄生虫虫卵等），即使临床健康的猪只的分泌物及排泄物中也存在大量条件致病菌（如大肠杆菌等）。消毒前经过彻底清扫，可以大量减少猪舍环境中病原微生物的数量。

（2）粪便中有机物的存在可影响消毒的效果　一方面，粪便中的有机物可掩盖细菌，对病原起着保护作用；另一方面，粪便中的蛋白质与消毒药结合起反应，消耗了药量，使消毒效力降低。

2. 选择合适的消毒剂

选择消毒剂时，不仅要符合广谱、高效、稳定性好的特点，而且必须选择对猪只无刺激性或刺激性小、毒性低的药物。强酸、强碱及甲醛等刺激性腐蚀性强的药物，虽然对病原菌作用强烈、消毒效果好，但对猪只有害，不适宜作为带猪消毒的消毒剂。建议选用1%新洁尔灭、1%过氧乙酸、二氯异氰尿酸钠等药物，效果比较理想。

3. 配制适宜的药物浓度和足够的溶液量

（1）适宜的浓度　消毒液的浓度过小，达不到消毒的效果，徒劳无功；浓度过大不但造成药物浪费，而且对猪只的刺激性、毒性增强，引起猪只不适。必须根据使用说明书的要求，配制适宜的浓度。

（2）足够的溶液量　带猪消毒应使猪舍内物品及猪只等消毒对象达到完全湿润，否则消毒药就不能与细菌或病毒等病原微生物充分直接接触而发挥作用。

4. 消毒的时间和频率

（1）消毒的时间　带猪消毒的时间应选择在每天中午气温较高时

较好。冬春季节，由于气温较低，为了减缓消毒所致舍温下降对猪只的冷应激，要选择在中午或中午前后进行消毒。夏秋季节，中午气温较高，舍内带猪消毒在防疫的同时兼有降温的作用，选择中午或中午前后进行消毒也是科学的。况且，温度与消毒的效果呈正相关，应选择在一天中温度较高的时间段进行消毒工作。

（2）消毒的频率　一般情况下，舍内带猪消毒以一周一次为宜。在疫病流行期间或养猪场存在疫病流行的威胁时，应增加消毒次数，达到每周 2～3 次或隔日 1 次。

5. 雾化要好

喷药物，要保证雾滴小到气雾剂的水平，使雾滴在舍内空气中悬浮时间较长，既节省了药物，又净化了舍内的空气，增强灭菌效果。

带猪消毒不但杀灭或减少猪只生存环境中的病原微生物，而且净化了猪舍内的空气，夏季兼有降温作用，是控制疫病发生流行的最重要手段，养猪场有关人员应认真遵循上述五项原则，做好养猪场的带猪消毒工作。

6. 冬季带猪消毒

在寒冷季节，门窗紧闭，猪群密集，舍内空气严重污染的情况下进行的消毒，要求消毒剂不仅能杀菌，而且有除臭、降尘、净化空气的作用。采用喷雾消毒，消毒剂用量每立方米 0.5 升，可选用 1%过氧乙酸、1%新洁尔灭等。消毒程序为：准备好消毒喷雾器→测量所要消毒的猪舍体积而计算消毒液的用量→根据消毒桶/罐中加水的质量/体积、消毒液浓度、消毒剂的含量，计算消毒剂的用量→加入、混匀→细雾喷洒，从猪舍顶端，自上而下喷洒均匀→最后用清水清洗消毒机器，以防腐蚀机器。

（四）饮水消毒

当猪场位于农村或远郊而无统一的自来水供应时，需要对猪场的饮水进行必要的净化和消毒。若猪场所用的水源为地面水，一般都比较浑浊，细菌含量较多，必须采用普通净化法和消毒法来改善水质；若水源为地下水，则一般都较为清洁，只需进行必要的消毒处理。有时，水源水质较为特殊，还需采用特殊的处理方法（如除铁、除氟、除臭、软化等）。

1. 混凝沉淀

当水体静止或水流缓慢时，水中的悬浮物可借本身重力逐渐向水底下沉，从而使水澄清，此即自然沉淀。但水中较细小的悬浮物及胶质微粒因带有负电荷，彼此相斥，不易凝集沉降，因而必须加入明矾、硫酸铝和铁盐（如硫酸亚铁、三氯化铁等）等混凝剂，使水中极小的悬浮物及胶质微粒凝聚成絮状物而加快沉降，这就是混凝沉淀。采用混凝沉淀的方法，可以使水中的悬浮物减少70%～95%，除菌效果可达90%左右。在实际生产中，混凝沉淀的效果受水温、pH值、浑浊度、混凝剂的用量以及混凝沉淀的时间等因素的影响。混凝剂的用量可通过混凝沉淀试验来进行确定，普通河水用明矾沉淀时，其用量为40～60毫克/升。对于浑浊度低或水温较低时，往往不易混凝沉淀，此时可投加助凝剂（如硅酸钠等）以促进混凝。

2. 砂滤

砂滤是将浑浊的水通过砂层，使水中的悬浮物、微生物等阻留在砂层上部，从而使水得到净化。砂滤的基本原理是阻隔、沉淀和吸附作用。滤水的效果决定于滤池的构造、滤料粒径的适当组合、滤层的厚度、过滤的速度、水的浑浊程度和滤池的管理情况等。

集中式给水的过滤一般可分为慢砂滤池和快砂滤池两种。目前大部分自来水厂采用快砂滤池，而简易的自来水厂多采用慢砂滤池。分散式给水的过滤，可在河边或湖边挖渗水井，使水经过地层自然过滤，从而改善水质。如能在水源和渗水井之间挖一砂滤沟，或修筑水边砂滤井，则可更好地改善水质。此外，也可采用砂滤缸或砂滤桶进行过滤。

3. 消毒

通过砂滤和混凝沉淀处理后的水，细菌含量已大大减少，但还可能存在少量病原菌。为了确保饮水安全，必须再经过消毒处理。

疾病传播的重要途径是饮水，较多猪场的饮水中大肠杆菌、霉菌、病毒往往超标。也有较多猪场在饮水中加入了维生素、抗生素粉制剂，这些维生素和抗生素会造成管道水线堵塞和生物膜大量形成，影响饮水卫生。因此，消毒剂的选择很重要，有很多消毒药说明书上宣称能用于饮水消毒，但不能盲目使用，应选择对猪肓肠道有益且能杀灭生物膜内所有病原的消毒药作为饮水消毒药。

饮水消毒的方法很多，如氯化法、煮沸法、紫外线照射法、臭氧法、超声波法、高锰酸钾法等。目前最常用的方法是氯化消毒法，该法杀菌力强、设备简单、费用低、使用方便。加氯消毒的效果与水的pH值、浑浊度、水温、加氯剂量及接触时间、余氯的性质及量等有关。当水温为20℃，pH值为7左右时，氯与水接触30分钟，水中剩余的游离氯（次氯酸或次氯酸根）大于0.3毫克/升，才能完全杀灭水中的病菌。当水温较低、pH值较高、氯与水的接触时间较短时，则需要使水中保留有更多的余氯才能保证消毒效果，因而应加入更多氯。也就是说，消毒剂的用量，除满足在接触时间内与水中各种物质作用所需要的有效氯量外，还应使水在消毒后有适量的剩余氯，以保证其持续的杀菌能力。

氯化消毒用的药剂分液态氯和漂白粉两种。集中式给水的加氯消毒主要用液态氯，小型水厂和一般分散式给水则多用漂白粉消毒。其中，漂白粉的杀菌能力取决于其所含的有效氯。新制漂白粉一般含有效氯25%～35%，但漂白粉易受空气中二氧化碳、水分、光线和高温等的影响而发生分解，使有效氯的含量不断减少。因此，须将漂白粉装在密闭的棕色瓶内，放在低温、干燥、阴暗处，并在使用前检查其中有效氯的含量。如果有效氯的含量小于15%，则不适宜作饮水消毒用。此外，还有漂白粉精片，其有效氯含量大且稳定，使用较为方便。

需要注意的是，饮水消毒，慎防中毒。饮水消毒是把饮水中的微生物杀灭，任意加大饮水消毒药物浓度可引起急性中毒，杀死或抑制肠道内的正常菌群，对猪的健康造成危害。在临床上常见的饮水消毒剂多为氯制剂、季铵盐类和碘制剂，中毒原因往往是浓度过大或使用时间过长。中毒后多见胃肠道炎症并积有黏液、腹泻，以及不同程度的死亡。

（五）猪舍内空气的消毒

空气中缺乏微生物所需的营养物质，特别是经过风吹、日晒、干

燥等自然净化作用，不利于微生物生存。因此，微生物在空气中不能进行生长繁殖，只能以悬浮状态存在。但是空气中确实有一定数量的微生物，主要来源于土壤中的微生物随着尘土飞扬进入空气中；人、猪的排泄物、分泌物排出体外，干燥后其中的微生物也随之飞扬到空气中。特别是人、猪呼吸道、口腔的微生物随着呼吸、咳嗽、喷嚏形成的气溶胶悬浮于空气中，若不采取相应的消毒措施，极易引起某些传染病，特别是经呼吸道传播的传染病的流行。因此，空气消毒的重点是猪舍。

一般猪舍内被污染的空气中微生物的数量每立方米可达 10 个以上，特别是在添加粗饲料、更换垫料、出栏、打扫卫生时，空气中的微生物会大量增加。因此，必须对猪舍内的空气进行消毒。空气消毒最简便的方法是通风，这是减少空气中细菌数量极为有效的方法；其次是利用紫外线杀菌或甲醛气体熏蒸等化学药物进行消毒。

（六）车辆消毒

在猪场大门口应该设置消毒池和消毒通道，消毒池的长度为进出车辆车轮 2 个周长以上，消毒池上方最好建顶棚，防止日晒雨淋和污泥浊水入内，并设置喷雾消毒装置（图 7-7）。消毒池内的消毒液 2～3 天彻底更换一次，所用的消毒剂要求作用较持久、较稳定，可选用 2%～3%氢氧化钠、1%过氧乙酸、5%来苏儿等。消毒程序为：消毒

图 7-7　消毒通道

池中加入20厘米深的清洁水→测量水的质量/体积→计算（根据水的质量/体积、消毒液的浓度、消毒剂的含量，计算出所需消毒剂的用量）→添加、混匀。

所有进入养殖场（非生产区或生产区）的车辆（包括客车、饲料运输车、装猪车等）可分为危险车辆和一般车辆。危险车辆为搬运猪和饲料的车辆、经常出入养猪场的车辆等（如来自其他养猪场的、饲料兽药销售服务车）。一般车辆为与猪无接触机会的访客车辆。原则上车辆尽可能停放在生物安全区周围之外，严格控制车辆特别是危险车辆进入猪场，只有必要的车辆才能进入猪场。

1. 危险车辆的消毒

车轮喷洒消毒、车辆整体消毒、停车处的消毒。

（1）干洗，除去有机物　除去车辆内部及外部的有机物是很有必要的，因为粪便及垃圾中含有大量污物，且为传播疾病的主要来源。使用刷子、铲子、耙或机械式刮刀，除去下列区域中的有机物。特别注意要清除沉积于车辆底部的有机物。使用坚硬的刷子（必要时，使用压力冲洗器）清扫，确定车轮、轮箍、轮框、挡泥板及无遮蔽的车身无任何淤泥及稻草等污物残留。

（2）清洁　虽然除去了污染的垫料及垃圾，但是仍然有大量感染源残留。使用清洁剂进行喷洒，确保油污不会残留于表面。

（3）消毒　虽然经过清洁步骤，但是致病微生物（尤其是病毒）的数量仍然很大，足以引起疾病。因此需使用广谱消毒剂来有效对抗细菌、酵母菌、霉菌及其他病原菌。

车辆外部，由车顶开始，然后依序往车厢四边消毒。需特别注意车辆的轮框、轮箍、挡泥板及底部的消毒。

车辆内部，由车厢顶部开始往下消毒，需彻底对车厢顶部、内壁、分隔板及地面消毒。需特别注意上下货斜坡、货物升降架及栅门的消毒。

确定车辆腹侧置物箱中所有已清洗的设备，例如铲子、刷子等皆已喷洒过易净或金福溶液或浸泡于易净或金福溶液中。

归还消毒设备前，要先消毒腹侧置物箱内部的所有表面。

2. 一般车辆的消毒

进出猪场的运输车辆，必须经过门口设置的消毒池或消毒通道。采用的消毒剂对猪无刺激性、无不良影响，可选用0.5%过氧化氢溶液、1%过氧乙酸、二氯异氰尿酸钠等。任何车辆不得进入生产区。消毒程序为：准备好消毒喷雾器→根据消毒桶/罐中加水的质量/体积、消毒液的浓度、消毒剂的含量，计算消毒剂的用量→加入、混匀→喷洒。从车头顶端、车窗、门、车厢内外、车轮自上而下喷洒均匀→用清水清洗消毒机器，以消毒剂防腐蚀机器→3～5分钟后方可准许车辆进场。

（七）生产区消毒

员工和访客进入生产区必须要更衣、消毒、沐浴，或更换一次性工作服，换胶鞋后通过脚踏消毒池（消毒桶）才能进入生产区。

1. 更衣沐浴

喷雾消毒室，可用戊二醛1∶1200稀释，每天适量添加，每周更换一次，1～2月互换一次。

2. 脚踏消毒池（消毒桶）

工作人员应穿上生产区的胶鞋或其他专用鞋，通过脚踏消毒池（消毒桶）进入生产区。可用百毒杀1∶300稀释，每天适量添加，每周更换一次，两种消毒剂1～2月互换一次。

（八）进出人员消毒

1. 人员消毒

严格控制参观者，对进入猪场的参观人员必须进行严格监控。

（1）进入猪场生产区的人员必须换本场消毒过的专用衣服和鞋，衣物用紫外线照射18小时以上。

猪场进出口除了设有消毒池、消毒鞋靴外，还需进行洗手消毒。既要注重外来人员的消毒，更要注重本场人员的消毒。采用的消毒剂对人的皮肤无刺激性、无异味，可选用0.5%过氧乙酸溶液、0.5%新洁尔灭（季铵盐类消毒剂）。消毒程序为：设立两个洗手盆A\B→加入清洁水→盆A：根据水的质量/体积计算需加消毒剂的用量→进场人员双手先在A盆浸泡3～5分钟→在盛有清水的B盆中洗净→毛巾擦干即可。

（2）进入饲养场的所有人员必须进行喷雾消毒，消毒剂为0.5%过氧乙酸溶液，喷雾时间不得少于60秒，雾化消毒剂不得大于15微米。所有人员的手部必须以0.5%过氧乙酸或0.5%新洁尔灭溶液进行洗手消毒；洗手后不需要使用清水洗手部，只需要让其自然干燥即可。

（3）进入猪场生产区的人员必须经过消毒池。在养殖场的出入口及养殖场内每座建筑和房间的出入口处都设置足履消毒池。要保证每周更新消毒液，如果水靴被泥土或粪便严重污染，请在进入足履消毒池前使用刷子清洁水靴。

2. 人员消毒管理

（1）饲养管理人员应经常保持自身卫生、身体健康，定期进行常见的人畜共患病检疫，同时应根据需要进行免疫接种，如卡介苗、狂犬病疫苗等。如发现患有危害畜禽的传染病者，应及时调离，以防传染。

（2）饲养人员除工作需要外，一律不准在不同区域或栋之间相互走动，工具不得互相借用。

（3）任何人不准带饭，更不能将生肉及含肉制品的食物带入场内。场内职工和食堂均不得从市场购肉，吃肉问题由猪场宰杀健康猪供给。

（4）所有进入生产区的人员，必须坚持“三踩一更”的消毒制度。即场区门前踩3%的火碱池、更衣室更衣、消毒液洗手，生产区门前及猪舍门前消毒池或盆消毒后方可入内。条件具备时，要先淋浴、更衣，再消毒进入生产区。

（5）场区禁止参观，严格控制非生产人员进入生产区，若生产或业务必需时，经过兽医同意后更换工作衣、鞋帽后，经过消毒方可进入，严禁外来车辆进入场区，若必须进入时，车辆必须经过严格消毒方可进入。在生产区内使用的车辆、用具，一律不得外出。

（6）生产区不准养猫、养狗，职工不得将宠物带入场内，不准在兽医诊疗室以外的地方解剖尸体。

（7）建立严格的兽医卫生防疫制度，猪场生产区和生活区分开，入口处设消毒池，设置专门的隔离室和兽医室，做好发病时病猪的隔离、检疫和治疗工作，控制疫病范围，做好病后的消毒净群等工作。

（8）当某种疾病在本地区或本场流行时，要及时采取相应的防制措施，并要按规定上报主管部门，采取隔离、封锁措施。

（9）坚持自繁自养原则。若确实需要引种，必须隔离45天，确认无病，并接种疫苗后方可调入生产区。

（10）长年定期灭鼠，及时消灭蚊蝇，以防疾病传播。

（11）对于死亡猪的检查，包括剖检等工作，必须在兽医诊疗室内进行，或在距离水源较远的地方进行。剖检后的尸体以及其他尸体应深埋或焚烧。

（12）本场外出的人员和车辆，必须经过全面消毒后方可回场。

（13）运送饲料的包装袋，回收后必须经过消毒方可再利用，以防止污染饲料。

四、驱虫、杀虫与灭鼠

（一）养猪场的驱虫

1. 当前规模化猪场寄生虫病发生的特点

（1）猪群感染寄生虫的分类　猪群感染寄生虫一般分为两类。一类是需要中间宿主的“生物源性”寄生虫，比如猪的肺丝虫、猪囊虫、姜片吸虫及棘头虫等；另一类是不需要中间宿主的“土源性”寄生虫，比如猪蛔虫、猪鞭虫、弓形虫、球虫、毛首线虫及疥螨等。由于规模化猪场猪只都隔离集中饲养在圈舍中，猪不易接触外界的中间宿主，因此，需要中间宿主才能传播的寄生虫病发生很少；而不需要中间宿主的寄生虫病发生较多。

（2）季节性　当前寄生虫病的发生没有明显的季节性。猪场一年四季可见寄生虫病。

（3）临床上常见寄生虫病交叉感染、重复感染与继发感染　当猪群受到各种不良因素影响时，处于免疫抑制状态，免疫力低下时，易导致寄生虫病交叉感染或重复感染，以及继发感染。比如猪场经常出现猪球虫病与大肠杆菌病及轮状病毒病等混合感染；发生附红细胞体病时经常继发猪瘟、弓形体病和蓝耳病；弓形体病常与猪瘟或伪狂犬病或猪肺疫或喘气病或链球菌病混合感染；猪蛔虫病与猪瘟，以及猪肺丝虫病与猪肺疫混合感染等。这样会导致病情复杂化，发病率与死亡率增高，造成更大的损失。

2. 寄生虫病的防制技术

（1）选择驱虫药的原则　正规厂家生产的，广谱、高效、低毒、安全、适口性好、使用剂量小、使用方便、便于保存、猪体内残留量少、价格低廉。

（2）养猪场寄生虫病控制程序　种公猪每年春、秋各驱虫1次；后备母猪配种前15天驱虫1次；妊娠母猪产仔后断奶时驱虫1次；哺乳仔猪断奶后驱虫1次；保育仔猪转群进入育肥舍时驱虫1次；引进猪只在隔离检疫30天期限内驱虫1次；所有母猪与种公猪在配种前2周要进行1次体外驱虫。

（3）常用驱虫药物与使用方法

①体内驱虫。伊维菌素：注射剂，每千克体重0.3毫克，皮下注射1次即可；必要时可间隔7～9天后重复注射1次。可驱杀猪的胃肠道线虫与疥螨等。休药期为28天，泌乳期禁用。预混剂，每1000千克饲料加2克，连用7天，休药期为5天。

阿维菌素：每千克体重0.3毫克，1次内服，可驱杀猪蛔虫、结节虫、肾虫、鞭虫、肺丝虫、疥螨、血虱等。休药期为28天，泌乳期禁用。

左旋咪唑：注射剂，每千克体重7.5毫克，皮下或肌内注射；片剂，每千克体重7.5毫克，溶于水后拌入料中或饮水中内服，必要时，可在首次服药后2～4周再用药1次，效果更佳。可驱杀猪的胃肠道线虫、肺丝虫、结节虫、绦虫、囊尾蚴、猪蛔虫、猪肾虫及鞭毛虫等。休药期28天，妊娠母猪不能使用。

丙硫苯咪唑：每千克体重5毫克，拌入料中内服，可驱杀猪的胃肠道线虫、肺丝虫、绦虫及囊尾蚴等。休药期为28天，妊娠母猪不能使用。

通灭：每33千克体重肌注1毫升，全场每年使用2次即可。

② 体外驱虫。双甲脒：油乳剂，浓度为12.5%，用药1升加水配制成250升（含双甲脒0.05%），用于体表喷洒或涂擦。感染严重者用药7天后可再用药1次，以彻底治愈。可杀灭疥螨、虱、蚤、蚊、蝇、虻等昆虫。休药期为8天。

杀虫脒：油乳剂，使用浓度为0.1%～0.2%，体表喷洒，可杀灭疥螨、虱、蚤、蚊、蝇等昆虫。休药期为8天。

螨立克：体表喷洒使用浓度为1%的溶液，可杀灭疥螨等。

精制敌百虫：体表喷洒使用浓度为1%～2%的溶液，可杀灭疥螨、虱、蚤、蚊、蝇等。

3. 驱虫注意事项

（1）养猪场要根据猪群寄生虫病发生的情况及当地动物寄生虫病的流行状况，有针对性地制定周密可行的驱虫计划，有步骤地进行驱虫。

（2）实施驱虫之前要认真对猪群进行虫卵检查，弄清本猪场猪体内外寄生虫的种类与严重程度，以便有效地选择最佳驱虫药物，安排适宜的驱虫时间实施驱虫，以达到最佳驱虫效果。

（3）驱虫用药时，要严格按照选用驱虫药的使用说明书所规定的剂量、给药方法及注意事项等进行，不得随意改变药物的用量和使用方法，否则易引发意外事故。

（4）驱虫后要注意观察猪群的状态，对出现严重反应的猪只要立即查明原因，并及时进行解救。

（5）猪场要轮换使用不同品种的驱虫药，不要长期只使用1～2种驱虫药，防止产生耐药虫株。目前在一些猪场已出现了耐药性虫株，甚至存在交叉耐药现象。这都与猪场长期和反复使用1～2种驱虫药，使用剂量小或浓度小有关。

（6）驱虫后猪只排出的粪便与虫体要集中妥善处理，防止扩散病原。因为粪便中带有寄生虫虫卵和幼虫，在外界适宜的条件下可发育成感染性幼虫，通过污染饲料、饮水与环境，易造成猪群重复感染。因此，粪便及污物要进行厌氧消化和堆积发酵，利用生物热，杀灭虫卵和幼虫。同时要加强对猪舍内外环境的消毒与杀虫，消灭中间宿主，改变寄生虫中间宿主隐匿和滋生的条件，使没有进入中间宿主的幼虫无法完成发育，从而达到消灭寄生虫的目的。

（7）抗寄生虫药物对人体有一定危害性，因此，使用驱虫药时要避免药物与人体直接接触，应采取防护措施。有些驱虫药还会污染环境，因此，接触药物的容器及用具一定要妥善处理。

（8）猪只上市屠宰前30天停止使用驱虫药，以免猪体产生药物残留，严重影响公共卫生安全和人类的健康。

（二）养猪场的杀虫

1. 养猪场害虫及其危害性

许多节肢动物（如蚊、蝇、蜱、虻、蠓、螨、虱、蚤等）都是动物疫病及人畜共患病的传播媒介，它们可携带细菌100多种、病毒20多种、寄生虫30多种，能传播传染病和寄生虫病20多种。常见的有：伪狂犬病、猪瘟、蓝耳病、口蹄疫、猪痘、传染性胃肠炎、流行性腹泻、猪丹毒、猪肺疫、链球菌病、结核病、布鲁菌病、大肠杆菌病、沙门菌病、魏氏梭菌病、猪痢疾、钩端螺旋体病、附红细胞体病、猪蛔虫病、囊虫病、猪球虫病及疥螨等疫病。这不仅会严重危害动物与人类的健康，而且影响猪只的生长与增重，降低其非特异性免疫力与抗病力。因此，选用高效、安全、使用方便、经济和环境污染小的杀虫药杀灭吸血虫类，对养猪生产及保障公共环境卫生的安全均具有重要意义。

2. 养猪场的杀虫技术与措施

（1）加强对环境的消毒　养猪场要加强对猪场内外环境的消毒，以彻底杀灭各种吸血害虫。猪群实行分群隔离饲养，“全进全出”制度；正常生产时每周消毒1次，发生疫情时每天消毒1次，直至解除封锁；猪舍外环境每月消毒1次，发生疫情时每周消毒1次，直至解除封锁；猪舍外环境每月清扫大消毒1次；人员、通道、进出门随时消毒。

消毒剂可选用1%安酚（复合酚）、8%醛威（戊二醛溶液）、1∶133溴氯海因粉、1∶300护康（月苄三甲氯胺溶液）、杀毒灵（每1升水加0.2克）等，实施喷洒消毒。上述消毒剂杀菌广谱、药效持久、安全、使用方便、价格适中。

（2）控制好害虫滋生的场所　猪舍每天要彻底清扫干净，及时除去粪尿、垃圾、饲料残屑及污物等，保持猪舍清洁卫生、地面干燥、通风良好、冬暖夏凉。猪舍外环境要彻底铲除杂草，填平积水坑洼，保持排水与排污系统的畅通。严格管理好粪污，进行无害化处理。消除害虫繁衍、滋生的场所，以达到消灭吸血害虫的目的。

（3）使用药物杀灭害虫

加强蝇必净：250克药物加水2.5升混匀后用于喷洒猪舍地面、墙壁、门窗、栏圈及排粪污沟等，每周1次，对人体和猪只无毒副作用。可杀灭蚊、蝇、蜱、蠓、虱子、蚤等吸血害虫。

蚊蝇净：10克（1瓶）药物溶于500毫升水中喷洒猪舍地面、墙壁、门窗、栏圈及排粪污沟等，对人体和猪只无毒副作用。可杀灭蚊、蝇、蜱、蠓、虱、蚤等吸血害虫。

蝇毒磷：白色晶状粉末，含量为20%，常用浓度为0.05%，用于喷洒，对蚊、蝇、蜱、螨、虱、蚤等有良好的杀灭作用。休药期为28天。毒性小，安全性高。

力高峰（拜耳）：用0.15%浓度溶液喷洒（猪体也可以），可杀灭吸血害虫与体外寄生虫等。安全、广谱，效果好，使用方便。

拜虫杀（拜耳）：原药液兑水50倍用于喷洒，可杀灭吸血害虫与体外寄生虫等。安全、广谱，效果好，使用方便。

（4）猪场也可使用电子灭蚊灯、捕捉拍打及黏附等方式杀灭吸血害虫，既经济又实用。

（三）养猪场的灭鼠

1. 鼠类的危害性

（1）鼠类传播疫病，对人体和动物的健康造成严重的威胁　据有关研究报告，鼠类携带各种病原体，能传播伪狂犬病、口蹄疫、猪瘟、流行性腹泻、炭疽、猪肺疫、猪丹毒、结核病、布鲁菌病、李氏杆菌病、土拉杆菌病、沙门菌病、钩端螺旋体病及立克次氏体病等多种动物疫病及人畜共患病，对动物和人类的健康造成严重的威胁。

（2）鼠类常年吃掉大量粮食　我国鼠类每年吃掉的粮食为250万吨，经济损失达100多亿元。猪舍和围墙的墙基、地面、门窗等都应力求坚固，发现有洞要及时堵塞。猪舍及周围地区要整洁，挖毁室外的巢穴，填埋、堵塞鼠洞，使老鼠失去栖身之处，破坏其生存环境，可达到驱杀之目的。

2. 灭鼠方法

（1）利用各种工具以不同的方式扑杀鼠类　如关、夹、压、扣、套、翻（草堆）、堵（洞）、挖（洞）、灌（洞）等。

（2）药物灭鼠

卫公灭鼠剂：每支 10 毫升，将药物溶于 100 毫升温水（40℃）中，充分混匀，再加入 500 克新鲜玉米粉反复搅拌，至药液吸干后即可使用，放至鼠类出入处、洞口附近及墙角处，让其采食。

敌鼠钠盐：取敌鼠钠盐 5 克，加沸水 2 升搅匀，再加 10 千克杂粮粉，浸泡至毒水全部吸收后，加适量植物油拌匀，晾干后备用。

杀鼠灵：取 2.5%药物母粉 1 份、植物油 2 份、面粉 97 份，加适量水制成每粒 1 克的面丸，投放毒饵灭鼠。

立克命（拜耳）：直接撒施，灭鼠彻底。

0.005%鼠克命膏剂：每 30 厘米距离投放 1 包，不发霉，可长期使用。

3. 养猪场灭鼠的注意事项

（1）选择高效、敏感，对人和猪无毒副作用，对环境无污染的、廉价、使用方便的灭鼠药物用于灭鼠。使用药物之前，要熟悉药物的性质和作用特点，以及对人和动物的毒性和中毒的解救措施，以便发生事故时急用。

（2）掌握好药物的安全有效的使用剂量和浓度以及最佳的使用方法，以便充分发挥灭鼠药物的作用，又能避免造成人和动物发生中毒。

（3）药物灭鼠后要及时收集鼠尸，集中统一处理，防止猪只误食后发生二次中毒。

（4）用于灭鼠的药物要定期更换使用，长期使用单一灭鼠药物易产生耐药性，结果造成灭鼠失败。

（5）灭鼠药要从国家指定药店购买，不要从个人手中购药，以免

购进伪、劣、假药，贻误灭鼠工作的开展。

第四节　对猪群进行科学免疫

一、猪场常用疫苗

由特定细菌、病毒、寄生虫、支原体、衣原体等微生物制成，接种动物后能产生自动免疫和预防疾病的一类生物制剂，称为疫苗。养猪场常用的疫苗如下。

1. 猪瘟兔化弱毒冻干苗

皮下或肌内注射，每次每头 1 毫升，注射后 4 天产生免疫力，免疫保护期为 1～1.5 年。为了克服母源抗体干扰，断奶仔猪可注射 3 或 4 头份。此疫苗在－15℃条件下可以保存 1 年，0～8℃条件下可以保存 6 个月，10～25℃条件下可以保存 10 天。

2. 猪丹毒疫苗

（1）猪丹毒冻干苗　皮下或肌内注射，每次每头 1 毫升，注射后 7 天产生免疫力，免疫保护期为 6 个月。此疫苗在－15℃条件下可以保存 1 年，0～8℃条件下可以保存 9 个月，25～30℃条件下可以保存 10 天。

（2）猪丹毒氢氧化铝灭活苗　皮下或肌内注射，10 千克以上的猪每次每头 5 毫升，10 千克以下的猪每次每头 3 毫升，注射后 21 天产生免疫力，免疫保护期为 6 个月。此疫苗在 2～15℃条件下，可以保存 1.5 年，28℃条件下，可以保存 1 年。

3. 猪瘟、猪丹毒二联冻干苗

肌内注射，每头每次 1 毫升，免疫保护期为 6 个月。此疫苗在－15℃条件下可以保存 1 年，2～8℃条件下可以保存 6 个月，20～25℃条件下可以保存 10 天。

4. 猪肺疫菌苗

（1）猪肺疫氢氧化铝灭活苗　皮下或肌内注射，每头每次 5 毫升，注射后14天产生免疫力，免疫保护期为6个月。此疫苗在2～15℃条件下，可以保存1～1.5年。

（2）口服猪肺疫弱毒菌苗　不论大小猪只一般口服3亿个菌，按猪只数计算好需要菌苗剂量，用清水稀释后拌入饲料，注意要让每一头猪都能吃上一定的料，口服7天后产生免疫力。免疫期为6个月。

5. 仔猪副伤寒弱毒冻干苗

皮下或肌内注射，每头每次1毫升，断乳后注射能产生较强的免疫保护力。此疫苗－15℃条件下可以保存1年，在2～8℃条件下可以保存9个月，在28℃条件下可以保存9～12天。

6. 猪瘟、猪丹毒、猪肺疫三联活苗

肌内注射，每头每次1毫升，按瓶签标明用20%氢氧化铝胶生理盐水稀释，注射后14～21天产生免疫力，猪瘟的免疫保护期为1年，猪丹毒、猪肺疫的免疫保护期均为6个月。未断奶猪注射后隔两个月再注苗一次。此疫苗在－15℃条件下可以保存1年，0～8℃条件下可以保存6个月，10～25℃条件下可以保存10天。

7. 猪喘气病疫苗

（1）猪喘气病弱毒冻干疫苗　用生理盐水注射液稀释，对怀孕2月龄内的母猪在右侧胸腔倒数第6肋骨与肩胛骨后缘3.5～5厘米外进针，刺透胸壁进行注射，每头5毫升。注射前后皆要严格消毒，每头猪一个针头。

（2）猪霉形体肺炎（喘气病）灭活菌苗　仔猪于1～2周龄首免，2周后第二次免疫，每次2毫升，肌注。接种后3天即可产生良好的保护作用，并可持续7个月之久。

8. 猪萎缩性鼻炎疫苗

（1）猪萎缩性鼻炎三联灭活菌苗　本菌苗含猪支气管败血波德氏杆菌、巴氏杆菌A型和产毒素5型及巴氏杆菌A、D型类毒素。对猪萎缩性鼻炎提供完整的保护。每头猪每次肌内注射2毫升。母猪产前4周接种1次，2周后再接种1次，种公猪每年接种1次。母猪已接种者，仔猪于断奶前接种1次；母猪未接种者，仔猪于7～10日龄接种 1 次。如现场污染严重，应在首免后 2～3 周加强免疫 1 次。

（2）猪传染性萎缩性鼻炎油佐剂二联灭活疫苗　颈部皮下注射。母猪于产前 4 周注射 2 毫升，新进未经免疫接种的后备母猪应立即接种 1 毫升。仔猪生后一周龄注射 0.2 毫升（未免母猪所生），四周龄时注射 0.5 毫升，八周龄时注射 0.5 毫升。种公猪每年 2 次，每次 2 毫升。

9. 猪细小病毒疫苗

（1）猪细小病毒灭活氢氧化铝疫苗　使用时充分摇匀。母猪、后备母猪于配种前 2～8 周，颈部肌内注射 2 毫升；公猪于 8 月龄时注射。注苗后 14 天产生免疫力，免疫期为 1 年。此疫苗在 4～8℃冷暗处保存，有效期为 1 年，严防冻结。

（2）猪细小病毒灭活疫苗　母猪配种前 2～3 周接种一次；种公猪 6～7 月龄接种一次，以后每年只需接种 1 次。每次剂量 2 毫升，肌内注射。

（3）猪细小病毒灭活苗佐剂苗　阳性猪群断奶后的猪、配种前的后备母猪和不同月龄的种公猪均可使用，对经产母猪无须免疫。阴性猪群，初产和经产母猪都须免疫，配种前 2～3 周免疫，种公猪应每半年免疫 1 次。以上每次每头肌注 5 毫升，免疫 2 次，间隔 14 天，免疫后 4～7 天产生抗体，免疫保护期为 7 个月。

10. 伪狂犬病毒疫苗

（1）伪狂犬病毒弱毒疫苗　乳猪第一次注射 0.5 毫升，断奶后再注射 1 毫升；3 月龄以上架子猪注射 1 毫升；成年猪和妊娠母猪（产前 1 个月）注射 2 毫升，注射后 6 天产生免疫力，免疫保护期为一年。

（2）猪伪狂犬病灭活菌苗、猪伪狂犬病基因缺失灭活菌苗和猪伪狂犬病基因缺失弱毒菌苗　这三种疫苗均为肌内注射，使用程序是：小母猪配种前 3～6 周注射 2 毫升，育公猪为每年注射 2 毫升，育肥猪约在 10 周龄注射 2 毫升或 4 周后再注射 2 毫升。

11. 兽用乙型脑炎疫苗

其为地鼠肾细胞培养减毒苗。在疫区于流行期前 1～2 个月免疫，5 月龄以上至 2 岁的后备公母猪都可皮下或肌内注射 0.1 毫升，免疫后一个月产生稳定的免疫力。

二、猪场疫苗的选择

疫苗的内在质量是由生产厂家控制的，使用者需要注意的是冻干苗是否失真空、油佐剂疫苗是否破乳、疫苗有无变质和长霉、疫苗中有无异物、疫苗是否过期、有无因保存不当而致失效等。如发生上述情况，这些疫苗均应废弃不用。

几乎每种疫病目前都有两种或两种以上疫苗可供选择，而疫苗的内在质量对猪群产生的免疫力大小影响甚大，因此应科学慎重选用。

1. 选用疫苗应有针对性

不能见病就用疫苗，既浪费人力、物力，又增加猪只免疫系统负担，造成免疫麻痹。一般来讲，免疫效果不佳或可通过药物保健进行防控的普通细菌性疾病，皆可不必用苗。免疫接种应将防控重点放在传播快、危害大、难控制的重大动物传染病上，如猪瘟、蓝耳病、伪狂犬病、口蹄疫、圆环病、支原体肺炎等。

2. 灭活苗、弱毒苗的选择

灭活苗与弱毒苗各有优缺点。如果本场尚无该病发生，只是受周边疫情威胁，一般应选择安全性好、不会散毒的灭活疫苗；否则应选择免疫力强、保护持久的弱毒疫苗。弱毒疫苗有强毒、弱毒之分，原则上应先用弱毒，后用强毒。

3. 毒（菌）株的血清型选择

有些传染性疾病的病原有多个血清型，如口蹄疫病毒（有 7 个不同血清型和 60 多个亚型），猪链球菌（1～9 型为致病性血清型），副猪嗜血杆菌（有 15 个不同血清型）。各血清型之间的交叉免疫保护很低，如果使用疫苗毒（菌）株的血清型与引起疾病病原的血清型不同，则免疫效果不佳，可引起免疫失败。选择疫苗时，应选择当地流行的血清型，在无法确定流行病原血清型的情况下，应选用多价苗。

三、猪免疫接种的方法

1. 肌内注射法

(1) 选择合适的针头　选择合适针头，严禁使用粗短针头（表 7-1）。

表 7-1　注射针头的选择

猪只体重/千克	针头型号	针头长度/厘米
≤10	6～9	1.2～2.0
10～25	9	2.5
25～50	12	3.0
50～100	12～16	3.5～3.8
＞100	16	3.8～4.5

油佐剂疫苗比较黏稠，选择的针头型号可大些，水佐剂疫苗选择的针头型号可小些，切忌用过粗的针头。小猪一针筒药液换一个针头；种猪一头猪换一个针头。

可选择针尖呈菱形的针头，菱形针头锐利，阻力小，针尖斜面，针头圆钝，阻力大。

（2）用固定针头抽取药液　使用非连续注射器抽取疫苗时，在疫苗瓶上固定一枚针头抽取药液，绝不能用已给猪注射过的针头抽取，以防污染整瓶疫苗。注射器内的疫苗不能回注疫苗瓶，避免整瓶疫苗污染；注射前要排空注射器内的空气。

（3）保定猪只　必要时要进行保定猪只。

（4）进针的部位、角度　一般选择颈部肌内注射（臂头肌）。进针的部位为双耳后贴覆盖的区域：成年猪在耳后 5～8 厘米，前肩 3 厘米双耳后贴覆盖的区域，这个区域脂肪层较薄，容易进针到肌肉内，药液容易吸收。垂直于体表皮肤进针直达肌肉。

若进针部位和角度不当，常将药液注入脂肪层，如斜角向下进针，容易注射入脂肪层；注射点太高，药液被注射入脂肪层；注射部位太低，药液会进入脂肪或腮腺；药液注入脂肪层，容易造成局部肿胀、疼痛、甚至形成脓包，需避开脓包注射。如打了飞针或注射部位流血，一定要在猪只另一侧补一针疫苗。

（5）按规定剂量进行接种　剂量太小则免疫效果差，剂量太大则成本过高，同时可能会产生副反应，尤其毒株毒力大的疫苗；注射过程中要定期检查和校准注射器的刻度，以防调节螺旋滑动，造成剂量不准确。注射过程中要观察连续注射器针筒内是否有气泡，发现针管内有气泡要及时排空，否则剂量不足。

一般两种疫苗不能混合注射使用，同时注射两种疫苗时，要分开在猪的颈部两侧注射。

2. 皮下注射

猪布氏杆菌病活疫苗要皮下注射。皮下注射的方法：在耳根后方，先将皮肤提起，再将药液注射入皮下，即将药液注射到皮肤与肌肉之间的疏松组织中。

3. 交巢穴注射

病毒腹泻苗采用交巢穴（又称“后海穴”）注射较好，其部位在肛门上、尾根下的凹陷中，注射时将尾提起，针与直肠呈平行方向刺入，当针体进入一定深度后，便可推注药物。3 日龄仔猪的进针深度为 0.5 厘米、成年猪为 4 厘米。

4. 肺内注射接种

猪气喘病活疫苗采用肺内注射接种，将仔猪抱于胸前，在右侧肩胛骨后缘沿中轴线向后 2～3 肋间或倒数第 4～5 肋间，先消毒注射局部，取长度适宜的针头，垂直刺入胸腔，当感觉进针突然轻松时，说明针已入肺脏，即可进行注射。肺内注射必须一只小猪换一个针头。

5. 气雾喷鼻接种

常用于初生仔猪伪狂犬活疫苗接种，也用于支原体活疫苗接种。

喷鼻操作：1 头份伪狂犬疫苗稀释成 0.5 毫升，使用连续注射器，每个鼻孔喷雾 0.25 毫升，使用专用的喷鼻器，用一定力量推压注射器的活塞，让疫苗喷射出呈雾状，气雾接触到较大面积的鼻黏膜，充分感染嗅球。过去采用滴鼻方法，不仅疫苗接触到鼻黏膜的面积有限，同时仔猪常将疫苗喷出鼻腔，造成免疫失败。使用干粉消毒剂给初生仔猪进行消毒和干燥的猪场，用疫苗喷鼻后不能让消毒干粉吸入仔猪鼻孔内，否则造成免疫失败。

四、免疫接种的准备工作

（一）制定科学免疫程序的原则

免疫接种前必须制定科学的免疫程序，从猪场实际生产出发，考虑本场常见疫病的种类、发病特点、既往病史、当地疫病流行情况、

受威胁程度，结合猪群的种类、用途、年龄、各种疫病的抗体消长规律及疫苗的性质等因素，制定适合本场实际需要的免疫程序。

免疫程序包括接种猪类别、疫苗名称、免疫时间、接种剂量、免疫途径（皮下、肌内、口服、滴鼻、胸腔、穴位等）、每种疫苗年接种次数、疫苗接种顺序、间隔时间等。免疫程序一经制定，应严格按要求执行，并随抗体检测结果和疫病发展变化不断进行调整。免疫程序切忌照搬照抄、一成不变和盲目频频改动。

免疫是防疫的重要环节，免疫程序是否合理关系到免疫成败，从而影响生产成绩。猪场要制定科学的免疫程序，要遵循以下基本原则。

1. 目标原则

在制定免疫程序时，首先要明确接种疫苗要达到的目标。

（1）通过免疫母猪保护胎儿　如接种细小病毒和乙型脑炎疫苗是为了全程保护怀孕期胎儿，在母猪配种前 4 周接种为宜，后备猪到 7.5～8 月龄配种，在 6 月龄接种为宜，考虑到后备猪是首次免疫这 2 种疫苗，所以 4 周后需要再加强接种 1 次。如果接种过早，个别后备母猪 9～10 月龄才发情配种，由于抗体水平下降，导致怀孕中后期得不到抗体保护而发病，所以到了 9 月龄后才发情配种的后备母猪需加强接种 1 次。

（2）通过母源抗体保护仔猪　给母猪接种病毒性腹泻苗主要是为了通过母猪的母源抗体保护哺乳仔猪，所以流行性腹泻-传染性胃肠炎疫苗在产前跟胎免疫为好，同时为了获得高水平的母源抗体，一般间隔 4 周后再加强接种 1 次。有的猪场哺乳仔猪链球菌病发病率较高，也可在母猪产前 3～5 周接种链球菌疫苗。

（3）同时保护母仔　伪狂犬病、猪瘟、蓝耳病、圆环病毒、口蹄疫等疫病，可以考虑种猪实行普免，普免的免疫密度比跟胎免疫要大，才能使母猪群各个阶段都有较高的抗体保护，如每年普免 3～4 次。如果某种疫病在哺乳仔猪中发病率高，可以改为产前免疫；如果应用的疫苗安全性差、应激大，最好安排在产后空胎时接种或者考虑换安全性好的疫苗。用于普免的疫苗，要求疫苗具有毒株毒力弱、应激小、对怀孕胎儿安全的特性，毒株毒力较强的疫苗（如高致病性蓝耳病疫苗）进行普免就要十分谨慎。

（4）保护仔猪直到育肥猪上市　一般在仔猪的母源抗体合格率降到65%～70%时进行首免，如果1次免疫不能保护至肥猪上市，一般间隔4周后加强免疫1次，如给仔猪首免猪瘟、伪狂犬病、蓝耳病、圆环病毒等疫苗，4周后需要加强免疫。

（5）保护未发病的同群猪　在猪群发病初期加大剂量紧急接种疫苗，通过快速产生免疫保护达到控制疫病。用于紧急接种的疫苗应具有毒株毒力弱、产生免疫保护快、毒株同源性高的特性，如猪场发生猪瘟或伪狂犬病时通常采取疫苗紧急接种的办法，能使疫病得到很好的控制，但蓝耳病疫苗因其产生免疫保护迟缓、毒株毒力较强一般不适宜用于紧急接种。

2. 地域性与个性相结合原则（毒株同源性原则）

根据自己猪场的实际情况，因地制宜，制定适合本猪场的免疫程序，不要去照搬，需要通过病原和流行病学调查，确定本地区和本场流行的疾病类型，选择同源性高的毒株或交叉保护好的毒株疫苗进行免疫，如发生地方性猪丹毒可接种猪丹毒疫苗，有的地方发生A型口蹄疫，可选择A型口蹄疫疫苗。

3. 强制性原则

把国家强制要求的口蹄疫、猪瘟、高致病性蓝耳病3个烈性传染病的疫苗免疫好。因为这些疫病一旦暴发，不仅会对本场造成重大损失，而且会对邻近的其他猪场和公共卫生造成极大的影响。

4. 病毒性疫苗优先原则

目前猪病比较复杂，需要防控的疫病种类很多，在制定免疫程序时，需要考虑病毒疫苗优先免疫。我们可以根据引发疫病的微生物种类、原发病、危害严重性，对疫苗进行分类，依次接种。

（1）基础免疫　猪瘟、伪狂犬病、口蹄疫，这3种疫病关系到猪场生死存亡，所以最优先接种。

（2）关键免疫　蓝耳病和圆环病毒病会引起免疫抑制，从而导致继发或混合感染，甚至会影响其他疫苗的免疫效果，因此这2种疫苗的免疫很关键。

（3）重点免疫　为了保护胎儿，母猪配种前重点免疫乙脑和细小病毒疫苗；为了保护初生仔猪，母猪产前重点免疫病毒性腹泻疫苗；为了保护育肥猪，仔猪重点免疫支原体疫苗。

（4）选择性免疫　如传染性萎缩性鼻炎、链球菌病、副猪嗜血杆菌病、猪丹毒、猪肺疫及大肠杆菌病等细菌病，这些疾病如果危害较小可通过适当抗生素预防和环境控制解决，如果对猪场危害大可考虑接种疫苗。如产床粗糙，常引起哺乳仔猪关节损伤，导致链球菌病发生，母猪产前可免疫链球菌疫苗；如产房排污困难、湿度大，常发生黄白痢，母猪产前可免疫大肠杆菌疫苗。

5. 经济型原则

一些慢性消耗性疾病，如圆环病毒病、肺炎支原体和萎缩性鼻炎等疫病会导致猪生长慢，饲料转化率低，增加了饲养成本，降低了猪场收益。众多试验表明，圆环病毒感染的猪场接种疫苗组与空白对照组相比，接种疫苗组能提高日增重46～128克、提早出栏7～22天、降低料重比0.13～0.34，降低死淘率3%～11%等。在选择疫苗品牌时，主要依据疫苗接种试验的经济指标（如母猪年生产力、料重比、性价比），以评估疫苗优劣。

6. 季节原则

蚊虫大量繁殖的夏季易发乙脑，寒冷的冬春易发口蹄疫和病毒性腹泻。可在这些疫病多发月份来临前4周接种相应疫苗，如北方3～4月份接种乙脑；9～10月份接种口蹄疫和病毒性腹泻苗，同时因南方每年2～4月份是雨水多、空气湿冷，饲料易霉变的季节，所以每年1～2月份需要加强接种口蹄疫和病毒性腹泻疫苗。

7. 阶段性原则

根据本场的临床症状、病理变化、抗体转阳时间和抗原检测来分析本场的发病规律，在本病易感染阶段提前4周免疫相关疫苗，或在野毒抗体转阳提前4周免疫相关疫苗。怀孕母猪易感染乙脑和细小病毒，导致流产、死胎、木乃伊胎，母猪配种前免疫这2种疫苗；蓝耳病常引起怀孕后期（90天后）出现流产、死胎，在怀孕60天接种比较适宜；初生仔猪易发生病毒性腹泻，造成大量死亡，母猪产前重点免疫病毒性腹泻疫苗；断奶后7～8周龄的保育仔猪易发生圆环病毒病，哺乳仔猪3周龄接种圆环病毒疫苗；育肥猪易发生支原体肺炎，仔猪重点免疫支原体疫苗。

8. 避免干扰原则

（1）避免母源抗体干扰　在制定免疫程序时，过早注射疫苗，疫苗抗原会被母源抗体中和而导致免疫失败，过迟注射疫苗又会出现免疫空档，因此需要对母源抗体进行检测，建议母源抗体合格率下降到65%～70%时进行首免。目前很多猪场母猪普免猪瘟疫苗3次/年，仔猪到3～4周龄时猪瘟母源抗体水平保护率达85%以上，如果这时接种猪瘟疫苗，就会因母源抗体干扰而导致保育猪6～8周龄抗体水平差而发病。目前很多猪场普免伪狂犬病疫苗3～4次/年，仔猪7～8周龄伪狂犬病母源抗体水平保护率高达85%以上，但很多猪场7～8周龄接种伪狂犬病疫苗而导致免疫失败，这是目前伪狂犬病发病比较严重的一个主要原因。

（2）避免疫苗之间干扰　接种2种疫苗要间隔1周以上，除已批准的二联苗外，如蓝耳-猪瘟的二联苗，在接种蓝耳病弱毒疫苗后建议间隔2周以上才能接种其他疫苗。在安排季节性普免疫苗时，为避免蓝耳病疫苗病毒对其他疫苗的干扰，可按照猪瘟—伪狂犬病—口蹄疫—乙脑—圆环病毒—蓝耳病的顺序安排接种。

（3）避免疾病对疫苗的干扰　如果猪群或猪只处于发病阶段或亚健康状态，如猪群群体出现发热、腹泻等现象，需要先进行药物治疗，然后再免疫。特别强调的是在蓝耳病高病毒血症期间或发病期间，尽可能避免接种其他疫苗，可以稍提前或推迟其他疫苗接种。

（4）避免药物干扰　接种活菌疫苗前后1周，禁止使用抗生素；接种活疫苗（病毒苗）前后1周，禁止使用抗病毒的药物，例如，金刚烷胺、干扰素、抗血清、抗病毒的中草药等；接种疫苗前后1周，尽量避免使用免疫抑制类药物，例如，氟苯尼考、磺胺类、氨基糖苷类、四环素、地米等糖皮质激素。

（5）避免应激干扰　避免在去势、断奶、长途运输后、转群、换料、气候突变等应激状态下进行疫苗的接种，如不能在断奶时接种猪瘟疫苗。

9. 安全性原则

接种疫苗后，有的猪会出现减食、精神沉郁或体温升高在 1.0℃以内现象，这些反应是正常的，多在 1～3 天消失。但是常遇到猪接种某些疫苗时出现绝食、体温升高 1.0℃以上、口吐白沫、倒地痉挛、过敏性休克、甚至死亡或母猪流产等严重副反应，更严重的是注射疫苗后出现猪群暴发疫病。这就需要采取降低免疫副反应的措施：①初次使用某种疫苗时先小群试用；②选择适宜的免疫阶段，尽量避开在母猪重胎期和怀孕初期接种，避开在猪群发烧、腹泻时接种；③选择毒株毒力小的疫苗；④选择佐剂优良应激小的疫苗；⑤有细菌混合感染发病不稳定的猪群先加抗生素稳定后再接种；⑥接种应激大的疫苗，如口蹄疫灭活苗和蓝耳病疫苗时，接种前后 3 天在饲料或饮水中添加电解多维抗应激；⑦尽可能避免紧急接种；⑧检查疫苗是否合格，不用如过期变质、包装破损的疫苗；⑨辅导员工熟练接种操作，如不能盲目过量注射。

10. 免疫检测原则

免疫是动态的，随着猪群健康的变化而变化，所以需要每季度或每批疫苗免疫后检测，定期调整免疫程序。免疫检测的目的：一是根据检测结果调整免疫程序，二是评估免疫效果。免疫检测的方法：①观察临床表现；②屠检检测；③生产成绩评估；④实验室检测。重点是实验室检测：首先是免疫后 4 周左右抽血检测抗体水平，如果抗体水平不符合要求，要检查免疫失败原因，同时尽快补接疫苗；其次，免疫后 16、20、24 周龄抽血检测，评估免疫持续保护时间，从而决定免疫时间、免疫次数和免疫剂量；特别强调的是猪场应重视育肥猪中大猪阶段的检测，评估育肥猪免疫成败的重要指标是看免疫是否能保护猪群，直至出栏。具体检测时间可采用双周检测。

根据制定免疫程序的十大原则，对照检查猪场免疫程序是否合理，科学制定免疫程序。诚然，免疫是一项系统工程，要使免疫发挥最佳，还需要选择好优质的疫苗、确保疫苗运输与保管的冷链安全和培训好熟练的免疫操作人员等。同时，务必记得饲养管理、环境控制、生物安全管理等一系列防控措施是免疫的基础，只有综合管理才能较好地预防疫病，保护猪群健康，使效益最大化。

（二）疫苗的采购、运输和保存

疫苗应在当地动物防疫部门指定的具有《兽药经营许可证》的兽药店购买，所购疫苗必须具备农业农村部核发的生物制品批准文号或《进口兽药注册证书》的兽药产品批准文号。选择性能稳定，价格适中，易操作，有一定知名度的厂家生产，不要一味追求新的、贵的、包装精美的及进口的疫苗。在整个疫苗流通环节中要完善冷链系统建设，冻干苗应在－15℃条件下运输、保存，禁止反复冻融，灭活苗应在2～8℃条件下运输、保存，防止冻结。同时，避免光照和剧烈震动，减少人为因素造成的疫苗失效和效价降低。

（三）猪群健康状况检查

疫苗注入猪体后需经一系列复杂反应，方能产生免疫应答。因此，接种前猪群的健康状态尤为重要，接种猪只必须健康、无疫病潜伏，对患病、体弱和营养不良猪只只能日后补免。猪群在断奶、去势、运输、捕捉、采血、换料或天气突变等应激诱因下，不利于抗体产生，不宜实施免疫注射。接种疫苗前10天，饲料中不能添加任何抗菌药物或抗病毒药物，可添加营养保健剂、黄芪多糖和电解多维，以增强猪只体质，减少应激，提高猪群的免疫应答能力。

（四）小范围试用

中途更换厂家的疫苗及新增设的疫苗，应选择一定数量猪只先小范围试用，观察3～5天，确定无严重不良反应后，方可进行大面积推广免疫接种。

第五节　猪群的健康检查、疫病监测与诊疗

一、猪群的健康检查与疫病监测

猪群的健康检查与疫病监测的主要任务是：对猪群健康状况的定期检查，对猪群中常见疫病的治疗及日常生产状况收集分析，监测各类疫病和防疫措施的效果，对猪群健康水平的综合评估，对疫病发生

的危险度的预测、预报等。

1. 健康检查

饲养员对自己所养猪只要随时观察，如发现异常，及时向兽医或技术员汇报。猪场技术员和兽医每日至少巡视猪群2～3遍，并经常与饲养员取得联系，互通信息，以掌握猪群动态。不论是饲养员还是技术人员，观察猪群要认真、细致，掌握好观察技术、观察时机和方法。

生产上可采用“三看”，即平时看精神，喂饲看食欲，清扫看粪便，并应考虑猪的年龄、性别、生理阶段，季节，温度，空气等，有重点、有目的地观察。对观察中发现的不正常情况，应及时分析，查明原因，尽早采取措施加以解决。如属一般疾病，应采用对症治疗或淘汰，如是烈性传染病，则应立即捕杀，妥善处理尸体，并采取紧急消毒、紧急免疫接种等措施，防止其蔓延扩散。

对异常猪只及时淘汰，可提高生产水平，减少耗料和用药，更有利于维护全群的安全，因为这些猪往往对传染病易感或是带菌带毒，是危险传染源或潜在传染源。

2. 测量统计

特定的品种或杂交组合，要求特定的饲养管理水平，并同时表现特定的生产水平。通过测量统计，便可了解饲养管理水平是否适宜，猪群的健康是否处于最佳状态。低劣的饲养管理，发挥不出猪的最大遗传潜力，同时也降低了猪的健康水平。

猪所表现的生产力水平的高低是反映饲养管理好坏和猪只健康状况的晴雨表，例如，母猪受胎率低、产仔数少，往往与配种技术不佳、饲养管理不当和某些疾病有关；出生重低与母猪怀孕期营养不良有关；21天窝重小、整齐度差与母乳不足、补料过晚或不当、环境不良或受到疾病侵袭有关；肉猪日增重低、饲料报酬差有可能是猪群潜藏某些慢性疾病或饲养管理不当。

3. 病猪剖检

通过对病猪的剖检，观察各器官组织有无病变或病变的种类、程度等，了解猪病的种类及严重程度。

4. 屠宰厂检查

在屠宰厂检查屠宰猪只各器官组织有无异常或病变，了解有无某种传染病及其严重程度。

5. 抗原、抗体的测定

检查和测定血清及其他体液中的抗体水平，是了解动物免疫状态的有效方法。动物血清中存在某种抗体，说明动物曾经与同源抗原接触过，抗体的出现意味着动物正在患病或过去患过病，或意味着动物接种疫苗已经产生效力。如果抗体水平下降，表示这些抗体可能是传染病或接种疫苗的残余抗体。接种疫苗后测定抗体，可以明确人工免疫的有效程度，并作为以后何时再接种疫苗的参考。怀孕母猪接种疫苗后，仔猪可通过吃初乳获得母源抗体。测定仔猪体内的母源抗体量，可了解仔猪的免疫状态，同时也是确定仔猪何时再接种疫苗的重要依据。用来检查抗体的技术，也可以检查和鉴别抗原、诊断疾病。生产现场可用全血凝集试验等较简单的方法进行某些疾病的检疫，淘汰反应阳性猪，净化猪群。

二、及时诊疗疾病与扑灭疫情

1. 日常诊疗

兽医技术人员应每天深入猪舍，巡视猪群，对猪群中发现的病例及时有效地进行诊断、治疗和处理。对内科、外科、产科等非传染性疾病的单个病例，有治疗价值者及时予以治疗，对无治疗价值者应尽快予以淘汰。对怀疑或已确诊的常见多发性传染病患猪，应及时组织力量进行控制，防止其扩散。

2. 疫情扑灭

当发现有猪瘟、口蹄疫等急性、烈性传染病或新传染病时，应立即对该猪群进行封锁，根据具体情况或将病猪转移至病猪隔离舍进行诊断和处置，或将其扑杀、焚烧和深埋；实施强化消毒，对假定健康猪群实施紧急免疫；全生产区内禁止猪群调动，禁止出售或购入猪只，禁止人员流动，实施防疫封锁。当最后一头病猪痊愈、淘汰或死亡后，经过一段时间（该病的最长潜伏期），无该病新病例出现时，经大消毒后方可解除封锁。

3. 果断淘汰病猪

猪场一旦发生猪病，多数人抱有侥幸心理，舍不得淘汰已经没有希望但尚未死亡的猪，结果不但病猪没有保住，疫病反而不断蔓延。所以在规模饲养的情况下，应该树立群体防疫的概念，放弃个体的得失，对病猪处理应做到发现早、诊断准、处置快，及时淘汰处理那些没有挽救希望且对其他猪构成严重威胁的病猪。

4. 无害化处理病死猪

病死猪应及时按照国家有关规定的标准进行无害化处理，以免造成二次污染（图 7-8）。无害化处理病死猪的方式有多种，如专用化尸池（毁尸坑）处理（图 7-9）、湿化焚烧处理、深埋处理。其中，专用化尸池处理和深埋处理，化尸速度慢，长期使用存在对周边土壤造成二次污染的风险。湿化焚烧处理效果好，但成本较高，效率低。推荐使用发酵堆肥处理法和生物化尸机（有机废弃物处理机）。

图 7-8　不规范处理病死猪，造成二次污染

图 7-9　专用化尸池处理病死猪

（1）发酵堆肥处理法　应在离猪舍距离至少在 60 米以上，避开水源和低洼地带建设发酵堆肥场。初期地面铺一层 30 厘米厚的木屑（如果处理大于 100 千克的猪要铺更厚的木屑），堆一层尸体后在其表面上至少覆盖一层 20 厘米的木屑。如靠墙边应留 30 厘米的距离，并填满木屑。如果处理 100 千克以上的猪，则猪只之间约留 30 厘米的间距。死胎、胎衣及哺乳仔猪可以群放，但应整齐地层层叠加安放并覆盖严密。堆肥期为 6 个月。在 3 个月时进行 2 次机械性翻动，重新

分配多余水分，引入新的氧气供给，这样效果会更好。熟化的堆肥50%可再次利用，50%另外处理（还田做肥料或与粪便一起堆肥等）。

控制堆肥效果的因素：堆料水分含量为55%，堆料孔隙度为40%，堆料理想温度在37.7～65.5℃。保持温度大于55℃的天数至少5天，以杀灭病原体。

发酵堆肥处理法的优点：无二次污染，处理效果良好；简单易学，易管理；初期投入及运行费用低廉；大小猪场均可实施。缺点：需要大量碳原料，全程要管理和监控；要设置防护栏，防止狗等叼走病死猪。

（2）生物化尸机（有机废弃物处理机）处理法　将病死猪、胎衣、胎盘等有机废弃物投入化尸机中，按比例加入辅料和耐高温的生物酵素。经化尸机切割、粉碎、高温分解发酵、高温灭菌、烘干处理48～72小时（12小时杀菌和生物降解，24小时呈流质状，48小时呈粉末状），生成无害的粉状有机肥料。辅料主要为木屑、谷壳糠、麸皮等。

生物化尸机处理法的优点：整个生产处理过程无烟、无臭、无污水排放，占用场地小，处理过程卫生清洁；能将病死猪等有机废弃物转化为具有一定价值的有机肥料，实现综合利用的目的，避免了对环境造成二次污染的风险。缺点：一次性投入大，运行成本相对较高。

三、适度推行猪群药物预防保健计划

规模化猪场除了部分传染病可使用免疫注射加以防制外，许多传染病尚无疫苗或无可靠疫苗用于防控，使得在实际工作中必须对整个猪群投放药物进行群体预防或控制，因此，适度推行药物保健措施是需要的，也是合理的；但其成功与否，关键在于药物的选用，而选择药物的关键在于对本猪群致病菌的抗药性和敏感性的监测，所以必须定期检测猪群的健康状况，有针对性地选择敏感性较高的药物，及时制订适合本场的保健计划，预防疾病的发生。用于预防的药物应有计划地定期轮换使用，投药时剂量合理，不宜盲目追求大剂量。混饲时搅拌要均匀，用药时间一般以3～7天为宜。

提倡使用中草药开展预防保健工作。要充分发挥中草药资源丰富、无有害残留、毒副作用小以及病原菌不易产生耐药性等优点来开展猪的预防保健。

第八章 猪病的诊断方法

第一节 猪病的临床诊断方法

猪病的基本临床诊断方法包括下述六种：问诊或流行病学调查、视诊、触诊、叩诊、听诊及嗅诊，后五种又称物理学诊断法。

一、视诊

以医生的视觉直接或间接（借助光学器械）观察患病畜（群）的状况与病变。视诊方法简便、应用广泛，获得的材料比较客观，是临床检查的主要方法，也是临床诊断的第一步。主要内容如下。

（1）观察患病畜的体格、发育、营养、精神状态，体位、姿势、运动及行为等。

（2）观察体表、被毛、黏膜、眼结膜（图 8-1）等，有无创伤、溃疡、疮疹、肿物以及它们的部位、大小、特点等。

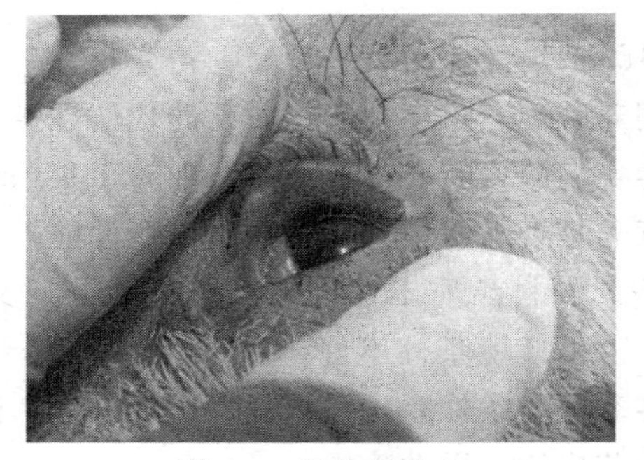

图 8-1 眼结膜检查

（3）观察与外界直通的体腔，如口腔、鼻、阴道、肛门等，注意分泌物、排泄物的量与性质。

（4）注意某些生理活动的改变，如采食、咀嚼、吞咽、排尿、排便动作变化等。

除了门诊对患病猪的视诊外，从目前集约化养殖的生产实践出发，以预防为主出发，兽医人员应定期深入猪舍进行整体观察，对整批动物的上述指标进行客观了解，以及时发现异常现象，及时做出判断，进而采取行之有效的措施，保证猪群体的健康，以减少损失。

二、问诊

问诊就是听取畜主或饲养人员对患病猪（群）的发病情况及经过的介绍。问诊的内容包括以下三个方面。

1. 现病历

即本次发病的基本情况。包括发病时间、地点、发病后的临床表现、疾病的变化过程、可能的致病因素等。如怀疑是传染病时，要了解动物来源、免疫接种效果等。

2. 既往史

即患病猪（群）过去的发病情况。过去是否患过病，如果患过，与本次的情况是否一致或相似，是否进行过有关传染病的检疫或检测。既往史的了解对传染性疾病、地方性疾病有重要意义。

3. 饲养管理情况

了解猪的饲养管理、生产性能，对营养代谢性疾病、中毒性疾病以及一些季节性疾病的诊断有重要意义。如对于集约化养殖来说，饲料是否全价，营养是否平衡，直接影响猪生产性能的发挥，及是否易发生营养代谢病。饲料品质不良，储存条件不好，又可导致饲料霉变，引起中毒。卫生环境条件不好，夏天通风不良，室内温度过高，易引起中暑，冬季保温条件差，轻则耗费饲料，生产能力不能充分发挥，重则引起关节疾病、运动障碍。

三、触诊

用检查者的手或工具（包括手指、手背、拳头及胃管）进行检查的一种方法，主要用于下列情况。

1. 检查体表状态

如皮肤的温度、湿度（不同部位的比较），皮肤及皮下组织（脂肪、肌肉）的弹性以及浅在淋巴结的位置、大小、敏感性等。体表局部病变（如气肿、水肿、肿物、疝等）的大小、位置、性质等。

给猪测体温（图 8-2）是兽医临床上最常用的基本操作方法之一。通常测量猪的肛门直肠内温度，具体操作为：通常在兽用体温计的远端系一条长 10～15 厘米的细绳，在细绳的另一端系一个小铁夹以便固定。测体温时，先将体温计的水银柱稍用力甩至 35℃刻度线以下，在体温计上涂少许润滑油，然后一只手抓住猪尾，另一只手持体温计稍微偏向背侧方向插入肛门内，用小铁夹夹住尾根上方的毛固定。2～3 分钟后取出体温计，用酒精棉球将其擦净，右手持体温计的远端使其呈水平方向与眼睛齐平，使有刻度的一侧正对眼睛，稍微转动体温计，读出体温计的水银柱所达到的刻度即为所测得的体温。

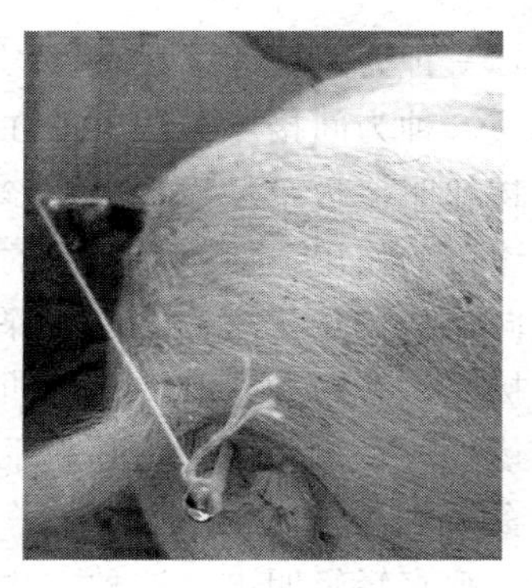

图 8-2　猪的体温测量

2. 通过体表检查内脏器官

胸部可触诊胸腔的状态，如有无胸腔积水、胸膜炎。心区可触诊心脏搏动变化。腹部可触诊腹腔内容物、胃肠等的性状。

3. 直肠触诊

通过直肠触诊可更为直接地了解腹腔有关内脏器官的性质。除胃肠以外，还可了解脾、肝、肾、膀胱、卵巢、子宫等的状态。不但有重要的诊断价值，而且有重要的治疗意义。

触诊作为一种刺激，也可刺激判断被触部位及深层的敏感性，也可作为神经系统的感觉反射功能的检查。触诊方法的选择，根据检查目的而定。检查体温、湿度时，以手背检查为佳，并应在不同部位进行比较。检查体表、皮下肿物，则应以手指进行，感知其是否有波动（提示液体存在，如脓肿、血肿、体液外渗等）、弹性及捻发感（提示有气体）或面团感，有无指压痕（提示有水肿）。检查大动物腹腔，则可用拳头冲击（如有振水音，提示腹腔、内脏有大量积液）。

四、叩诊

叩诊是用手指或叩诊锤对体表某一部位进行叩击，借以产生振动并发出音响，然后根据音响特征判断被检器官、组织物理状态的一种方法。

1. 叩诊方法

叩诊方法有两种：一种为直接叩诊法，即用手指或叩诊锤直接叩击体表的某一部位；另一种为间接叩诊法，即在被叩体表部位，先放一振动能力强的附加物如叩诊板，然后再对叩诊板进行叩诊。间接叩诊的目的在于利用叩诊板的作用，使叩击产生的声音响亮，清晰，易于听取，同时使振动向深部传导，这样有利于深部组织状态的判断。

临床上常用的间接叩诊有两种：其一是指叩诊法，即以一手的中指（或食指）代替叩诊板放在被叩部位（其他手指不能与体表接触），以另一手的中指（或食指）在第一关节处呈 90°屈曲，对着作为叩诊板的指头的第二指节，垂直轻轻叩击。这种方法因振动幅度小，距离近，适合中小动物如犬、猫、猪、羊等；其二是锤板叩击法，即叩诊锤为一金属制品，在锤的顶端嵌一硬度适中、弹性适合的橡胶头，叩诊板为金属、骨质、角质或塑料制片。叩击时，将叩诊板紧密放在被检部位，用一手固定，另一手持叩诊锤，以腕关节作轴而上下摆动、垂直叩击。一般每一部位连叩 2～3 次，以分辨声音。

2. 叩诊音

根据被扣组织的弹性与含气量以及距体表的距离，叩诊音分以下几种。清音：叩诊健康动物肺中部产生的音响。浊音：音调低、短浊，如叩击臀部肌肉时的音响，胸部出现胸腔积水、肺实变时，可出现浊音。鼓音：腔体器官大量充气时，叩击产生的音响。在两种音响之间，可出现过渡性音响，如清音与浊音之间可产生半浊音，清音与鼓音之间可产生过清音等。

3. 叩诊适用范围

主要用于浅在体腔（如头窦、胸、腹腔）、含气器官（如肺、胃肠）的物理状态检查，同时也可检查含气组织与实体组织的邻居关系，判断有气器官的位置变化。

五、听诊

听诊是利用听觉直接或间接（听诊器）听取机体器官在生理或病理过程中产生的音响。

1. 听诊方法

听诊方法临床上可分为直接听诊与间接听诊。直接听诊主要用于听取患病猪的呻吟、喘息、咳嗽、嗳气、咀嚼以及特殊情况下的肠鸣音等。是直接将耳朵贴于猪体表某一部位的听诊方法，目前已被间接听诊取代。间接听诊主要是借助听诊器对器官活动产生的音响进行听诊的一种方法。间接听诊主要用于心音、呼吸道的呼吸音、消化道的胃肠蠕动音的听诊。

2. 听诊时的注意事项

① 要在安静环境下进行，如室外杂音太大时，应在室内进行。

② 被毛摩擦是常见的干扰因素，故听头要与体表贴紧，此外也要避免听诊器的胶管与手臂、衣服、被毛的摩擦。

③ 听诊要反复实践，只有对有关器官的正常声音掌握好后，才能辨别病理声音。

六、嗅诊

即用鼻嗅闻患病猪的呼出气体、口腔气味、分泌物及排泄物的特殊气味。如呼出气体恶臭，提示肺坏疽。

第二节 猪病诊断中常见的症状

一、发热

正常情况下，猪体温恒定在一定生理变动范围内（38.0～39.50℃）。早晨低、午后高。影响猪体温变动的有年龄、生理状态、外界温度、运动等。每一种动物幼龄时，体温均要高出1℃左右，如断奶前后的仔猪，体温可达到39.3～40.8℃，母畜妊娠后期体温也适当升高，外界温度变化对体温的变化也有较为明显影响。此外，还应注意个体差异，有的生理体温在一天中变化较大，有的则变化较小，如有的个体正常时体温在生理参考值的下限小幅度波动，当温度达到生理参考值的上限时，实际已在发热，这时如机械地按上述参考值判断，就会出现误诊。

在病理情况下，主要是体温升高，少数情况可出现体温降低。体温升高可根据其程度分为微热（体温升高1℃，可见于局部炎症，轻病）、中热（体温升高2℃，主要见于消化道、呼吸道的一般性炎症以及亚急性传染病等）、高热（体温升高3℃，主要见于大面积炎症、急性传染病等）以及超高热（体温升高3℃以上，主要见于重度急性传染病，如急性猪丹毒、传染性胸膜肺炎、脓毒败血症以及日射病等）。应该指出，不同的个体，在发病时，体温的升高可能表现出明显的特殊性。因此，不应该机械理解，应综合其他症状进行分析。

临床上具有诊断意义的热型主要有：

① 稽留型　体温日差在1℃以内且发烧持续时间在3天以上者。

② 间隙型　有热期与无热期交替出现者。

③ 张弛型　体温日差超过1℃且不降到常温者。

这些都对诊断有一定帮助。但有时由于治疗的干预，可使热型不典型，在判断时应全面考虑。

病理情况下的体温低下，主要见于重度营养不良、贫血、某些脑病等。如体温低下的同时伴有发绀、四肢末梢厥冷、心跳较弱乃至出现昏迷，则预后不良。

二、腹泻与呕吐

排便次数增加，粪便含水量增加，称为腹泻。腹泻是多种动物常见的一种症状，腹泻的实质是大肠吸收减少。引起腹泻的原因与机理主要有以下几种。

1. 渗透性腹泻

进入消化道的难溶性物质（如硫酸镁）可引起容积性腹泻，幼猪乳糖吸收不良亦可引起腹泻。

2. 运动性腹泻

消化道受到寒冷、药物的刺激，可使肠蠕动加快，吸收减少，导致腹泻。

3. 分泌性腹泻

肠黏膜受刺激，引起大肠分泌，超过吸收能力时，可出现腹泻，见于各种肠炎，这一类腹泻除分泌增加外，还有肠蠕动加快的因素。

4. 吸收性腹泻

当肠炎发生肠黏膜萎缩或肥厚时，吸收面积减少。这一类属长期慢性腹泻。

临床上可将腹泻分为两种：一种是急性腹泻；另一种是慢性腹泻。诊断时应注意病史、泻出物性状、伴随症状等，如有无食变质饲料、服药史；腹泻是水粪齐下，还是混有黏液、呈粥状或含有血样成分；伴随症状注意有无里急后重（屡取排粪动作，每次仅有少量粪便排出，是直肠发炎的特征）、排粪失禁（不取排粪姿势，粪便自动流出，表示肛门括约肌松弛）。

腹泻是一种保护性反应，特别是炎性腹泻，进入有害物质引起的腹泻，在这些情况下，不但不能止泻，而是应清肠，以促进有害物质尽快排出。当然对于腹泻过程中造成的水、电解质以及酸碱平衡方面的反应，应及时纠正。对于慢性长期腹泻，则要治疗原发病，否则易导致动物消瘦。

胃内容物不自主地经口或鼻反排出来，称呕吐。各种动物的呕吐中枢敏感性不同，故呕吐难易程度不同。肉食兽易呕吐，杂食动物次之（如猪），草食动物不易呕吐。

引起呕吐的原因，按作用机理分为两类：一类是中枢性呕吐，主要是有害物质通过血液直接作用于延脑呕吐中枢，如脑膜炎、某些传染病、内中毒及某些药物中毒；另一类是末梢性（反射性）呕吐，能引起反射呕吐的情况很多，如软腭、舌根、咽受到刺激，过食、炎症及寄生虫等，肠梗塞、腹膜炎、子宫的炎症也可引起呕吐。

猪相对易呕吐。呕吐时，伸颈低头，借膈肌与腹肌收缩，将胃内容物呕吐出来。猪食后一次大量呕吐，以后不再出现，多是过食表现。食后频频呕吐，多是胃炎结果。如呕吐物混有胆汁，多是十二指肠阻塞。

呕吐与腹泻一样，本身是一种病理性保护反应。其目的在于排出对胃肠有害或多余的成分。虽然不可避免地要损失体液电解质，但总体上对机体是有益的。若反复呕吐，就应查明原因加以纠正。

三、呼吸困难

对于未断奶仔猪，其呼吸困难一般是由于贫血或者肺炎引起的，特别是与繁殖和呼吸综合征有关。伪狂犬病和弓形虫病也能引起呼吸困难的症状。猪繁殖和呼吸综合征可引起初生仔猪和哺乳仔猪呼吸困难、不规则腹式呼吸、张口呼吸、不愿活动和仔猪衰竭综合征。仔猪的呼吸症状比较常见于猪群最初感染繁殖和呼吸综合征时，但也可见于一些慢性感染的猪群中的疾病复发。贫血能引起未断奶仔猪用力呼吸。缺铁性贫血是个逐渐发展的过程，仔猪在1.5～2周龄时症状比较明显，随后症状加重。

细菌性肺炎较少见于猪仔，一旦感染，早在3日龄便可出现症状。咳嗽是肺炎的一个突出症状，但是贫血时则不咳嗽。贫血猪比患肺炎的猪显得苍白。剖检时，贫血猪的心脏扩张，有大量心包液，脾脏肿大，肺水肿，但是没有其他的肺部病理变化。仔猪细菌性肺炎可由放线杆菌、巴氏杆菌、波氏杆菌或链球菌感染引起。在这些病原的鉴别上，小猪与大猪的方法相同。支气管败血性波氏杆菌引起的小猪支气管肺炎，主要是在肺脏的尖叶和心叶上有斑状病症，有时也见于肺脏的背面。

由伪狂犬病、弓形虫病、猪瘟和非洲猪瘟引起的呼吸道症状通常是继发于全身性或神经症状的。

大部分断奶猪和架子猪的呼吸道疾病是由寄生虫、细菌或者病毒侵害肺部引起的。母猪的呼吸道问题常常是由于贫血或者导致体温大幅度升高的原因等引起的。如果涉及传染性病原，则大多是病毒引起的，有些情况除外，如在有细菌感染（尤其是胸膜肺炎放线杆菌）的猪场，引进未接触过这些细菌的猪时也会发生呼吸道症状。

四、心率和脉搏变化

检查心跳频率（心率）可采取听诊办法，也可在下颌、尾根、股内动脉进行触诊。健康猪正常情况下心跳频率比较恒定，为 60～80（单位：次/分钟）。影响心跳的因素很多，其中主要是年龄因素，动物越年幼，心跳越快。同时，运动对心跳的影响也十分明显，但健康动物休息后心跳很快恢复原有水平。

病理性心跳（脉搏）增多，主要与心肌收缩力减弱，循环血量减少，血液中的血红蛋白含量下降以及一些神经系统因素有关。临床上主要表现于以下情况。

① 所有热性病均可使心跳加快，一般体温每升高 1℃，可使心跳加快 4～8 次/分钟。

② 心脏本身疾病，如心肌炎、心包炎等均可使心跳加快。

③ 呼吸器官疾病使有效呼吸面积减少，气体交换困难，使心跳加快。

④ 大失血、严重脱水使有效循环血量减少，各种贫血使血红蛋白含量减少，均可使心跳加快。

临床上心跳减慢比较少见，可见于脑积水、脑肿瘤、胆血症及某些药物中毒（迷走神经兴奋剂）。而传导阻滞也可使心跳次数减少，但此时心跳有明显的心律不齐。

动脉脉搏检查，临床上主要检查脉搏频率（正常情况下与心跳一致）、档、性质与节律。脉性指脉的大小（振幅）、脉管的紧张度、血液充盈度以及脉波的形状等。综合上述因素，脉性可表现为以下几种。

1. 大脉与小脉

收缩力强、排血量多、血管张力迟缓，则脉搏大；反之，收缩力弱、排血量少、血管壁紧张，则脉小。大脉表示心机能良好，射血多，充盈多，血管较弛缓，如热性病初期，心机能亢进等。小脉则表示心衰竭，失血等。

2. 软脉及硬脉

这主要与血管张力大小有关。软脉压之消失，硬脉压之抗抵力大。前者见于心衰、失血。后者见于破伤风、肾炎、剧烈疼痛等疾病。

3. 实脉与虚脉

这主要反映血管充盈度，可反复按压体会。实脉则血管充盈，如热性病的初期、运动后等；虚脉则表示脱水严重或大失血。

4. 迟脉与速脉

上述两者指脉波的上升与下降速度而言，不是脉搏频率的快慢。脉的迟速主要决定于动脉根部压力上升与下降的持久时间，即左心室射入动脉血液的速度与流量。迟脉的脉波上升速度缓慢，速脉的脉波急上急下，前者是主动脉口狭窄的特征，后者则表示主动脉半月状瓣关闭不全。

上述四种情况，除第四种少见外。前三种归纳起来，小脉、软脉、虚脉基本情况是一致的，即表示心收缩力弱，心排血量少。而大脉和实脉都是反映心收缩力良好，血液充盈的结果。硬脉在临床上主要见于破伤风、剧烈疼痛，故也少见。

五、神经症状

引起神经系统变化的原因很多，除神经系统本身外，内源和外源性中毒、营养代谢性疾病、某些传染病、寄生虫病等均可导致神经系统机能改变。但兽医临床上对神经系统的直接检查是困难的，只能通过神经系统的多种机能状态来判断其发病原因与发病部位。不过对于神经系统本身的原发病，即使诊断清楚，由于动物的经济价值因素，临床治疗意义也不大。但对于其他疾病引起神经系统机能障碍时，准确的诊断有助于原发病的诊治。

神经系统机能障碍症状可分为以下四类。

① 激性症状，即神经组织受到刺激引起的兴奋过度；

② 释放性症状，高级神经组织受损后，正常时受其制约的低级中枢出现机能亢进；

③ 缺失性症状，即病变组织功能减退或丧失；

④ 休克性症状，即中枢损伤后，远离部位神经功能暂时丧失。

神经系统症状除意识丧失外，还有以下表现。

① 运动机能　如强迫运动，共济失调，痉挛和瘫痪。

② 感觉机能　分为浅感觉（皮肤痛觉、温觉等）和深感觉（肌、腱、关节等）两种。

③ 反射机能　一般反射减弱见于脑水肿、濒死期；反射亢进见于中毒性疾病，一些代谢疾病及脑脊髓炎等。

六、母猪繁殖障碍

母猪繁殖障碍以早产、流产、产死胎或木乃伊胎，久配不孕，受胎率低等为主要特点。猪流产的原因很难诊断，经常不能确诊。通常，引起死产或流产的病原在有临床表现时就已经不存在于体内了。但是，有些特征性的临床症状是有助于诊断的，至少可以帮助确定可能涉及的病原的大体类别。此类症状有两大类型的病因：一类是引起原发性生殖道感染，并可造成30%～40%的流产、木乃伊胎和死产；第二类造成其余的60%～70%的流产，包括毒素、母猪的环境性或营养性应激和全身性疾病等。

通常当死胎发生时，同窝中的胎儿年龄不同，最小的胎儿在发生流产前的某个时间就已经死亡。病毒感染是造成木乃伊胎的主要原因，但是其他病因也可以造成木乃伊胎。当一窝内仅有一头或几头死产，这很可能是由于产仔事故，如一窝中仔猪太多，生产次序靠后，生产时间延长或者缺氧。当一窝中既有死产又有木乃伊胎，这很可能与传染性病原有关。

第三节　猪病诊断中常见的病理变化

一、充血

在某些生理或病理因素的影响下，局部组织或器官的小动脉发生扩张，流入血量增多，而静脉回流仍保持正常，这种组织或器官内含血量增多称为动脉性充血，又称主动性充血，简称充血。充血可分为生理性充血和病理性充血两种。前者如采食时胃肠道黏膜表现的充血和劳役时肌肉发生的充血等现象。病理性充血则是在致病因素的作用下发生的，如炎症早期发生的动脉性充血。

组织发生充血时色泽鲜红，温度升高，机能增强，体积稍肿大。黏膜充血时常称为“潮红”。充血组织、器官的色泽鲜红是由于小动脉和毛细血管显著扩张，流入大量含有氧合血红蛋白的血液之故；温度升高是由于血流加速和细胞代谢旺盛；由于充血组织代谢旺盛，所以该组织或器官的机能增强。镜下可见小动脉和毛细血管扩张充满红细胞，有时可见炎性渗出等变化。

二、瘀血

在局部组织器官内，若动脉流入的血量保持正常，而静脉的血液回流受阻，因此在静脉内充盈大量血液，则称为静脉性充血，又称被动性充血，简称淤血。在病理情况下，静脉性充血远比动脉性充血多见，具有重要的诊断价值和病理学意义。

淤血是一种最常见的病理变化，不论引起淤血的原因如何，其病变特点基本相似，主要表现为淤血组织呈暗红色或蓝紫色，体积增大，机能减退，体表淤血时皮温降低。

淤血时由于静脉回流受阻，血流缓慢，使血氧过多地被消耗，因而血液中氧分压降低、氧合血红蛋白减少，还原血红蛋白含量显著增多，血管内充满紫黑色血液，故使局部组织呈暗红色或蓝紫色。这种现象在可视黏膜称为发绀。又因淤血时血流缓慢，热量散失增多，加上局部组织缺氧，代谢率降低，产热减少，所以体表部淤血区表现皮温降低。淤血时因局部血量增加，静脉压升高而导致体液外渗，结果使淤血组织的体积增大。

此外，发生长时间持续性淤血时，常能引起以下严重病变。①由于缺氧造成毛细血管通透性增加，故有大量液体漏入组织间隙，造成淤血性水肿。若毛细血管损伤严重时，则红细胞也可漏到组织内形成出血，称为淤血性出血。②随着缺氧程度的加重，局部组织常发生严重的代谢障碍，组织内中间代谢产物堆积，轻者引起淤血器官实质细胞变性、萎缩，重者可发生坏死。③淤血组织的实质细胞发生坏死后，常伴有大量结缔组织增生，结果使淤血器官变硬，称为淤血性硬化。

三、出血

血液流出心脏或血管，称为出血。血液流至体外称为外出血，流入组织间隙或体腔，则称为内出血。根据出血的发生机制不同可将其分为破裂性出血和渗出性出血两种。

1. 破裂性出血

其病变常因损伤的血管不同而异。小动脉发生破裂而出血时，由于血压高而出血量多，常使流出的血液压迫和排挤周围组织而形成血肿。同时，根据出血发生的部位不同，又有一些不同的名称，如体腔内出血称为腔出血或腔积血（如胸腔积血和心包腔积血等），此时体腔内可见到血液或凝血块；脑出血又称为脑溢血；混有血液的尿液称为血尿；混有血液的粪便称为血便；鼻出血称为衄血；肺出血称为咯血；胃出血称为吐血或呕血。

2. 渗出性出血

渗出性出血时，眼观甚至镜下也看不出血管壁有明显的形态学变化，红细胞可通过通透性增强的血管壁而漏出血管之外。渗出性出血发生于毛细血管和微静脉。出血常伴发组织或细胞的变性或坏死。兽医临诊上，常见的渗出性出血是由血管壁在细菌毒素、病毒或组织崩解产物的作用下，发生不全麻痹和营养障碍，内皮细胞间的黏合质和血管壁嗜银性膜发生改变，使内皮细胞间孔隙增大造成的。

渗出性出血常因发生的原因和部位不同而有所差别，其表现常见的有以下三种。

（1）点状出血　又称淤点，出血量少，多呈粟粒大至高粱米粒大，散在或弥漫分布，通常见于浆膜、黏膜和肝脏、肾脏等器官的表面。

（2）斑状出血　又称淤斑，其出血量较多，常形成绿豆大、黄豆大或更大的密集状血斑。

（3）出血性浸润　血液弥漫地浸润于组织间隙，使出血的局部呈大片暗红色，如猪瘟的出血性淋巴结炎等。

此外，当机体有全身性出血倾向时，则称为出血性素质。

四、贫血

贫血是指单位容积血液内红细胞数或（和）血红蛋白量低于正常值，并伴有红细胞形态变化和运氧障碍的病理过程。它不是一种独立的疾病，而是伴发于许多疾病过程中的常见症状（如雏鸡和马的传染性贫血）。但有时在某些疾病（如严重的创伤、肝脏、脾脏破裂等）过程中，贫血常为疾病发生、发展的主导环节，并决定着疾病的经过和转归。

根据贫血发生的原因和机制，可将其分为出血性贫血、溶血性贫血、营养缺乏性贫血和再生障碍性贫血四种。

1. 形态变化

（1）红细胞的变化　贫血时，除了红细胞数量与血红蛋白含量减少外，外周血液中的红细胞还会发生以下变化。①红细胞体积改变：或大于或小于正常红细胞，前者称为大红细胞，后者称为小红细胞。②红细胞形状改变（异形红细胞）：红细胞呈椭圆形、梨形、哑铃形、

半月形和桑葚形等。③网织红细胞：对正常血液做活体染色时，可见其中含有少量（0.5%～1%）嗜碱性小颗粒或纤维网样的幼稚型红细胞，称为网织红细胞。在贫血时，网织红细胞增多，这是红细胞再生过程增强的表现。④有核红细胞：红细胞中出现浓染的胞核，其大小与正常红细胞相仿或稍大，此种红细胞称为晚幼红细胞（即未成熟的红细胞）。这些细胞在血液中出现，也是造血过程加强的标志。在一些重症贫血时，血液内出现胚胎期造血所特有的原巨红细胞，这种细胞体积异常巨大，含有大而淡染的核，表示造血过程返回到胚胎期的类型。⑤Jolly小体和Cabot环：贫血时，红细胞胞浆内出现单个或成对的蓝色圆形小体，称为Jolly小体，它是红细胞核质的残迹。Cabot环呈环形，它可能是红细胞核膜的残迹。⑥红细胞染色特性改变：包括染色不均和多染。前者表现为含血红蛋白多的红细胞着色深，而含血红蛋白少的红细胞着色变淡，且多呈环形。后者表现为细胞质一部分或全部变为嗜碱性，呈淡蓝色着染。这是一种未成熟的红细胞，见于骨髓造血机能亢进时。

（2）骨髓的变化　主要变化是红骨髓增殖，有核红细胞生成增多。需要指出的是骨髓中红细胞的含量和外周血液的红细胞量之间是不存在直接比例关系的。因此，在判断骨髓红细胞生成机能时，不能只根据骨髓中有核红细胞的数量，而应当将骨髓象和外周血液的血液象与血红蛋白的材料进行对比、研究，这样才能得出正确的结论。

（3）其他组织器官的变化　死于贫血的动物，由于红细胞及血红蛋白减少，故其血液稀薄，皮肤和黏膜苍白，组织、器官呈现其固有的色彩。长期贫血时，组织、器官因缺氧而发生变性，而血管的变性还可导致浆膜和黏膜出血。

2. 代谢变化

（1）血液性缺氧　在血液中氧主要以氧合血红蛋白的形式存在，贫血时血液中红细胞数及血红蛋白浓度降低，血液携氧能力降低，引起血液性缺氧。贫血时，需氧量较高的组织（如心脏、中枢神经系统和骨骼肌等）受到的影响较明显。

（2）胆红素代谢　出现溶血性贫血时，单核巨噬细胞系统非酯型胆红素产量增多，一旦超过肝脏形成酯型胆红素的代偿能力，可形成

非酯型胆红素升高为主的溶血性黄疸。

3. 机能变化

贫血时所引起的各系统机能变化，视贫血的原因、程度、持续的时间以及机体的适应能力等因素而定。

(1) 循环系统　贫血时由于红细胞和（或）血红蛋白减少，导致机体缺氧与物质代谢障碍。在早期可出现代偿性心跳加强、加快，以增加每分钟内的血输出量。因血流加速，通过单位时间的供氧增多，就能代偿红细胞减少所造成的缺氧，但到后期由于心脏负荷加重，心肌缺氧而致心肌营养不良，则可诱发心脏肌原性扩张和相对性瓣膜闭锁不全，而导致血液循环障碍。

(2) 呼吸系统　贫血时由于缺氧和氧化不全的酸性代谢产物蓄积，刺激呼吸中枢，使呼吸加快，患畜轻度运动后，便发生呼吸急促；同时组织呼吸酶的活性增强，从而增加了组织对氧的摄取能力。

(3) 消化系统　动物表现食欲减退，胃肠分泌与运动机能减弱，消化吸收发生障碍，故临诊上往往呈现消瘦、消化不良、便秘或腹泻等症状。这些变化反过来又可加重贫血的发展。

(4) 神经系统　贫血时，中枢神经系统的兴奋性降低，以减少脑组织对能量的消耗，增加对缺氧的耐受力，因此具有保护性意义。严重贫血或贫血时间较长时，由于脑的能量供给减少，神经系统机能减弱，对各系统机能的调节能力降低，患病动物表现精神沉郁，生产性能下降，抵抗力减弱，重者昏迷。

(5) 骨髓造血机能　贫血时，由于缺氧可促使肾脏产生促红细胞生成素，致使骨髓造血机能增强。但应注意再生障碍性贫血除外。

五、水肿

过多液体在组织间隙或体腔中积聚称为水肿。细胞内液增多也称为“细胞水肿”，但水肿通常是指组织间液体的过量。水肿不是一种单独的疾病，而是多种疾病的一种共同病理过程。液体积聚于体腔内，一般称为积水，如心包积水、胸膜腔积水（胸水）和腹腔积水（腹水）等。

根据水肿发生的部位可分为全身水肿和局部水肿两种。前者分布于全身，如心性水肿、肾性水肿、肝性水肿和营养不良性水肿等；后者发生于局部，如皮下水肿、脑水肿、肺水肿、淋巴水肿、炎性水肿和血管神经性水肿等。

根据水肿的外观是否明显可分为隐性水肿和显性水肿。隐性水肿的特点是外观无明显的临床表现，只是体重有所增加；显性水肿的特点是局部肿胀，皮肤紧张度增加，按之呈凹陷，稍后可复原（亦称“凹陷性水肿”）。

水肿液主要是指组织间隙中能自由移动的水，它不包括组织间隙中被高分子物质（如透明质酸、胶原及黏多糖等）吸附的水。

水肿液的成分除含有蛋白质外，其余与血浆相同。水肿液的蛋白质含量主要取决于毛细血管壁的通透性，此外还与淋巴的引流有关。血管壁通透性增大所致的水肿比其他原因引起的水肿高，水肿液的蛋白质含量高。水肿液的相对密度取决于蛋白质的含量。通常把相对密度低于1.012的水肿液称为“漏出液”，而高于1.012的水肿液称为“渗出液”，但因淋巴回流受阻所致的水肿，其水肿液蛋白质含量也较高。

家畜的水肿多发生于组织疏松部位和体位较低的部位（重力的影响），如垂肉、下颌间隙、颈下、胸下、腹下和阴囊等部位。水肿的表现如下。

1. 皮下水肿

皮下水肿是全身或躯体局部水肿的重要体征。皮下组织结构疏松，是水肿液容易聚集之处。当皮下组织有过多体液积聚时，皮肤肿胀、皱纹变浅、平滑而松软。如果手指按压后留下凹陷，表明有显性水肿。实际上，在显性水肿出现之前，组织液就已增多，但不易察觉，称为隐形水肿。这主要是因为分布在组织间隙中的胶体网状物对液体有强大的吸附能力和膨胀性。只有当液体的积聚超过胶体网状物的吸附能力时，才形成游离水肿液。当液体积聚到一定量时，用手指按压时游离液体向周围散开，形成凹陷，数秒后凹陷自然平复。

2. 全身性水肿

全身性水肿由于发病原因和发病机制的不同，其水肿液分布的部位、出现的早晚、显露的程度也各有特点，如肾性水肿首先出现在面部，尤其以眼睑最为明显；由心衰竭所致全身性水肿，则首先发生于四肢的下部；肝性水肿则以腹水最为显著。这些分布特点与下列因素有关。

（1）组织结构特点　组织结构的致密度和伸展性，影响水肿液的积聚和水肿出现的早晚。例如，眼睑皮下组织较为疏松，皮肤伸展性大，容易容纳水肿液，出现较早；而组织致密度大、伸展性小的手指和足趾掌侧不易容纳水肿液，故水肿也不易显露和被发现。

（2）重力效应　毛细血管流体静压受重力影响，距心脏水平面向下垂直距离越远的部位，外周静脉压和毛细血管流体静压越高。因此，右心衰竭时体静脉回流发生障碍，首先表现为下垂部位的静脉压升高与水肿。

（3）局部血液动力因素　当某一特定的原因造成某一局部或器官的毛细血管流体静压明显升高，超过了重力效应的作用，水肿液即可在该部位或器官积聚，水肿可比低垂部位出现得更早且显著，如肝性腹水的形成就是这个原因。

六、萎缩

萎缩是指已经发育成熟的组织和器官，其体积缩小及功能减退的过程。萎缩发生的基础是组成该器官的实质细胞体积变小或数量减少。

萎缩有生理性萎缩和病理性萎缩之分。生理性萎缩是指动物随着年龄增长，某些组织或器官的生理功能自然减退和代谢过程逐渐降低而发生的一种萎缩，也称为退化。例如，动物的胸腺、乳腺、卵巢、睾丸以及禽类的法氏囊等器官，当动物生长到一定年龄后，即开始发生萎缩，因与年龄增长有关，故又称为年龄性萎缩。而病理性萎缩是指组织或器官在致病因素的作用下所发生的萎缩。它与机体的年龄、生理代谢无直接关系。临诊上，根据原因和萎缩波及的范围，病理性萎缩可分为全身性萎缩和局部性萎缩两种。

1. 全身性萎缩

全身性萎缩是在某些致病因子的作用下，机体发生全身性物质代

谢障碍所致。见于长期营养不良、维生素缺乏和某些慢性消化道疾病所致的营养物质吸收障碍（营养不良性萎缩）、长期饲料不足（不全饥饿）和消化道梗阻（饥饿性萎缩）、严重的消耗性疾病（如恶性肿瘤、鼻疽、结核、伪结核、寄生虫病及造血器官疾病等）。

全身性萎缩时，不同的器官、组织，其萎缩发生的先后顺序及其程度是不同的。脂肪组织的萎缩发生得最早、最明显，其次是肌肉、脾脏、肝脏和肾脏等器官，心肌和脑的萎缩发生得最晚。由此可见，萎缩发生的顺序具有一定的代偿适应意义。

眼观，皮下、腹膜下、网膜和肠系膜等处的脂肪完全消失，心脏冠状沟和肾脏周围的脂肪组织变成灰白色或淡灰色透明胶冻样，因此又称为脂肪胶样萎缩。实质器官（如肝脏、脾脏、肾脏等）体积缩小，重量减轻，颜色变深，质地坚实，被膜增厚、皱缩。除压迫性萎缩形态发生改变外，萎缩的器官、组织仍保持其固有形态，仅见体积成比例缩小。胃肠等管腔器官发生萎缩时向外扩张，内腔扩大，壁变薄甚至呈半透明状，易撕裂。镜下，萎缩器官的实质细胞体积缩小、数量减少，胞浆致密浓染，胞核皱缩深染，间质常见结缔组织增生。在心肌纤维，肝细胞胞浆内常出现脂褐素，量多时器官呈褐色，称为褐色萎缩。

2. 局部性萎缩

局部性萎缩是指在某些局部性因素影响下发生的局部组织和器官的萎缩，常见的有以下三种类型。

（1）失用性萎缩　是由于器官发生功能障碍，而长期停止活动所致，如某肢体因骨折或关节性疾病长期不能活动或限制活动，其结果引起相关肌肉和关节软骨发生萎缩。在器官功能减退的情况下，相应器官的神经感受器得不到应有的刺激，向心冲动减弱或中止，离心性、营养性冲动也随之减弱。这样导致局部血液供应不足和物质代谢降低，尤其是合成代谢降低，引起营养障碍而发生萎缩。

（2）压迫性萎缩　是由于器官或组织受到缓慢的机械性压迫而引起的萎缩，比较常见。其发生机制一方面是由于外力压迫对组织的直接作用，另一方面受压迫的组织或器官由于血液循环障碍、局部组织营养供应不足，导致组织的功能代谢障碍，也是引起局部组织萎缩的重要原因。压迫性萎缩常见于输尿管阻塞造成排尿困难时，肾盂和肾盏积水扩张，进而压迫肾实质引起萎缩；肝淤血时，由于肝窦扩张压迫周围肝细胞索，可造成肝细胞萎缩；受肿瘤、寄生虫包囊（如囊尾蚴、棘球蚴等）等压迫的器官和组织也可发生萎缩。

（3）神经性萎缩　中枢或外周神经发炎或受损伤时，功能发生障碍，受其支配的器官或组织因神经营养调节丧失而发生的萎缩。

局部性萎缩的器官或组织的病理变化与全身性萎缩时的相应器官或组织的病理变化相同（除压迫性萎缩外）。萎缩是可复性的过程，程度不严重时，病因消除后，萎缩的器官、组织或细胞仍可逐渐恢复原状。但若病因不能及时消除，病变继续发展，则萎缩的细胞最终可能消失。

萎缩对机体的影响随萎缩发生的部位、范围及严重程度不同而异。从萎缩的本质来看，它是机体对环境条件改变的一种适应性反应。一方面，当由于工作负担减轻、营养不足或缺乏正常刺激时，细胞的体积缩小或数量减少，物质代谢降低，这有利于在不良环境条件下维持其生命活动。这是萎缩积极的一面。另一方面，由于组织细胞萎缩变小，机能活动降低，可对机体产生不利影响，全身性萎缩时各组织、器官的机能均下降。严重时，免疫系统也同时萎缩，机体长期处于免疫抑制状态而对病原抵抗力下降甚至丧失，如果得不到及时纠正，将随着病程的发展而不断恶化，导致机体衰竭，最后常因并发其他疾病而死亡。

局部性萎缩，如果程度较轻微，一般可由周围健康组织的机能代偿，因而不会产生明显的影响。但若萎缩发生在重要器官或萎缩程度严重时，可引起严重的机能障碍。

七、坏死

坏死是指活体内局部组织、细胞的病理性死亡。坏死组织、细胞的物质代谢停止，功能丧失，出现一系列形态学改变，是一种不可逆的病理变化。坏死除少数是由强烈致病因子（如强酸、强碱）作用而造成组织的立即死亡之外，大多数坏死由轻度变性逐渐发展而来，是一个由量变到质变的渐进过程，故称为渐进性坏死。这就决定了变性

与坏死的不可分割性，在病理组织检查时，往往发现二者同时存在。在渐进性坏死期间，只要坏死尚未发生而病因被消除，则组织、细胞的损伤仍可能恢复（可复性损伤）。一旦组织、细胞的损伤严重，代谢停止，出现坏死的形态学特征时，则损伤不可能恢复（不可复性损伤）。

根据坏死组织的病变特点和机制，坏死可分为以下三种类型。

1. 凝固性坏死

坏死组织由于水分减少和蛋白质凝固而变成灰白或黄白、干燥无光泽的凝固状，称为凝固性坏死。眼观，凝固性坏死组织肿胀，质地坚实、干燥而无光泽，坏死区界限清晰，呈灰白或黄白色，周围常有暗红色的充血和出血。镜下，坏死组织仍保持原来的结构轮廓，但实质细胞的精细结构已消失，胞核完全崩解消失，或有部分核碎片残留，胞浆崩解融合为一片淡红色均质无结构的颗粒状物质。凝固性坏死常见有以下三种形式。

（1）贫血性梗死　常见于肾脏、心脏、脾脏等器官，坏死区呈灰白色、干燥、早期肿胀、稍突出于脏器表面，切面坏死区呈楔形，周界清楚。

（2）干酪样坏死　见于结核杆菌和鼻疽杆菌等引起的感染性炎症。干酪样坏死灶局部除了凝固的蛋白质外，还含有大量的由结核杆菌产生的脂类物质，使坏死灶外观呈灰白色或黄白色，松软无结构，似干酪（奶酪）样或豆腐渣样，故称为干酪样坏死。镜下，坏死组织的固有结构完全被破坏而消失，融合成均质、红染的无定形结构，病程较长时，坏死灶内可见有蓝染的颗粒状的钙盐沉着。

（3）蜡样坏死　指发生于肌肉组织的凝固性坏死。见于动物的白肌病等，眼观肌肉肿胀，浑浊、无光泽，干燥坚实，呈灰红或灰白色，如蜡样，故名蜡样坏死。

2. 液化性坏死

液化性坏死指坏死组织因蛋白水解酶的作用而分解变为液态，常见于富含水分和脂质的组织（如脑组织）或蛋白分解酶丰富（如胰腺）的组织。脑组织中蛋白含量较少，水分与磷脂类物质含量多，而磷脂对凝固酶有一定抑制作用，所以脑组织坏死后会很快液化，呈半流体状，故称脑软化。在脑组织，严重的、大的液化性坏死灶肉眼可见呈空洞状，而轻度的、小的液化性坏死灶只有在显微镜下才能看到。镜下，可见发生于脑灰质的液化性坏死灶局部神经细胞、胶质细胞和神经纤维消失，只见少量核碎屑，呈微细网孔或筛网状结构。发生于脑白质的液化性坏死灶可见神经纤维脱髓鞘。例如，发霉玉米中毒引起的大脑软化。在化脓性炎灶或脓肿局部，由于大量中性粒细胞的渗出、崩解，释放出大量蛋白质水解酶，使坏死组织溶解、液化。胰腺坏死则由于大量胰蛋白酶的释出，溶解坏死胰组织而形成液化性坏死。

3. 坏疽

坏疽指组织坏死后继发有腐败菌感染和外界因素影响而发生的一类变化。由于血红蛋白分解产生的铁与组织蛋白分解产生的硫化氢结合成硫化铁，使坏死组织呈黑色。坏疽可分为以下三种类型。

（1）干性坏疽　常见于缺血性坏死、冻伤等，多继发于肢体、耳壳、尾尖等水分容易蒸发的体表部位。坏疽组织干燥、皱缩、质硬、呈灰黑色，腐败菌感染一般较轻，坏疽区与周围健康组织间有一条较为明显的炎性反应带，所以边界清楚。最后坏疽部分可完全从正常组织分离、脱落。例如，慢性猪丹毒，颈部、背部直至尾根部常发生的皮肤坏死；皮肤冻伤形成的坏死，都是典型的干性坏疽。

（2）湿性坏疽　多发生于与外界相通的内脏（肠、子宫、肺脏等），也可见于动脉受阻同时伴有淤血水肿的体表组织。由于坏死组织含水分较多，故腐败菌感染严重，使局部肿胀，呈黑色或暗绿色。由于病变发展得较快，炎症比较弥漫，故坏死组织与健康组织间无明显的分界线。坏死组织经腐败分解可产生吲哚、粪臭素等，故有恶臭。同时组织坏死腐败所产生的毒性产物及细菌毒素被吸收后，可引起全身中毒症状（毒血症），威胁生命。

（3）气性坏疽　常发生于深在的开放性创伤（如阉割、战伤等）合并产气荚膜杆菌等厌氧菌感染时，细菌分解坏死组织时产生大量气体（硫化氢、二氧化碳、氮气），使坏死组织内含气泡，呈蜂窝样和污秽的棕黑色，用手按之有“捻发”音。由于气性坏疽病变可迅速向周围和深部组织发展，产生大量有毒分解产物，可致机体迅速自体中毒而死亡。

第四节 猪病的病理学检查技术

一、猪尸体剖检技术

置死猪成背卧位，先切断肩胛骨内侧和髋关节周围的肌肉，使四肢摊开，然后沿腹壁中线进刀，向前切至下颌骨，向后到肛门，掀开皮肤，再切开剑状软骨至肛门之间的腹壁，沿左右最后肋骨切腹壁至脊柱部，这样使腹腔脏器全部暴露。此时检查腹腔脏器的位置是否正常，有无异物和寄生虫，腹膜有无粘连，腹水的容量和颜色是否正常。然后由膈处切断食管，由骨盆腔切断直肠，按肝、脾、肾、胃、肠的次序分别取出检查。胸腔脏器的取出和检查：沿季肋部切去膈膜，先用刀或骨剪切断肋软骨和胸骨连接部，再把刀伸入胸腔，划断脊柱两侧肋骨和胸椎连接部的胸膜和肌肉，然后用两手按压两侧的胸壁肋骨，则肋骨和胸椎连接处的关节自行折裂而使胸腔敞开。首先检查胸腔液的量和性状，胸膜的色泽和光滑度，有无出血、炎症或粘连，而后摘取心、肺等进行检查。

二、解剖病理学观察

尸体解剖和病理检验一般同时进行，一边解剖一边检验，以便观察到新鲜的病理变化。对实质脏器，如肝、脾、肾、心、肺、胰、淋巴结等的检验，应先观察器官的大小、颜色、光滑度及硬度，有无肿胀、结节、坏死、变性、出血、充血、淤血等，然后切成数段，观察切面的病理变化。胃肠一般放在最后检验，先看浆膜的变化，然后剪开胃和肠管，观察胃肠黏膜的病变及胃肠内容物的变化。气管、膀胱、胆囊的检查方法与胃肠相同。脑和骨只在必要时进行检验。在肉眼观察的同时，应采取小块病变组织（2～3 立方厘米）放入盛有10%福尔马林液的广口瓶中固定，以便进行组织病理学检查。

三、组织病理学观察

有些疾病除了通过病理剖检、眼观特征性病理变化外，还需做组织病理学检查，以进一步对病性进行确定。组织病理学技术广泛应用于动物和人类疾病的研究与诊断。它是在眼观检查的基础上，采取病变组织，制作石蜡切片或冰冻切片，之后通过不同方法染色，然后在光学显微镜下观察病变组织的微观变化，以此做出组织病理学诊断或从微观水平认识疾病的本质。最常用的染色方法是苏木素-伊红（HE）染色。有时也根据需要可以做特殊染色，来了解一些细胞、病理产物和化学成分等的情况。

1. 细胞损伤常见的超微结构变化

细胞损伤的超微结构变化主要包括：细胞膜、膜特化结构（细胞外衣、纤毛、微绒毛细胞间连接）、线粒体、内质网、高尔基复合体、溶酶体、细胞质包含物以及细胞核的形态和数目的变化。

2. 变性

变性是指细胞或间质内出现异常物质或正常物质的数量显著增多，并伴有不同程度的功能障碍。有时，细胞内某种物质的增多属生理性适应的表现而非病理性改变，对这两种情况，应注意区别。变性可分为细胞变性和细胞间质的变性，常见的细胞变性有细胞肿胀、脂肪变性及玻璃样变性等；细胞间质的变性有黏液样变性、玻璃样变性、淀粉样变性等。一般而言，细胞内变性是可复性变化，当病因消除后，变性细胞的结构和功能仍可恢复，而细胞间质变性往往是不可复性变化，严重时发展为坏死。

3. 坏死

细胞坏死的主要标志是细胞核的变化，可表现为核浓缩、核碎裂、核溶解。

一般来说，细胞坏死时，胞浆首先发生变化，胞浆内的蛋白质发生凝固或崩解，呈颗粒状。最后，细胞膜破裂，整个细胞轮廓消失。细胞完全坏死后，胞浆、胞核全部崩解，组织结构完全消失，镜下形成一片模糊的、颗粒状的、无结构的红染物质。

4. 病理性物质沉着

病理性物质沉着包括糖原沉着、免疫复合物沉着、病理性钙化、尿酸盐沉着和病理性色素沉着。

第五节　猪病的实验室诊断方法

一、病料的采集、保存和送检

病料的送检方法应依传染病的种类和送检目的的不同而有所区别。

1. 病料的采取

合理取材是实验室检查能否成功的重要条件之一。第一，怀疑某种传染病时，则采取该病常侵害的部位。第二，找不出怀疑对象时，则采取全身各器官、组织。第三，败血性传染病，如猪瘟、猪丹毒等，应采取心、肝、脾、肺、肾、淋巴结及胃肠等组织。第四，专嗜性传染病或以侵害某种器官为主的传染病，则采取该病侵害的主要器官、组织，如狂犬病采取脑和脊髓，猪气喘病采取肺的病变部，呈现流产的传染病则采取胎儿和胎衣。第五，检查血清抗体时，则采取血液，待凝固析出血清后，分离血清，装入灭菌小瓶送检。

2. 病料的保存

欲使猪病的实验室检查得出正确结果，除病料采取要适当外，还需使病料保持新鲜或接近新鲜的状态。如病料不能立即进行检验，或须寄送到外地检验时，应加入适量的保存剂。

（1）细菌检验材料的保存　将采取的组织块，保存于饱和盐水或30%甘油缓冲液中，容器加塞封固。饱和盐水的配制：蒸馏水100毫升，加入氯化钠38～39克，充分搅拌溶解后，用数层纱布滤过，高压灭菌后备用。30%甘油缓冲溶液的配制：纯净甘油30毫升，氯化钠500毫克，碱性磷酸钠（磷酸氢二钠）1000毫克，蒸馏水加至100毫升，混合后高压灭菌备用。

（2）病毒检验材料的保存　将采取的组织块保存于50%甘油生

理盐水或鸡蛋生理盐水中，容器加塞固定。

50%甘油生理盐水的配制：氯化钠 8.5 克，蒸馏水 500 毫升，中性甘油 500 毫升，混合后分装，高压灭菌备用。

鸡蛋生理盐水的配制：先将新鲜鸡蛋表面用碘酊消毒，然后打开，将内容物倾入灭菌的容器内，按全蛋 9 份加入灭菌生理盐水 1 份，摇匀后用纱布过滤，然后加热至 56～58℃持续 30 分钟，第 2 天和第 3 天各按上述方法加热 1 次，冷却后即可使用。

（3）组织病理学检验材料的保存　将采取的组织块放入 10%的福尔马林溶液或 95%酒精中固定，固定液的用量须为标本体积的 5～6 倍以上，如用 10%福尔马林固定，应在 24 小时后换新鲜溶液 1 次。严寒季节为防组织块冻结，在送检时可将上述固定好的组织块取出，保存于甘油和 10%福尔马林等量混合液中。

3. 病料的送检

（1）病料的记录和送检单　病料应在容器上编号，并详细记录，附送检单。

（2）病料的包装　要安全稳妥。对于危险材料、怕热或怕冻的材料，应分别采取措施。一般来说，微生物学检验材料都怕受热。病理学检验材料都怕冻。

（3）病料的运送　病料装箱后，应尽快送到检验单位，短途可派专人送去，远途可以空运。

（4）注意事项

① 采取病料要及时，应在猪死后立即进行，最好不超过 6 小时。如拖延过久（特别是夏天），组织变性和腐败，不仅有碍于病原微生物的检出，而且影响组织病理学检验的正确性。

② 应选择症状和病变典型的病例，最好能同时选择几种不同病程的病料。

③ 取材动物应是未经抗菌或杀虫药物治疗的，否则会影响微生物和寄生虫的检出结果。

④ 剖检取材之前，应先对病情、病史加以了解和记录，并详细进行剖检前的检查。

⑤ 除组织病理学检验材料及胃肠等以外，其他病料均以无菌操

作采取。为了减少污染机会，一般先采取微生物学检验材料，然后再结合病理剖检，采取病理学检验材料。

二、细菌的分离、培养和鉴定

猪病细菌性病原体的检查包括细菌的分离、培养、染色镜检和生化试验。

（一）细菌的分离、培养

一般细菌分离、接种、培养的方法有如下几种。

1. 平皿划线分离培养法（图 8-3）

① 用左手持平皿培养基，以食指为支点，并用拇指和无名指将平皿盖推开一缝隙（不要开得过大，以免空气进入而污染培养基）。

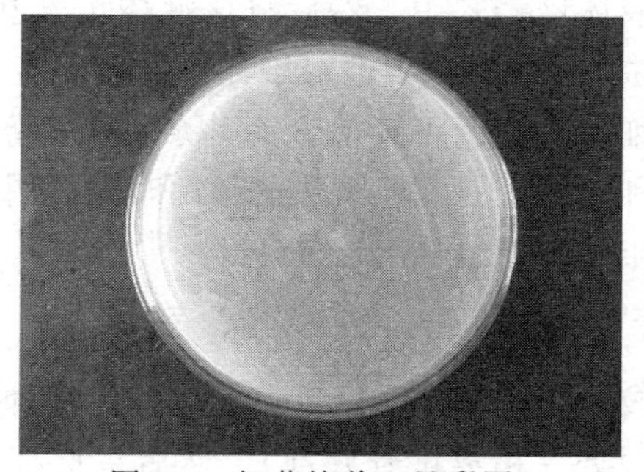

图 8-3　细菌培养（见彩图）

② 右手以执笔式持接种环，经酒精灯火焰灭菌，待冷却后，取被检材料，迅速将取有材料的接种环伸入平皿中，在培养基边缘轻轻涂布一下，然后将接种环上的剩余材料在火焰上烧去，再伸入接种环，与培养基约呈 40°角，自涂布材料处开始，在培养基表面来回移动作曲线形划线接种。

③ 划线是以腕力使接种环在培养基表面划动，尽量不要划破培养基。

④ 划线中不宜过多重复旧线，以免形成菌苔。一般每次划线只能与上一次划线重叠，而且每次划线时可将接种环火焰灼烧灭菌后，从上一次划线引出下一次划线，这样易获得单个菌落。

⑤ 划线完毕，接种环经火焰灭菌后放好；在平皿底用记号笔做记号和日期，将平皿倒置于37℃温箱培养，一般24小时后观察结果。

2. 琼脂斜面划线分离培养法

左手持斜面培养基试管，右手执接种环，在酒精灯火焰上灼烧灭菌，随即以右手无名指和小指拔去并夹持斜面试管棉塞或试管盖，将试管口在火焰上灭菌，以接种环蘸取被检材料，迅速伸入试管底部与冷凝水混合，并在培养基斜面上划曲线。划毕，塞好棉塞或盖好盖，接种环经火焰灭菌。将斜面培养基置于37℃温箱中培养24小时，观察结果。

3. 加热分离培养法

此法专用于分离有芽孢或较耐热的细菌，其方法是先将要分离的材料接种于一管液体培养基中，然后将该液体培养基置于水浴锅中，加热到80℃，维持20分钟，再进行培养，材料中若含带有芽孢的细菌或其他耐热的细菌，其仍可存活，而其余细菌的繁殖体则被杀灭，若材料中含有两种以上有芽孢或耐热的细菌时，只用此法得不到纯培养，仍须结合琼脂平板划线分离培养法。

4. 穿刺接种法

此法用于明胶、半固体、双糖等培养基。用接种针取菌落，由中央直刺培养基的深处（稍离试管底部），然后将接种针拔出，在火焰上灭菌，培养基置于37℃温箱中培养。

5. 厌氧培养法

培养厌氧菌，需将培养环境或培养基中的氧气除去，常用的方法有生物学、化学及物理学三类。

（1）生物学方法　利用生物组织或需氧菌的呼吸作用消耗掉培养环境中的氧气，以造成厌氧环境。常用的方法如下。

① 在培养基中加入生物组织。培养基中含有动物组织（新鲜无菌的小片组织或加热杀菌的肌肉、心、脑等）或植物组织（如马铃薯、燕麦、发芽谷物等），由于新鲜组织的呼吸作用及加热处理过程中的可氧化物质的氧化，可消耗掉培养基中的氧气。

② 共生法。将培养材料置于密闭容器中，在培养厌氧菌的同时，接种一些需氧菌（枯草杆菌）或让植物种子（如燕麦）发芽，利用它们将氧气消耗掉，造成厌氧环境。

（2）化学方法　利用化学反应将环境或培养基内的氧气吸收，造成厌氧环境。常用的方法如下。

① 焦性没食子酸平皿法。将被检材料接种在两只鲜血琼脂平板中，其中一只放在37℃普通环境下培养，作为对照。称取焦性没食子酸1克，放在翻转的平皿盖的中央，覆一小块脱脂棉（压平，使扣上鲜血平板后，培养基不会接触棉花），迅速在脱脂棉上滴加10%氢氧化钠溶液1毫升，将已接种好的鲜血琼脂平板（去盖）覆盖在此翻转的盖上，周围用蜡封固。在37℃温箱中培养2～4天观察。

② 焦性没食子酸试管法。取一大试管，在管底放一弹簧或适量玻璃珠，再加入焦性没食子酸1克，将已接种厌氧菌的小试管放入大试管中，沿大试管壁加入10%氢氧化钠溶液1～2毫升，迅速用橡胶皮塞塞住管口，周围用蜡密封，密置37℃下培养2～4天。

③ 硫乙醇酸钠培养基。将待检菌接种于硫乙醇酸钠培养基。如为专性厌氧菌，经培养后，底部浑浊或有灰白色颗粒。如为专性需氧菌，则上部浑浊。如为兼性菌，则全部浑浊。

（3）物理学方法　利用加热、密封、抽气等物理学方法驱除或隔绝环境中或培养基中的氧气，以形成厌氧状态，有利于厌氧菌的生长。常用的方法如下。

① 高层琼脂柱摇振培养法。加热融化高层琼脂，待冷却到45～50℃时接种厌氧菌，迅速振荡，混合均匀。凝固后置37℃下培养，厌氧菌在近管底处生长。

② 真空干燥器培养法。将已接种厌氧菌的培养平皿或试管放于真空干燥器内，密封，用抽气机抽掉空气。代之以氢气、氮气或一氧化碳气体，然后将干燥器放于培养箱内培养。

（二）染色镜检和生化试验

分离培养出的细菌可以通过染色镜检和生化试验进一步鉴定。常用的染色方法是革兰氏染色法，通过初染、媒染、脱色、复染、干燥和镜检确定细菌的形态结构。革兰氏阳性细菌呈蓝紫色，革兰氏阴性细菌呈红色。不同微生物在代谢类型上表现出很大的差异，如表现在对大分子糖类和蛋白质的分解能力以及分解代谢的最终产物的不同，反映出各菌属间具有不同的酶系和生理特性，这些特性可被用作细菌鉴定和分类的依据。常用的生化试验包括：碳水化合物代谢试验，蛋白质、氨基酸和含氮化合物试验，碳源与氮源利用试验和酶类试验等（图 8-4、图 8-5）。

图 8-4　染色

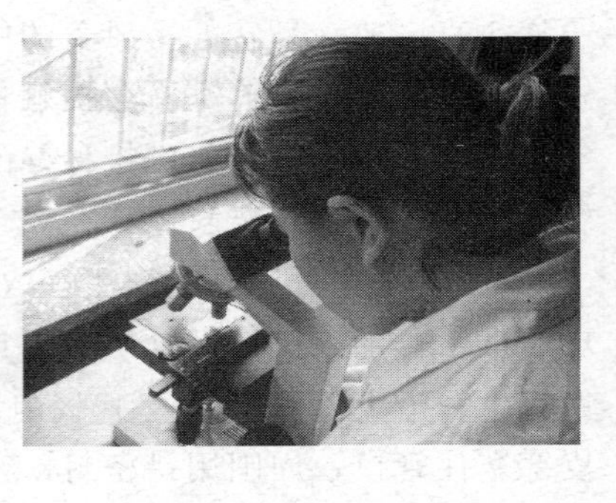

图 8-5　镜检

三、药物敏感试验

抗菌药物在猪病防治上已得到了广泛应用，但是对某种抗菌药物长期或不合理地使用，可使这些细菌产生耐药性。如果盲目地滥用抗菌药物，不仅造成药物的浪费，而且也贻误了治疗时机。药物敏感试验是一项药物体外抗菌作用的测定技术，通过本试验，可选用最敏感的药物进行临诊治疗，同时也可根据这一试验，测定抗菌药物的质量，以防假冒伪劣产品和过期失效药物进入猪场。常用的药敏试验方法有纸片法、试管法、琼脂扩散法 3 种，现分别介绍如下。

1. 纸片法

含各种抗菌药物的纸片（药敏纸片），市场有售，是一种直径 6 毫米的圆形小纸片，要注意密封保存，储藏于阴暗干燥处，切勿受潮。注意有效期，一般不超过 6 个月。

（1）试验材料　经分离和鉴定后的纯培养菌株（例如，大肠杆

菌、链球菌等)、营养肉汤、琼脂平皿、棉拭子、镊子、酒精灯、药敏纸片若干。

（2）试验步骤

① 将测定菌株接种到营养肉汤中，置于37℃条件下培养12小时，取出备用。

② 用无菌棉拭子蘸取上述菌液，均匀涂于琼脂平皿上。

③ 待培养基表面稍干后，用无菌小镊子分别取所需药敏纸片均匀地贴在培养基的表面，轻轻压平，各纸片间应有一定距离，并分别做上标记。

④ 将培养皿置于37℃温箱内培养12～18小时后，测量各种药敏纸片抑菌圈直径的大小（以毫米表示）（图8-6）。

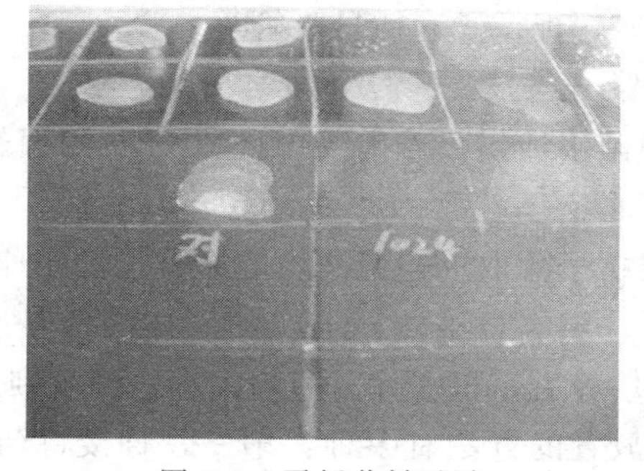

图8-6　平板药敏试验

2. 试管法

本法较纸片法复杂，但结果较准确、可靠。此法不仅能用于各种抗菌药物对细菌的敏感性测定，也可用于定量检查。

（1）试验方法　取试管10支，排放在试管架上，于第1支管中加入肉汤1.9毫升，其余各管均各加1毫升肉汤。吸取配好的抗菌药物0.1毫升，加入第1支管，混合后吸取1毫升放入第2支管，混合后再由第2支管移1毫升到第3支管，如此倍比稀释到第9支管，从中吸取1毫升弃掉，第10支管不加药物，作为对照。然后，各管加入幼龄试验菌0.05毫升（培养18小时的菌液，1∶1000稀释），置于37℃温箱内培养18～24小时，观察结果。必要时也可从每管取

0.2 毫升肉汤分别接种于培养基上，经 12 小时培养后计数菌落。

（2）结果判定　培养 18～24 个小时后，观察试管中无菌生长的药物最高稀释倍数，即为该菌对药物的敏感度。若药物本身浑浊，而肉眼不易观察的，可将各稀释度的细菌涂片镜检，或计数培养皿上的菌落。

3. 琼脂扩散法

本法是利用药物可以在琼脂培养基中扩散的原理，进行抗菌试验，其目的是测定药物的质量，初步判断药物抗菌作用的强弱，用于定性测定，方法较简便。

（1）试验材料　被测定的抗菌药物（例如青霉素，选择不同厂家生产的几个品种，以做比较）、试验用的菌株（例如链球菌）、营养肉汤、营养琼脂平皿、棉拭子、微量吸管等。

（2）试验步骤

① 将试验细菌接种到营养肉汤中，置于 37℃温箱培养 12 小时，取出备用。

② 用无菌棉拭子蘸取上述菌液均匀涂布于营养琼脂平皿上。

③ 用各种方法将等量被测药液（如同样的稀释度和数量）置于含菌的平板上，培养后，根据抑菌圈的大小，初步判定该药物抑菌作用的强弱。药物放置的方法有多种：第一，直接将药液滴在平板上；第二，用滤纸片蘸取药液置于含菌平板上；第三，在平板上打孔（用琼脂沉淀试验的打孔器），然后将药液滴入孔内；第四，先在无菌平板上划出一道沟，在沟内加入各被检药液，沟上方划线接种试验菌株。以上药物放置方法可根据具体条件选择使用。

四、用于抗原检测的聚合酶链式反应（PCR）

传统的动物疫病诊断方法有临床学诊断、生物学诊断、形态学诊断和免疫学诊断。随着分子生物学知识的不断积累，可能采用各种分子生物学技术直接探查病原体基因的存在和变异，从而对生物体的状态和疫病做出诊断，这就是基因诊断。在多种多样的基因诊断技术中，PCR 技术因其巧妙的原理和与众不同的特点，已成为基因诊断的首选技术。

PCR 技术又称基因体外扩增技术。根据已知病原微生物的特异性核酸序列（目前可以在因特网 GeneBank 中检索到很大一部分病原微生物特异性核酸序列），设计合成与其 5′端同源、3′端互补的 2 条引物，在反应管中加入待检的病原微生物核酸（称为模板 DNA）、引物 dNTP 和具有热稳定性的碱基 DNA 聚合酶。在适当条件（Mg^{2+}，pH 等）下，置于自动化热循环仪（PCR 仪）中，经过变性、复性、延伸三种反应温度，此为一个循环，每次扩增可进行 20～30 个循环。如果待检的病原微生物核酸与引物上的碱基匹配，合成的核酸产物就会以 $2n$（n 为循环次数）的指数形式递增。产物经琼脂糖凝胶电泳，可见到预期大小的 DNA 条带，根据电泳结果可做出确切诊断。PCR 技术具有高度敏感性和特异性，只要知道病原微生物的特异核酸序列，就可用 PCR 技术检测。另外，PCR 技术为检测那些生长条件苛刻、培养困难的病原体，为潜伏感染或病原核酸整合到感染动物体细胞基因组的病原体检疫，提供了极为有效的手段。PCR 技术与其他分子生物学诊断技术组合，形成了限制性片段长度多态性（PCR-RFLP）、反转录 PCR（RT-PCR）、单链构象多态性（PCR-SSCP）、随机扩增多态性 DNA（RAPD）等技术。

1. 限制性片段长度多态性

将 PCR 技术扩增的 DNA 片段，用限制性内切酶进行酶切后，经电泳比较酶切片段的方法。电泳后还可以利用 DNA 杂交技术进一步分析。

2. 反转录 PCR

利用反转录酶将 RNA 反转录成 cDNA 后，用常规的 PCR 技术扩增特异性片段。这种方法可扩增出 mRNA 或 RNA 病毒基因组中的特异性片段。

3. 单链构象多态性

将双链 DNA 片段变性后成为单链，单链 DNA 靠自身碱基序列形成立体结构。这种 DNA 在非变性聚丙烯酰胺凝胶中边加热边电泳时，根据其立体结构的差异，即使是长度相同但立体结构不同的

DNA 片段，其电泳位置也不同。

该方法可检出数百个碱基序列的 DNA 片段中只有一个碱基差异的不同 DNA 片段，故非常敏感。

4. 随机扩增多态性 DNA

这种方法是利用随机引物或病原体基因组中的重复序列或某生物种中常见基因的特异性引物进行 PCR 分析的，其结果扩增出不同长度的 DNA 片段，根据其片段长度鉴定病原体和血清型。

综上所述，传染病的每一种诊断方法都有其特定的作用和适用范围，单靠某一种方法不能把所有的传染病和带菌（毒）动物都检查出来，有些传染病应尽可能应用几种方法综合诊断。

随着 PCR 技术在动物疫病诊断上的快速发展，衍生出了诸如 RT-PCR 技术、半套式 PCR 技术、二温式多重 PCR 技术、三温式多重 PCR 技术、复合 PCR 技术等，并将其充分运用到动物疾病诊断、传染病流行病学调查、外来疫情监测和免疫后强毒株检测等方面。为控制动物疫病的发生和传播起到了重要的作用。

五、猪的血液常规检查法

畜禽发生疾病可以引起血液固有成分的改变。因此，血液检验是了解机体的健康状态，判定疾病的性质、治疗效果和预后等不可缺少的检验项目。血液的检验包括血液物理性状的检验、血细胞计数和形态学检验，以及血红蛋白的测定。

（一）血液物理性状的检验

1. 红细胞沉降率的测定

血液加入抗凝剂后，一定时间内红细胞向下沉降的毫米数，叫做红细胞沉降速度，简称“血沉”或缩写为 ESR。红细胞沉降是一个比较复杂的物理化学和胶体化学的过程，其原理至今尚未完全阐明。一般认为与血中电荷的含量有关。正常时，红细胞表面带负电荷，血浆中的白蛋白也带负电荷，而血浆中的球蛋白、纤维蛋白原却带正电荷。畜禽体内发生异常变化时，血细胞的数量及血中的化学成分也会有所改变，直接影响正、负电荷的相对稳定性。假如正电荷增多，则负电荷相对减少，红细胞相互吸附，形成串钱状，从而使红细胞的沉降速度加快；反之，红细胞相互排斥，其沉降速度变慢。

2. 红细胞压积容量的测定

红细胞压积容量是指压紧的红细胞在全血中所占的容积比，是鉴别各种贫血症的一项不可缺少的指标。兽医临床广为使用，简称“比容”，也称作“红细胞比积”“红细胞压积”或缩写为 PCV。红细胞压积容量的测定原理为血液中加入可以保持红细胞体积大小不变的抗凝剂，混合均匀，用特制吸管吸取抗凝全血，随即注入温氏测定管中，电动离心，使红细胞压缩到最小体积，然后读取红细胞在单位体积内所占百分比。

3. 红细胞渗透脆性的测定

红细胞在等渗的氯化钠溶液中，它的形态保持不变。红细胞在不同浓度的低渗氯化钠溶液中，水分进入红细胞，红细胞逐渐胀大，以致破裂溶血。开始溶血（即部分红细胞破裂）为最小抵抗力；完全溶血（即全部红细胞破裂）为最大抵抗力。抵抗力小，表示渗透脆性强；抵抗力大，表示渗透脆性弱。通过这个试验测定红细胞对于低渗溶液的抵抗能力。

（二）血细胞计数

1. 红细胞计数

目前多采用试管法，即将全血在试管内用稀释液稀释 200 倍，在血细胞计数板的计数室内计数一定容积的红细胞数，然后再推算出 1 立方毫米血液内的红细胞数。

2. 白细胞计数

一定量血液用冰醋酸溶液稀释后，可将红细胞破坏，然后在血细胞计数板的计数室内计数一定容积的白细胞数，以此推算出每立方毫米血液内的白细胞数。此项检验需与白细胞分类计数相配合，才能正确分析与判断疾病。

3. 血小板计数

尿素能溶解红细胞及白细胞，而保存完整形态的血小板，经稀释后在细胞计数室内直接计数，以求得每立方毫米血液内的血小板数。稀释液中的枸橼酸钠具有抗凝作用，甲醛可固定血小板的形态。

4. 嗜酸性粒细胞计数

在血细胞计数板上，直接计数嗜酸性粒细胞的数目，换算成每立方毫米中的个数，即绝对值，此为直接计数法。稀释液中含有尿素，它能破坏红细胞和嗜酸性粒细胞以外的其他白细胞（偶尔也可有少数淋巴细胞存在，但不被着色），经伊红染色，嗜酸性颗粒被染成粉红色。

（三）血细胞形态学的检验

观察血细胞的形态需要制作血液涂片，经染色后进行显微观察。

猪的血细胞形态特征是：红细胞平均直径为 6.2 微米，圆形，可形成串钱状，有时呈现出中央淡染苍白。在三周龄猪的血液中，一般能看到多染性红细胞及有核红细胞。

嗜中性粒细胞成熟型的核分为数叶，核丝不明显，核染色质呈鲜明的斑点状构造。杆状核细胞的核呈 U 字形或 S 形，核膜平滑。在一日龄的健康仔猪血液中往往出现晚幼嗜中性粒细胞，其细胞质呈淡蓝色乃至蓝色。

嗜酸性粒细胞的颗粒呈圆形或卵圆形，染成橙红色，均匀分布于细胞质中。核为肾形、杆状或分叶。

嗜碱性粒细胞的细胞核明显，呈淡紫色。嗜碱性颗粒为蓝紫色。

淋巴细胞分大、中、小，在胞浆与核之间有一透明带，胞浆的边缘有小而细长的嗜天青颗粒。

单核细胞核的边缘不整齐，核的染色质呈纽扣状。胞浆为灰蓝色，胞浆中的颗粒几乎看不到。

血小板呈小的卵圆形，有时也可见到细长的巨型血小板。

（四）血红蛋白的测定

1. 电子血细胞计数仪法

全血加入 BE941 型溶血剂，血红蛋白衍生物均能转化为稳定的棕红色氰化高铁血红蛋白，在电子血细胞计数仪上，可以通过血红蛋白通道直接测定。

2. 氰化高铁血红蛋白（HiCN）分光光度计法

全血加 HiCN 试剂，除 HbS 及 HbC 外其他血红蛋白衍生物均能转化成稳定的棕红色氰化高铁血红蛋白。在分光光度计 540 纳米处比色测定，根据标准读数和标本读数计算其浓度。在有条件的单位，可根据其毫摩尔消化系数计算含量。

3. 碱性羟高铁血红素（AHD-575）法

非离子化去垢剂碱性溶液（AHD 试剂）能使血红素、血红蛋白及其衍生物全部转化为一种稳定的碱性羟高铁血红素，在 575 纳米处有一特征性的吸收峰。

六、猪病常用的血清学诊断方法

血清学诊断方法是检测猪病特异性抗体和抗原的常用方法，包括沉淀试验（含琼脂扩散试验）、凝集试验（含间接血凝试验等）、补体结合试验、中和试验、免疫荧光试验、放射免疫试验、酶联免疫吸附试验等。

七、猪的粪、尿常规检查法

1. 猪粪的常规检查法

（1）动物粪便的显微镜检查　采集少许粪便，放在洁净的载玻片上，加少量生理盐水，用牙签混合并涂成薄层，无需加盖玻片，用低倍镜检视。遇到水样粪便时，因其含有大量水分，检查前，让其行沉淀或低速离心片刻，然后用吸管吸取沉渣制片，进行镜检。

对粪球表面或粪便中的肉眼可见的异常混合物，如血液、脓汁、脓块、肠道黏膜及伪膜等，应仔细地将其挑选出来，移到载玻片上，覆盖盖玻片，随后用低倍镜或高倍镜镜检。检查内容包括：①寄生虫及虫卵；②细菌；③血细胞、脓球；④上皮细胞；⑤脂肪颗粒及其他食物残渣；⑥伪膜。

（2）动物粪便的化学检查　包括酸碱度、潜血。

2. 尿常规检查法

尿液检验是一种相对简单、快速、经济的实验室检查，它可评估尿液和尿沉渣的物理和化学性质。尿液分析可为兽医提供泌尿系统、代谢和内分泌系统、电解质和水合状态方面的信息。

（1）尿液的一般性状检查　检查内容包括：尿量、尿色、澄清度/透明度、气味、密度。

（2）尿液的显微镜检查

① 尿液中有机沉渣的检查包括红细胞、白细胞、上皮细胞、黏液和管型。

② 尿液中无机沉渣的检查包括磷酸铵镁结晶、无定形磷酸盐、碳酸钙结晶、无定形尿酸盐、尿酸铵结晶、草酸钙、磺胺类结晶和尿酸结晶。

3. 尿液的化学检查

检查内容包括：pH 值、蛋白质、葡萄糖、酮体、胆色素、潜血、亚硝酸盐。

第九章 母猪常见病的防控

第一节 母猪非传染性繁殖障碍病的防控

一、母猪乏情

正常情况下，后备母猪8～10月龄、体重100～120千克达到体成熟，85%～90%的经产母猪在断奶后7天内，均可发情配种。后备母猪不发情不超过3%视为正常。如果后备母猪发情时间推迟到10月龄甚至10月龄后仍不见发情征状，经产母猪断奶后超过2周或更长时间才发情或仍不发情，就称为母猪乏情，即母猪不发情，是母猪繁殖障碍的重要表现。生产实践中，要分清原因，积极应对。

1. 选种的问题

没有把握好选种标准，特别是市场行情好、后备母猪紧缺时，往往是放到篮子里就是菜，见母就留，使本来不具备种用价值的母猪也当后备母猪留作种用。

预防：要严格按照种用要求，抓住“三方面、四阶段”的选种要点。

“三方面”是指母猪的健康状况、繁殖性能和胴体性状。首先，后备母猪应该是发育正常、精神活泼、健康无病的母猪，并来自无任何遗传性疾病（如乳头排列不整齐、瞎瘪乳头等）的家族；体型、外貌应具有本品种特征（如毛色、头形、耳形、体型等）且发育良好，四肢结实有力，肢蹄端正；有效乳头数在7对以上，无瞎瘪乳头；外生殖器发育正常。其次，后备母猪应来自繁殖力高的家系（即来自产仔数多、哺乳成活率高、断奶窝重较高的良种经产母猪）。第三，同胞同窝仔猪胴体性状好，整齐度高，个体差异小，初生重在1.5千克以上，28日断奶体重达8千克，70日龄体重达30千克且膘体适中。

“四阶段”是指断乳阶段、个体发育性能测定阶段、母猪配种繁殖阶段和终选阶段。在断乳阶段，主要根据亲代种用价值（母猪窝产仔数、断奶仔猪数和同窝仔猪整齐程度）进行选择；本身生长发育情况良好、体重大、背部宽长、后躯大、体型丰满、四肢结实、体型外貌要符合本品种外形标准；无遗传缺陷（有效乳头14只以上，无瞎乳头）。个体发育性能测定阶段是主选阶段，主要根据母猪的生长发育情况、生长速度、活体背膘、初情期等生产性状构成的综合指数进行选留和淘汰。在母猪配种繁殖阶段，主要依据个体繁殖性能来选留，一般选留发情明显、易受孕、产仔多、泌乳力高、母性好、仔猪成活率高的母猪。而7月龄后无发情征兆，同一情期连续配种3次不受胎，断奶后2～3月不发情、母性差、产仔少的母猪都应淘汰。当母猪有了第二胎繁殖记录时，可根据母猪本身、后裔、同胞和祖先的综合信息判断是否留作种用。

2. 疾病的问题

可分为先天性疾病和后天性疾病。先天性疾病一般是指生理缺陷和遗传缺陷疾病，主要表现为生殖器官和内分泌系统发育不健全，如生殖道畸形、卵巢充血和囊肿、两性畸形和性激素分泌异常等。后天性疾病主要是指母猪在生长过程中患上的疾病，如猪瘟、细小病毒病、乙型脑炎、伪狂犬病等。另外卵巢静止、持久黄体和子宫炎等疾病也会导致生殖激素分泌的紊乱，造成母猪不发情。

防治：对于因先天性疾病而不发情的后备母猪应该及时给予淘汰。对后天性疾病，要制订好科学的免疫程序进行防控。此外，最好能安排专业的疫苗接种员对母猪进行疫苗接种。同时，定期搞好母猪栏舍及周围的消毒和卫生清洁工作。

对因生殖激素分泌紊乱导致的母猪不发情，可用氯前列烯醇、PG600、黄体酮和己烯雌酚等外源激素治疗。

3. 饲养管理的问题

饲料营养搭配不合理，能量、蛋白质、维生素及微量元素等不全或比例不当，饲料营养过剩或过低，喂料过多或过少，配制饲料时使用了发霉变质的原料，长期使用维生素 A、维生素 E、维生素 B_1、叶酸和生物素含量较少的育肥猪料导致性腺发育抑制等，都会使母猪的卵巢机能异常、激素分泌紊乱，母猪体况过肥或过瘦，推迟后备母猪的第一次发情，延长经产母猪的非生产时间，最终造成母猪不发情或繁殖障碍。

饲养管理工作中，环境温度过高、饲养密度过大、栏舍阴暗潮湿、哺乳期失重过大、缺少足够的运动和缺乏公猪刺激等情况，都会影响机体内性激素的分泌，导致母猪不发情。

预防：不论是后备母猪舍还是经产母猪舍，都应保证通风透光、温度适宜。后备母猪群饲养密度、运动量要控制得当，最好能早晚采用公猪刺激诱情。经产母猪哺乳期，要适当控制带仔数，防止因带仔过，多体重损失过大，使母猪过瘦。在断奶时，将 4～6 头后备母猪混养在一起 1～2 天，人为制造母猪打斗场面，可以加快发情。适时使用公猪或发情母猪对乏情母猪进行追赶或爬跨，也可适当刺激乏情母猪的发情和排卵。一般情况下，当小母猪达到 160～180 日龄后，即可用性成熟的公猪进行刺激，可使初情期提前一个月左右。

配制饲料时，要严格控制玉米等原料的品质，不使用霉变原料，也可在饲料中加入适量霉菌毒素吸附剂。

二、母猪不孕

1. 母猪不孕的原因

（1）生殖道原因　生殖道原因导致母猪不孕一般是由卵巢疾病、排卵异常、配种不适时、生殖道炎症或生殖机能衰退所致。生殖道炎症是影响母猪受胎率的主要因素之一。据报道，母猪屡配不孕中有50%以上是因子宫炎症影响造成的，如人工授精消毒不严、分娩助产不当造成产道损伤或产房卫生太差等，感染概率会增大。在养猪生产中，通常有明显临床症状才会引起注意，隐性子宫炎则常被忽略，不做任何处理便盲目配种，显然易导致受胎率下降，甚至屡配不孕。

（2）母猪过肥　由于母猪食欲旺盛，不限量饲喂，致使母猪过肥，卵巢及其他生殖器官被许多脂肪包围，母猪排卵减少或不排卵，出现母猪不孕或不发情。

（3）各种传染病　如细小病毒、非典型猪瘟、乙型脑炎、布氏杆菌、猪繁殖与呼吸综合征、链球菌病；寄生虫病，如弓形体病、钩端螺旋体病；代谢病，如缺乏蛋白质、维生素、硒等，均可引起屡配不孕、流产或产死胎。

（4）曲霉毒素　近年来，临床发现，造成母猪屡配不孕的一个重要原因是曲霉素中毒，主要是玉米发霉变质产生的曲霉素，包括黄曲霉素、烟曲霉毒素、镰刀菌素和赤霉菌毒素。

（5）非母猪因素　种公猪精液品质差，主要见于公猪射精量少、密度低、活力差、畸形精子多、精子存活时间短等，这些因素均会引起母猪不孕。

2. 预防

（1）配种前后饲料控制　瘦弱母猪应采取配前“短期优饲”。配种后 12 天内要控制精料饲喂量，避免高温、争斗和运输应激，多喂青料，保持圈舍干燥卫生。对营养过剩、体况过肥的母猪应在配种前限量饲喂，在母猪达到 7～8 成膘的时候，一般就可以发情、配种了。

（2）科学饲养　不用饲养育肥猪的方法培育后备母猪，要按母猪饲养标准来培育后备母猪和饲养初产、经产母猪。

针对公猪精液品质差，查找原因对症治疗，同时加强对种公猪的饲养管理，依据种公猪的营养标准配制全价饲料。正确处理营养、利用、运动三者之间的平衡关系。严禁超标准、超年限使用种公猪。母猪配种前要对公猪精液进行镜检。种公猪射精量在 200～300 毫升，精子活力在 80%以上，密度在 2 亿～3 亿个/毫升，畸形精子比例不超 20%，这样的种公猪方可用于配种，才能使正常发情的母猪受孕。

（3）预防疾病　细小病毒、非典型猪瘟、乙型脑炎等疾病要重点预防。对曲霉素中毒造成的屡配不孕，要注意饲料的防霉、去毒和解毒等。

3. 治疗

（1）对发情周期正常而屡配不孕，尤其是配种后 21～25 天返情的母猪　发情配种前 2～4 小时进行净宫处理，将 1.5 克或 320 万单

位青霉素用20毫升生理盐水溶解，注入生殖道内深度为25～30厘米处净化子宫，简称净宫。母猪发情后24～36小时或配种前1～2小时，每头注射LRH（促进腺激素释放激素）-A3 10～20微克，注射后1～2小时采取两步间隔配种输精，两次间隔4～8小时。这种方法可以使母猪配种受胎率达到95.23%。对药物净宫和LRH-A3处理仍然不孕以及生殖机能衰退、失去种用价值的母猪应及时淘汰。

（2）对因卵巢囊肿不孕的母猪　母猪发情不规律或不发情，或者持续发情但屡配不孕，阴唇肿胀、增大，阴门中上排出黏液等，可用促黄体激素，每头注射50～100单位。

对于卵巢机能障碍而体格健壮、发情正常、整体健康的母猪，可以采取中药四物汤加减法治疗：当归10克、赤芍10克、阳起石8克、补骨脂8克、枸杞子5克、香附15克，水煎3次，每天1剂，混合饲料喂服，服药时间为下次发情配种前的2～5天，连续服用3剂，即可治愈。

三、母猪流产

母猪流产是指母猪正常妊娠发生中断，表现为产出死胎、未足月活胎（早产）或排出干尸化胎儿等。流产是养猪业常见疾病，对养猪业有很大的影响，常由传染性和非传染性（饲养和管理）因素引起，可发生于怀孕的任何阶段，但多见于怀孕早期。

1. 流产的原因

流产的原因很多，大致分为传染性流产和非传染性流产。

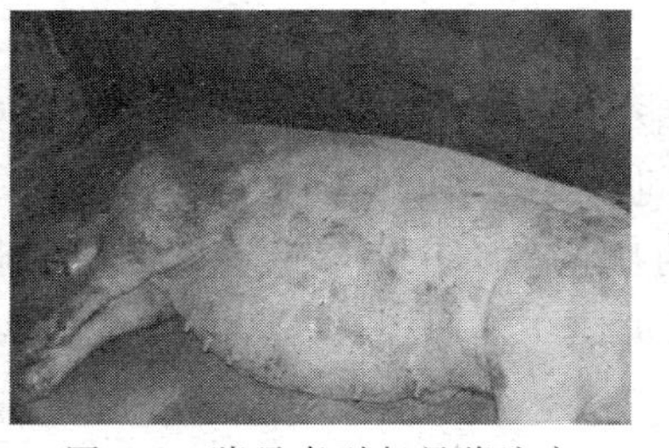

图9-1　猪丹毒引起母猪流产（见彩图）

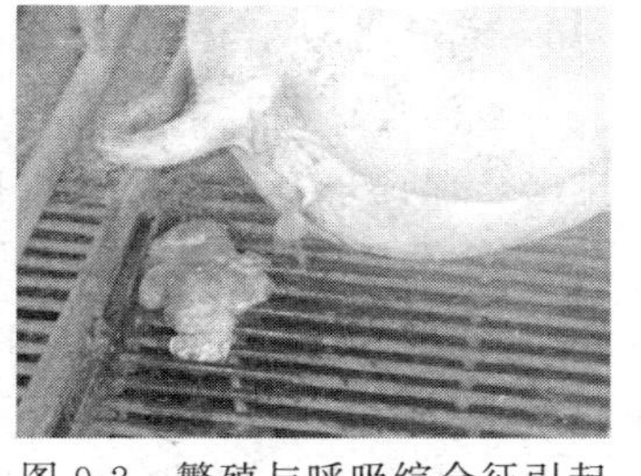

图9-2　繁殖与呼吸综合征引起母猪流产

（1）传染性流产　一些病原微生物和寄生虫病可引起流产。如猪的伪狂犬病、细小病毒病、乙型脑炎、猪丹毒（图 9-1）、猪繁殖与呼吸综合征（图 9-2）、布鲁菌病、猪瘟、弓形虫病、钩端螺旋体病等均可引起猪流产。

（2）非传染性流产　非传染性流产的原因更加复杂，与营养、遗传、应激、内分泌失调、创伤、中毒、用药不当等因素有关。

2. 临床症状

隐性流产发生于妊娠早期，由于胚胎尚小，骨骼还未形成，胚胎被子宫吸收，而不排出体外，不表现出临诊症状。有时阴门流出大量分泌物，过段时间再次发情。

有时在母猪妊娠期间，仅有少数几头胎猪发生死亡，但不影响其余胎猪的生长发育，死胎不立即排出体外，待正常分娩时，随同成熟的仔猪一起产出。死亡的胎猪由于水分逐渐被母体吸收，胎体紧缩，颜色变为棕褐色，称为木乃伊胎。

如果胎儿大部或全部死亡时，母猪很快出现分娩症状，母猪兴奋不安，乳房肿大，阴门红肿，从阴门流出污褐色分泌物，母猪频频努责，排出死胎或弱仔。

流产过程中，如果子宫口开张，腐败细菌便可侵入，使子宫内未排出的死亡胎儿发生腐败分解。这时母猪全身症状加剧，从阴门不断流出污秽、恶臭分泌物和组织碎片，如不及时治疗，可因败血症而死。

根据临诊症状，可以做出诊断。要判定是否为传染性流产，则需进行实验室检查。

3. 防治措施

（1）治疗　治疗的原则是尽可能制止流产；不能制止时，促进死胎排出，保证母畜的健康；根据不同情况，采取不同措施。

① 妊娠母猪表现出流产的早期症状，胎儿仍然活着时，应尽量保住胎儿，防止流产。可肌内注射黄体酮 10～30 毫克，隔日 1 次，连用 2 次或 3 次。

② 保胎失败，胎儿已经死亡或发生腐败时，应促使死胎尽早排出。肌内注射己烯雌酚等雌激素，配合使用垂体后叶素、催产素等促

进死胎排出。当流产胎儿排出受阻时，应实施助产。

③ 对于流产后子宫排出污秽分泌物者，可用0.1%高锰酸钾等消毒液冲洗子宫，然后注入抗生素，进行全身治疗。对于继发传染病而引起的流产，应防治原发病。

（2）预防　加强对怀孕母猪的饲养管理，避免对怀孕母猪的挤压、碰撞，饲喂营养丰富、容易消化的饲料，严禁喂冰冻、霉变及有毒饲料。做好预防接种，定期检疫和消毒。谨慎用药，以防流产。

四、母猪死胎

母猪死胎是繁殖障碍的一种，妊娠母猪的腹部受到打击、冲撞而损伤胎儿，有妊娠疾病及传染病（布鲁菌病、猪细小病毒病、乙型脑炎等）时均可引起死胎。

1. 临床症状

母猪起初不食或少食，精神不振；随后起卧不安，弓背努责，阴户流出污浊液体。在怀孕后期，用手按腹部检查久无胎动。如果时间过长，病猪呆滞，不吃。如死胎腐败，常有体温升高，呼吸急促，心跳加快等全身症状，阴户流出不洁液体，如不及时治疗，常因急性子宫内膜炎引起败血症而死亡。

2. 防治

（1）治疗　如果已诊断为死胎，可手术取出，必要时注射垂体后叶素或催产素，一次皮下注射 10～50 单位。对虚弱的母猪，术前、术后应适当补液。手术后将装有金霉素或土霉素 200 万～300 万单位的胶囊，投入子宫内，病猪体温升高者，可肌内注射青霉素、链霉素，连续数天。

（2）预防

① 淘汰老龄母猪，保持生产高峰期的母猪群　引种时一定要搞清楚种猪系谱、种源地和当地流行病情况，最好从同一地域引种，引种后要隔离饲养，在一个月内可交替使用抗生素净化隐性疾病，同时要做好驱虫、消毒和配种前几种疫苗的防疫程序。

② 加强科学饲养管理　日粮的营养成分采取最佳科学配比，调控母

猪体况。当母猪受外界应激采食量减少时，必须提高日粮中的矿物元素和维生素含量，增强母猪体质，使母猪尽可能多地供给胎儿营养。

③ 注意夏季管理　由于高温高湿，母猪产子时子宫收缩无力，产程延长，呼吸困难，吃料减少，对此情况，首先采取降温措施，同时改变饲喂时间，每天早晨 5 点和晚上 9 点各饲喂一次，中间加两次，使母猪对饲料摄入量增加。给产前 7 天的母猪注射维生素 D_3 和维生素 E。

④ 正确用药，科学防治　对待母猪流产及发烧、采食量下降等症状，不能滥用抗生素、随意加大药物剂量。应根据各种症状，分析病因，使用高效、低毒、安全的药物治疗，配合使用青饲料、清洁饮水，增强机体各项功能。另外，根据实际情况可脉冲式添加药物，对母猪进行疾病预防、净化，只有确保母猪的健康状况良好，才能充分发挥其生产及繁殖潜力，取得更大的经济效益。

五、母猪难产

母猪难产是指母猪在分娩过程中，分娩过程受阻，胎儿不能正常排出。母猪很少发生难产，发病率比其他家畜低得多，因为母猪的骨盆入口直径比胎儿最宽横断面大 2 倍，很容易把仔猪产出。难产的发生取决于产力、产道及胎儿三个因素中的一个或多个。主要见于初产母猪、老龄母猪。

（一）发病原因

1. 母猪方面原因

（1）产道狭窄型　产仔时，耻骨联合会正常开张，但受骨盆生理结构的制约，虽经剧烈持久的努责收缩，终因骨盆口开张太小，胎儿不能排出体外，滞留在子宫口而难产，此类型多发生在初产母猪。

（2）产力虚弱型　产仔时，多种诱因致使母猪疲劳，最终造成子宫收缩无力，无法将胎儿排出产道而难产，此类型多发生在体弱、老龄、产仔时间长、产仔太多、产仔胎次太多的母猪以及患病母猪。

（3）膀胱积尿型　产仔时，母猪需要长时间躺卧，此时，因体况虚弱、压迫时间长、疾病等不良因素影响，使得膀胱括约肌麻痹，致使膀胱腔隙内的尿液因蓄积过多（不能及时排出体外）而容积性占位，出现挤压产道而难产。

（4）环境应激型　产仔时，母猪受到外界的突发性刺激，如声音、光照、气味、颜色等，致使其频频起卧，坐立不安，使得母猪子宫收缩不能正常进行而难产，此类型多发生于初产母猪和胆小母猪。

（5）其他　如母猪过肥、产道畸形、先天性发育不良等也可引起难产。

2. 胎儿方面的原因

（1）胎儿过大型　多见于母猪孕育的胎儿太少，且发育过大，引起难产。

（2）胎位不正　多见于胎儿在产道中姿势不正，堵塞产道，引起难产。

（3）胎儿畸形　畸形胎儿不能顺利通过产道，引起难产。

（4）胎儿死亡　胎儿在母体内死亡时间较长，引起胎儿水肿、发胀，引起难产。

（5）争道占位　两头胎儿同时进入产道，引起难产。

（6）其他　多因操作方法不规范、药物使用不合理、助产过早、助产过频等行为，出现如子宫收缩不规整（间歇性）、产道因润滑剂少而干涩等情况而难产。

（二）临床症状

不同原因造成的难产，临诊表现不尽相同，有的在分娩过程中时起时卧，痛苦呻吟，母猪阴户肿大，有黏液流出，时做努责，但不见小猪产出，乳房膨大而滴奶；有的产出部分小猪后，间隔很长时间不能继续排出；有的母猪不努责或努责微弱，生不出胎儿，若时间过长，仔猪可能死亡，严重者可致母猪衰竭死亡。

根据母猪分娩时的临诊症状，不难做出诊断。

（三）防治措施

1. 治疗

母猪破羊水后 1 小时仍然无仔猪产出或产仔间隔超过 0.5 小

时，应及时采取措施。有难产史的母猪在产前1天肌注氯前列烯醇。当子宫颈口开张时，若母猪阵缩无力，可人工肌注催产素，一般可注射人工合成催产素，用量按每50千克体重1毫升的剂量，注射后20～30分钟可产出仔猪。若分娩过程过长或阵缩力量不足，可第2次注射（最多2次）；当催产无效或胎位不正、争道占位、畸形、死亡、骨盆狭窄等诱因造成难产时，可行人工助产，一般可采用手术取出。

母猪难产时常见的人工助产方法如下。

（1）驱赶助产　当母猪发生难产时，可尝试将母猪从产房中赶出，在分娩舍过道中驱赶运动约10分钟，以期调整胎儿姿势，然后再将母猪赶回产房中分娩，往往会收到较好的效果。

（2）按摩助产　母猪生产每头仔猪时间间隔较长或子宫收缩无力时，可辅以按摩法进行助产。常用的助产方法：助产者双手手指并拢、伸直，放在母猪胸前，依次由前向后均匀用力按摩母猪下腹部乳房区，直至母猪出现努责并随着按摩时间的延长呈逐渐增强之势时，变换助产姿势，一只手仍以原来的姿势按摩，另一只手变为按压侧腹部，有节奏、有力度地向下按压腹部逐渐变化的最高点。实际助产时，若手臂酸痛，可两手互换按压。随着按摩的进行，母猪努责频率不断增加，最后将仔猪排出体外。

（3）踩压助产　母猪生产时，若频频努责而不见仔猪产出或者是母猪阵缩乏力时，可采用踩压助产。即让人站在母猪侧腹部上虚空着脚踩压，不可用踏实的方法进行助产。其具体方法是：双手扶住栏杆（有产仔栏的最好，也可自制栏杆），借助双手的力量，轻轻地用脚踩压母猪腹部，自前向后均匀地用力踏实，手不能放松。母猪越用力努责就越用力踩压，借助踩压的力量让母猪产出仔猪。如果踩压不能奏效时，很可能是发生了较复杂的难产，应当进行产道、胎位、胎儿等方面的检查，然后再制定方案将胎儿取出。一般当取出一头仔猪后，还要采用按摩法或踩压等方法进行助产，如生产顺利可让其自行生产。

（4）药物催产　经产道检查，确诊产道完整畅通，属于子宫阵缩努责微弱引起的难产时，可采用药物进行催产。催产药可选用缩宫

素，肌内或皮下注射2～4毫升，可以每隔30～45分钟注射1次。为了提高缩宫素的药效，也可以先肌注雌二醇10～20毫克或其他雌激素制剂，再注射缩宫素。产仔胎次过多的老龄母猪或难产母猪使用缩宫素无效的，可以肌内注射毛果芸香碱或新斯的明等药物（5～8毫升/头）。

（5）人工助产　最好选择手相对小一些的人员施行人工助产手术。

① 术前准备：助产人员剪掉指甲并磨光，之后用3%来苏儿清洗双手，消毒手掌和手臂，涂以润滑剂（肥皂或石蜡油）；助手用0.1%高锰酸钾溶液彻底清洗母猪的后驱部、肛门部、阴道部，相关物品等。

② 手术过程：助产者也可采用上述消毒液浸过的长臂手套，涂抹润滑剂后，将左手并拢，五指呈圆锥形，多次轻轻刺激母猪的外阴部（使母猪适应此种刺激），当母猪逐渐适应后，左手乘着母猪努责的间隙期，将手心朝上，缓缓伸入母猪产道内，手边伸边旋转，母猪努责时停止伸入，不努责时再往里伸入，检查难产情况或进行助产。在此过程中，要注意不要损伤子宫与产道，动作要轻、缓、稳，切忌强拉硬拽。

仔猪产出后，母猪要及时注射抗生素等药物，防止感染。若母猪产道过窄，或因产道粘连，助产无效时，可以考虑剖腹手术。

助产时可以根据胎儿的难产情况选择以下助产方式。

徒手牵拉法：助产者的手臂深入产道后，慢慢地摸清楚胎儿在子宫内的位置、胎势与朝向。当胎位正常（正生）时，找到仔猪的耳朵、眼眶等部，用手握住，将其缓慢地拉出产道；也可先找到仔猪的口角，再找到犬齿，将拇指与食指放到其后面固定，缓慢拉出。当仔猪倒生时，可用手指握住仔猪两后肢将仔猪慢慢拉出。

如果胎位不正，应先矫正仔猪胎位，然后再牵拉出来。如果2头仔猪同时进入产道，可将1头推回到子宫，将另1头拉出。掏出1头仔猪后，如果转为正常分娩，则不再需要继续用手牵拉助产。

助产结束后，应向子宫内注入宫净康等药物预防子宫感染。

器械助产法：通常借助于产科器械，如产科绳、产科钩等进行人工助产。

器械法的缺点是不仅对仔猪造成较重的伤害乃至死亡，而且对母猪的产道也会造成较大的损伤，甚至终生不孕不育。

临床上使用产科绳的方法是：将绳的一头打一活套，用手（预先消毒好）携带产科绳套（消毒处理好）进入母猪的子宫，“找”到仔猪的上颌骨、前肢（正生）或后肢（倒生），用绳套套住，缓慢拉出。牵拉最好配合母猪努责同时进行。用产科钩助产时，将产科钩置于手掌心，用手护住产科钩将其带入产道内，钩住仔猪眼眶、下颌骨间隙或上颚等处将仔猪拽出。

器械助产主要适用于死胎性难产及难产程度较大的难产。

剖宫产：对产道狭窄、子宫颈狭窄、胎儿过大等引起的难产，经过助产尚不能将仔猪全部产出的，可考虑剖腹术。

2. 预防

预防母猪难产，应严格选种选配，发育不全的母猪应缓配，同时加强妊娠期间的饲养管理，适当加强运动，注意母猪的健康情况，加强临产期管理，发现问题及时处理。

六、胎衣不下

母猪胎衣不下，又称猪胎衣滞留，是指母猪分娩后，胎衣（胎膜）在1小时内不排出。胎衣不下多与猪体虚弱，产后子宫收缩无力，怀孕期间子宫受到感染，胎盘发生炎症导致结缔组织增生，胎盘粘连等因素有关。流产、早产、难产之后或子宫内膜炎、胎盘炎、管理不当、运动不足、母体瘦弱，也可发生胎衣不下的情况。

1. 临床症状

猪胎衣不下有全部不下和部分不下两种，多为部分不下。全部胎衣不下时，胎衣悬垂于阴门之外，呈红色、灰红色和灰褐色的绳索状，常被粪土污染；部分胎衣不下时，残存的胎儿胎盘仍存留于子宫内，母猪常表现不安，不断努责，体温升高，食欲减退，泌乳减少，喜喝水，精神不振，卧地不起，阴门内流出暗红色带恶臭的液体，内含胎衣碎片，严重者，可引起败血症。

根据母猪分娩后胎衣的排出情况，不难做出诊断。

2. 防治

（1）治疗 治疗原则为加快胎膜排出，控制继发感染。

注射垂体后叶素或缩宫素20～40单位。也可静脉注射10%氯化钙20毫升，或10%葡萄糖酸钙50～100毫升。也可投服益母草流浸膏4～8毫升，每天2次。胎衣腐败时，可用0.1%高锰酸钾溶液冲洗子宫，并投入土霉素片。为促进胎儿胎盘与母体分离，可向子宫内注入5%～10%盐水1～2升，注入后应注意使盐水尽可能完全排出。

以上处理无效时，可将手伸入子宫剥离并拉出胎衣。猪的胎衣剥离比较困难。用0.1%高锰酸钾溶液冲洗子宫，导出洗涤液后，投入适量抗生素（1克土霉素加100毫升蒸馏水溶解），注入子宫。

中药治疗：当归尾10克、赤芍10克、川芎10克、蒲黄6克、益母草12克、五灵脂6克，水煎取汁，候温喂服。

猪胎衣不下一般预后不良，应引起重视，因泌乳不足，不仅影响仔猪的发育，而且也可引起子宫内膜炎，使以后不易受孕。

（2）预防 加强饲养管理，适当运动，增喂钙及维生素丰富的饲料，能有效预防猪胎衣不下。

七、母猪生产瘫痪

母猪生产瘫痪又称母猪瘫痪、乳热症或低血钙症，中兽医称为产后风瘫。包括产前瘫痪和产后瘫痪，是母猪在产前、产后，以四肢肌肉松弛、低血钙为特征的疾病。发病的主要原因是钙磷等营养性障碍。

引起血钙降低的原因可能与下面几种因素有关：分娩前后大量血钙进入初乳，血中流失的钙不能迅速得到补充，致使血钙急剧减少；怀孕后期，钙摄入严重不足；分娩应激和肠道吸收钙量减少；饲料钙磷比例不当或缺乏，维生素D缺乏，低镁日粮等可加速低血钙发生。此外，饲养管理不当，产后护理不好，母猪年老体弱，运动缺乏等也可导致母猪发病。

1. 临床症状

产前瘫痪时，母猪长期卧地，后肢起立困难，检查局部，无任何病理变化，知觉反射、食欲、呼吸、体温等均无明显变化，强行起立后步态不稳，并且后躯摇摆，终至不能起立。

母猪产后瘫痪见于产后数小时至2～5日内，也有产后15天内发病者。病初表现为轻度不安，食欲减退，体温正常或偏低，随即发展为精神极度沉郁，食欲废绝，呈昏睡状态，长期卧地不能起立。反射减弱，奶少甚至完全无奶，有时病猪伏卧，不让仔猪吃奶。

根据发病史及临床症状，可做出诊断。

2. 防治

（1）治疗　本病的治疗方法是钙疗法和对症疗法。静脉注射10%葡萄糖酸钙溶液200毫升，有较好的疗效。静脉注射速度宜缓慢，同时注意心脏情况，注射后如不见好转，6小时后可重复注射，但最多不得超过3次，因用药过多，可能产生副作用。如已用过3次糖钙疗法，病情不见好转，可能是钙的剂量不足，也可能是其他疾病。肌内注射维生素D_3 5毫升，或维丁胶钙10毫升，每日1次，连用3～4天。治疗的同时，要喂病猪适量骨粉、蛋壳粉、碳酸钙、鱼粉。

中兽医认为，母猪产后风瘫治疗宜活血祛风，除湿散寒。可选用桂枝、桂皮、钩藤、防己各30克，细辛15克，麻黄、煨附子各6克，秦艽15克，苍术、赤芍、甘草各9克，姜黄、红藤各7克。共为末，开水冲后放凉灌服，每日1次，连用2～3剂。对卧地不起的病猪使用活血化瘀、理气止痛、强壮筋骨的中药制剂，如牛膝散，或赤芍15克，延胡索15克，没药12克，桃红15克，红花8克，牛膝7克，白术7克，丹皮7克，当归7克，川芎7克，粉碎，水煎后灌服，每天1次，连用5～7天。

（2）预防　科学饲养，保持日粮钙、磷比例适当，增加光照，适当增加运动，均有一定的预防作用。

八、母猪子宫内膜炎

母猪子宫内膜炎是母猪分娩及产后，子宫有时受到感染而发生的

炎症。

1. 病因

难产、胎衣不下、子宫脱出以及助产时手术不洁，操作粗野，造成子宫损伤、产后感染，以及人工授精时消毒不彻底，自然交配时公猪生殖器官或精液内有致病菌、炎性分泌物等可引起子宫内膜炎。母猪营养不良，过于瘦弱，抵抗力下降时，其生殖道内非致病菌也能引起发病。

2. 临床症状

临床上可分为急性与慢性子宫内膜炎。

（1）急性子宫内膜炎　病猪全身症状明显，母猪体温升高，精神不振，食欲减退或废绝，时常努责，特别在母猪刚卧下时，阴道内流出白色黏液或带臭味、污秽不洁、红褐色的黏液或脓性分泌物，分泌物粘于尾根部，腥臭难闻。有时母猪出现腹痛症状。急性子宫内膜炎多发生于产后及流产后。

（2）慢性子宫内膜炎　多由急性子宫内膜炎治疗不及时转化而来。病猪全身症状不明显，可能周期性地从阴道内排出少量浑浊的黏液。母猪往往推迟发情，或发情不正常，即使能定期发情，也屡配不孕。

3. 防治

（1）治疗

① 在产后急性期，首先应清除积留在子宫内的炎性分泌物，用1%盐水或0.02%新洁尔灭溶液、0.1%高锰酸钾溶液充分冲洗子宫。冲洗后务必将残留的溶液全部排出，至导出的洗液全部透明为止。最后向子宫内注入20万～40万单位青霉素或1克金霉素。

② 全身疗法可用抗生素或磺胺类药物治疗。青霉素40万～80万单位，链霉素100万单位，肌内注射每日2次。用金霉素或土霉素盐酸盐时，母猪每千克体重40毫克，每日肌内注射2次，用磺胺嘧啶钠时每千克体重0.05～0.1克，每日肌内或静脉注射2次。

③ 对患慢性子宫内膜炎的病猪，可用青霉素20万～40万单位，链霉素100万单位，配入高压消毒的20毫升植物油中，向子宫内注

入。并皮下注射垂体后叶素 20 万～40 万单位，促使子宫收缩，排出腔内炎性分泌物。

④ 金银花、黄连、知母、黄柏、车前、猪苓、泽泻、甘草各 15 克，水煎 1 次喂服。

（2）预防　预防本病应保持猪舍清洁、干燥，临产时地面上可铺清洁干草。发生难产时，助产应小心谨慎，手臂、用具要消毒，取完胎儿、胎衣后，应用消毒液洗涤产道，并注入抗菌药物。人工授精要严格按照规则操作和消毒。

九、母猪阴道炎

母猪阴道炎常发生在产后，自然交配、人工授精、子宫内膜炎、胎衣腐烂等感染细菌会引起阴道发炎。临床上以弓背翘尾，阴唇哆开尾根、外阴周围附有黏液为特征的疾病。

1. 临床症状

阴唇肿胀，白色母猪可以见到阴唇红肿，有时见有溃疡。手触摸阴唇时母猪表现有疼痛的感觉。

阴道感染发炎时，黏膜肿胀、充血，当肿胀严重时手伸入，即感到困难，并有热疼，有时有干燥感，或黏膜上发生溃疡及糜烂。病猪常呈排尿姿势，但尿量很少。

有伪膜性阴道炎时则症状加剧。病猪精神沉郁，常努责排出有臭味的暗红色黏液，并在阴门周围干涸，形成黑色的痂皮。检查阴道可见在黏膜上被覆一层灰黄色薄膜。阴道炎是造成母猪不孕的原因之一。

根据临床症状，可做出正确诊断。

2. 防治

（1）治疗　阴道用温的弱消毒溶液洗涤：0.1%高锰酸钾、3%过氧化氢、1%～2%的等量苏打氯化钠溶液、0.05%～0.1%雷佛奴尔或 1%～2%明矾溶液、1%～3%鞣酸溶液等。冲洗后用青霉素、磺胺、碘仿或硼酸等软膏涂抹黏膜。如疼痛剧烈，则可在软膏中按 1%～2%的比例加入可卡因。黏膜上有创伤或溃疡时，洗涤

后，可涂等量碘甘油溶液。症状严重的阴道炎，亦可全身应用抗生素。

（2）预防　首先将尾巴用绷带扎好，拉向体侧，减少与阴门的摩擦和防止继续感染。阴道用温的弱消毒溶液洗涤。冲洗后应将洗涤液完全导出，以免引起扩散感染。伪膜性阴道炎禁止冲洗。因为冲洗后能引起扩散，或者使血管破坏而导致脓毒血症。冲洗后用青霉素、磺胺、碘仿或硼酸等软膏涂抹黏膜。

十、母猪乳腺炎

母猪乳腺炎是由病原微生物或者机械创伤、理化等因素引起的母猪乳房红、肿、热、硬，并伴有痛感、泌乳减少症状的疫病。多发生在母猪分娩后泌乳期。

1. 发病原因

（1）病菌感染　病菌感染是造成母猪乳腺炎的主要因素之一。

病菌感染病原主要来源于两个方面，即接触性病原菌及环境性病原菌。接触性病原菌一般寄生于乳腺上，其中金黄色葡萄菌、链球菌、大肠杆菌是常见的接触性病原菌。会通过乳头侵入乳房，从而造成乳腺炎。

（2）内分泌系统紊乱　很多养殖户为了提高经济效益而对母猪使用了大量药物，这样就使母猪的内分泌系统出现了紊乱、失调的情况，并导致母猪的乳房出现肿胀，造成了母猪乳腺炎的发作。

（3）饲养管理不科学　在母猪的养殖过程中，没有对猪舍的温度、湿度进行适当控制会让母猪出现疲劳的情况。不良的通风条件、母猪产房消毒不够彻底会影响母猪正常的抵抗力，使其不能对病原菌进行正常免疫。

（4）继发性因素　继发性因素包括很多方面，比如，当母猪出现发热性症状之后，可能会引发阴道炎等症状，从而引起乳腺炎。另外，子宫内膜炎会让子宫产生不良分泌物，从而影响母猪正常的血液循环并进一步蔓延，导致乳腺炎的发作。

2. 临床症状

母猪在隐性感染或隐性带毒的情况下，很容易造成隐性乳腺炎。隐性感染时母猪不表现出可见的临床症状，精神、采食、体温均不见异常，但少乳或无乳。这种情况既可在分娩后立刻发生，也可在分娩2～3天后发生。此时，仔猪外观虚弱，常围卧在母猪周围。病原体通过乳汁和哺乳接触传染给仔猪，引起仔猪生长受阻，还可以引起腹泻等一系列感染症状，造成很大损失。由于隐性乳腺炎在兽医临床诊断过程中具有一定困难性，所以不易被早期发现，一般需要对乳汁采样检测才能够确定。虽然隐性乳腺炎不易被发现和诊断，但是带来的危害是巨大的，在临床上应该得到重视。

发生了临床型乳腺炎的病猪，很容易确诊，其临床检查可见母猪一个或数个乳房甚至一侧或两侧乳房均出现红肿，用手指触诊时有热度且硬，按压时动物对疼痛表现敏感。有的母猪发生乳腺炎时，拒绝哺乳仔猪。早期乳腺炎呈黏液性乳腺炎，乳汁最初较稀薄，以后变为乳清样，仔细观察时可看到乳中含絮状物。炎症发展成脓性时，可排出淡黄色或黄色脓汁。捏挤乳头时有脓稠黄色、絮状凝固乳汁排出，即可确诊为患有乳腺炎。如脓汁排不出时，可形成脓肿，拖延日久往往自行破溃而排出带有臭味的脓汁。在脓性或坏疽性乳腺炎，尤其波及几个乳房时，母猪可能会出现全身症状，体温升高达40.5～41℃，食欲减退，精神倦怠，伏卧，拒绝仔猪吮乳。仔猪拉稀腹泻，消瘦等情况较多。

3. 防治

（1）治疗　临床型乳腺炎可以用下列方法治疗。

① 按摩与热、冷敷法　对发热、急性和有痛感的乳腺必须用冷敷疗法，而不可热敷，否则将加剧乳房肿胀。对于隐性乳腺炎或病程较长的乳腺炎，可使用50℃左右的热水，用毛巾热敷，并给乳房进行按摩，促进血液循环，使过量的体液再回到淋巴系统。按摩时，先将肥皂液涂在乳房上，沿着乳房表面旋转手指或来回按摩，然后用手将乳房压入，再弹起，这对防止乳房不适症有极大的好处。

② 封闭疗法　对严重的急性乳腺炎，可使用0.25％盐酸普鲁卡因溶液10～30毫升，加入青霉素400万单位，在乳房实质与腹壁之

间做环形乳基封闭，一般处理1次，重症可重复1～2次。后期化脓病灶可以手术引流排脓。

③ 吸通法　让快断奶的仔猪帮忙吸通，在实际产生中有很好的效果。

④ 全身治疗法　肌内注射法：可使用抗菌药＋催产素＋清热解毒中药注射剂（如鱼腥草、穿心莲等）注射，每日1～2次，连续2～3天。静脉注射法：建议出现临床型乳腺炎时，使用5%糖盐水500～1000毫升＋头孢0.5克×6支＋催产素2～4支＋鱼腥草30～50毫升＋甲硝唑1～2瓶进行输液处理。

（2）预防

① 重视消毒　改善产床与栏舍条件，做好产房空栏的消毒，使用含碘消毒药消毒彻底，母猪上产床前有条件的可以对产栏进行火焰消毒，并空栏干燥7天以上。

② 确保母猪饲料品质，防止霉菌毒素导致母猪无乳　分娩前给母猪适当减料，产仔当天饲喂不大于1千克或不喂，随后逐步增加饲喂量。损伤的奶头要及时做消毒处理，并贴上药膏，防仔猪咬。防止磨伤带来的细菌感染。

③ 搞好管理　预防母猪便秘，并严格做好产房的清洁卫生，以避免肠道的常在菌入侵而发生乳腺炎。做好防暑降温，保持舒适干燥的环境，以有效降低母猪围产期的应激。

④ 围产期添加药物　在饲料中添加大环内酯类药物，如替米考星或泰万菌素，这些药物在奶水中浓度大，可以有效减少乳腺炎的发生。此外，早期的研究证明其他抗菌药，如复方磺胺药物、恩诺沙星等皆可有效降低母猪乳腺炎的发生比例。

⑤ 产后注射药物预防　药物注射是多数猪场的常规操作。常见的方法有以下几种：a. 母猪产后立即肌注15～20毫升长效土霉素一次，用于预防乳腺炎。b. 产后使用5%糖盐水300～500毫升＋抗菌药（如头孢类抗生素）＋鱼腥草针30毫升，静脉给药1～2次，在分娩当天和次日各输液一次。c. 有些猪场还在分娩后24小时内，给母猪注射1次氯前列烯醇，以预防产后子宫炎和无乳的发生。

十一、母猪产后无乳综合征

母猪产后无乳综合征也称产后泌乳障碍综合征（PPDS），中国的养猪者习惯称之为母猪无乳综合征，即母猪乳腺炎、子宫炎、无乳症的结合。

1. 母猪无乳综合征的危害

① 引起仔猪发病。因无乳或缺乳引起仔猪迅速消瘦、衰竭或因感染疾病而死亡，或后期长势差，饲料报酬低。严重的猪场仔猪死亡率可高达55%，一般造成的损失为窝平均减少断奶仔猪0.3～2头。

② 常因子宫内膜炎、乳腺炎引起母猪繁殖机能严重受损，出现繁殖障碍，如不发情、延迟发情、屡配不孕、妊娠后易发生流产等，降低母猪的生产性能。

③ 导致母猪非正常淘汰率显著上升，使用年限短，母猪折旧费用高，影响正常生产秩序。

2. 临床表现与症状

母猪无乳综合征主要有急性型和亚临床感染型两种类型。

（1）急性型　母猪产后不食，体温升高至40.5℃或更高；呼吸加快、急促，甚至困难；阴户红肿，产道流出污红色或多量脓性分泌物；乳房及乳头缩小、干瘪，乳房松弛或肥厚肿胀、挤不出乳汁、无乳；或乳腺发炎、红肿、有痛感，母猪喜伏卧，对仔猪的吮乳要求没反应或拒绝哺乳；仔猪腹泻现象增加，如黄白痢，生长发育不良；个别母猪便秘，鼻吻干燥，嗜睡，不愿站立。

（2）亚临床感染型　母猪食欲无明显变化或略有减退；体温正常或略有升高，呼吸大多正常；阴道内不见或偶见污红色或白色脓性分泌物，发情时量较多；乳房苍白、扁平，少乳或无乳，仔猪不断用力拱撞或更换乳房吮乳，母猪放乳时间短；哺乳期仔猪下痢、消瘦，断奶后仔猪下痢症状消失；亚临床产后无乳综合征常因母猪症状不明显而容易被忽视，以致母猪淘汰率增加。

3. 发病原因

母猪无乳综合征主要由细菌性病原、霉菌毒素、蓝耳病、应激、

膀胱炎、营养管理因素引起。

4. 防治

（1）治疗

① 激素疗法　肌内注射己烯雌酚 4～5 毫升，一日两次；或肌内注射缩宫素 5～6 毫升，每日两次。

② 药物疗法　肌内注射常量青霉素、链霉素或磺胺类药物以清除炎症。口服以王不留行、穿山甲等为主的中药催乳散。

③ 可通过对母猪乳房按摩、仔猪吮乳促进母猪乳房消炎、消肿和排乳。

④ 对初生小猪可采取寄养的方法，以免饿死。

（2）预防　应激因素在许多情况下是引起母猪泌乳失败的重要因素，因此要采取综合管理措施减少应激。除必要的兽医防疫措施之外，还要搞好猪舍内环境的管理，如控制好产房中的温度、湿度，降低噪声，避免粗暴管理，保持良好的卫生和环境条件，供给全价饲料等。

十二、产褥热

母猪产褥热是母猪在分娩过程中或产后，在排出或助产取出胎儿时，软产道受到损伤，或恶露排出迟滞引起感染而发生的，又称母猪产后败血症和母猪产后发热。

本病是由产后子宫感染病原菌而引起的高热。临床上以产后体温升高、寒战、食欲废绝、阴户流出褐色带有腥臭气味分泌物为特征的疾病。助产时消毒不严，或产圈不清洁，或助产时损伤产道黏膜，致产道感染细菌（主要是溶血链球菌、金黄色葡萄球菌、化脓棒状杆菌、大肠杆菌），这些病原菌进入血液大量繁殖产生毒素而发生产褥热。

1. 临床症状

母猪产后 2～3 天内发病，体温达 41℃而稽留，寒战，减食或完全不食，表现衰弱，时时磨齿，呼吸迫促，心跳加快，每分钟超过 100 次，甚至达 120 次。精神沉郁，躺卧不愿起，耳及四肢寒冷，常卧于垫草内，起卧均现困难。行走强拘，四肢关节肿胀，发热、疼痛，排粪先便秘后下痢，阴道黏膜肿胀污褐色，触之剧痛。阴户常流褐色恶臭液体和组织碎片，泌乳减少或停止。

2. 母猪产褥热症鉴别

（1）与流产的鉴别　相似处：阴户排分泌物。不同处：流产一般体温不高，呼吸、心跳也不增多，一般多在预产期前发生，阴道黏膜不肿胀，不排污褐色分泌物，四肢关节不肿胀。

（2）与子宫内膜炎的鉴别　相似处：产后发病，阴道流分泌物，食欲减退，体温升高（40℃），呼吸、心跳增速等。不同处：子宫内膜炎自分娩至发病的间隔时间较长，阴道分泌物有时带血（粉红色）或组织碎片有腥臭。关节不肿胀、热、痛，不下痢。转为慢性时，不现全身症状，卧倒时阴户排出灰白色、黄色、暗灰色黏性分泌物或在阴户周围、尾根有干结物，站立不排黏液。屡配不孕。

（3）与母猪无乳综合征的鉴别　相似处：产后体温升高（39.5～41℃），奶少，食欲不振或废绝，呼吸、心跳增速等。不同处：患无乳综合征的母猪对仔猪感情淡漠，对仔猪叫唤和吃奶要求没有反应，乳腺变硬，阴户不流褐色分泌物。

3. 防治

（1）治疗　可用3%双氧水或0.1%雷佛奴尔溶液冲洗子宫，冲洗完毕须将余液排出，适当选用磺胺类药物或青霉素，必要时加链霉素肌注按每千克体重0.01～0.02克/日，分1～2次注射。青霉素肌注每千克体重4000～10000单位，每24小时注射1次，油剂普鲁卡因青霉素G肌注每千克体重4000～10000单位，每24小时注射1次。帮助子宫排出恶露，可应用垂体后叶素20～40单位注射，或益母草100克煎水。中草药：①当归尾、炒川芎、大桃仁各15克，炮姜炭、怀牛膝、木红花各10克，益母草20克，煎服，连服2～3次。②乌豆壳200克、桃仁40克、生韭菜100～200克，煎水1次内服。

（2）预防　在母猪分娩前搞好产房的环境卫生，垫草暴晒干净，分娩时助产者必须严格消毒双手后方可进行助产。并准备碘酒和一盆

消毒药水（2%来苏儿液或 0.1%新洁尔灭）随时备用，以保证助产无菌、阴道无创伤，避免发生感染。在母猪产出最后 1 头仔猪后 36～48 小时，肌注前列腺素 2 毫克，可排净子宫残留内容物，避免发生产褥热。

十三、产后恶露

在一些猪场，饲养母猪的经验不足，母猪产后或配种后恶露不尽，从阴门排出大量灰红色或黄白色有臭味的黏液性或脓性分泌物，严重者呈污红色或棕色，有的猪场后备母猪也有发生。这种情况会导致母猪不发情、推迟发情或是屡配不孕，降低母猪利用率，给养殖户造成一定损失。

1. 病因

病因有母猪饲养失调、湿浊行滞、湿热下注蕴结于胞宫而致胞宫热毒壅盛，或产仔过程中胎衣瘀滞胞宫、瘀血未尽，或助产消毒不严、交配过度等损伤胞宫及阴道等多种因素。中兽医将轻者叫带下，常见子宫内膜炎和卵巢炎，重者叫恶露不尽，常见于母猪产仔时胎衣没有完全排出，或死胎（包括木乃伊）没有排出，停留在子宫内腐烂，母猪自身免疫能力下降也是重要原因。

2. 防治

（1）治疗　炎症急性期应清除积留在子宫内的炎性分泌物，用 1%温生理盐水或 0.02%新洁尔灭、0.1%高锰酸钾、1%～2%碳酸氢钠共 2000 毫升冲洗子宫，最后向子宫注入 200 万～400 万单位青霉素、洗必泰或其他抗生素类药物。全身症状严重时，使用抗生素或磺胺类药物进行肌内注射。患慢性子宫内膜炎的病猪，可使用催产素等子宫收缩剂，促进子宫内炎性分泌物的排出。再用 200 万～400 万单位青霉素加 100 万单位链霉素，混于高压灭菌的植物油 20 毫升注入子宫内。冲洗子宫，可以每天一次或隔天一次，一般可以治愈。

（2）预防　保持猪舍清洁，助产或人工授精时要严格消毒，对各种饲料原料严格把关，禁用霉变饲料。也可以根据实际情况采用药物预防措施，后备猪 6 月龄及配种前各 1 周在饲料中添加支原净 60 克/

500 千克＋金霉素 180 克/500 千克；母猪产前、产后各 1 周在饲料中添加支原净 60 克/500 千克＋金霉素 180 克/500 千克；母猪断奶前后各 1 周在饲料中添加磺胺二甲嘧啶 150 克/500 千克＋乳酸 TMP30 克/500 千克，或氟苯尼考 60 克/500 千克。

第二节　母猪常发传染性疾病的防控

一、猪乙型脑炎

猪乙型脑炎又称流行性乙型脑炎、日本脑炎，是由流行性乙型脑炎病毒引起的多种家畜和禽类的一种急性、人畜共患的自然疫源性传染病。母猪以流产、死胎为主要特征。

1. 流行情况

近年来，乙型脑炎呈多发趋势，严重威胁人类健康和畜牧业的发展。由于我国养殖业地区发展的不平衡性，很多地区养殖户对乙脑病没有足够的认识，特别是养猪场，对乙脑的病原学、流行病学和防治措施等没有建立完整的科学理念，因此，在很多地区因乙脑病毒引起猪的繁殖障碍和新生仔猪的死亡屡见不鲜，给养猪业造成极其严重的经济损失。

乙型脑炎是以蚊类为主要传播媒介，由乙型脑炎病毒引起的致人和动物中枢神经系统症状的人畜共患急性传染病。因蚊虫的活动一般在夏秋两季，故乙脑病一般在夏秋季节流行。我国除西藏、青海、新疆为非流行区域外，其他省市均为乙型脑炎的流行区，尤其广东、广西、海南、云南是乙脑感染的重灾区。乙型脑炎有人畜共患的特性，因此，要防控人类的乙脑必须重视动物乙脑病毒的防控。

2. 临床症状与病理变化

母猪感染后体温突然升高至 40～41℃，呈稽留热型。精神沉郁，喜卧嗜睡，食欲减少或不食，饮欲增加。拉干燥、球形粪便，粪球表面常附有灰白色黏液。尿呈深黄色。结膜潮红，有的视力障碍。病猪后肢关节肿胀，呈轻度麻痹，步态踉跄，最后后肢麻痹，倒地不起甚至死亡。

怀孕母猪感染后，常见妊娠后期出现流产或早产，产死胎，产后乳房胀大甚至会有乳汁流出，胎儿大小不等，胎衣停滞，阴道内流出污秽的黏液。有时会有木乃伊胎。流产后，母猪全身症状减轻，体温和食欲逐渐恢复正常。有的怀孕母猪在预产期不见腹部和乳房膨大，不泌乳。

新生仔猪主要出现神经症状，突然死亡，脑充血，脑积液增多；公猪表现睾丸肿大，睾丸炎。

3. 防控措施

（1）治疗

① 一般治疗　做好病猪隔离，保障畜舍通风良好，避免不必要的刺激，同时提供全价饲料，并用5%的葡萄糖200～500毫升、维生素C 10毫升静脉注射。

② 对症治疗　为防止继发感染，可应用抗生素或磺胺类药物，如增效磺胺嘧啶钠注射液，按每次每千克体重0.7毫克，8～12小时肌内注射1次。兴奋不安者每次用安定每千克体重0.1～0.3毫克肌内注射，必要时静脉缓注，每天用量不超过10毫克。出现神经症状者为脑水肿或脑疝，对此应立即采用脱水剂治疗。一般可用20%甘露醇或25%山梨醇静脉注射。每次每千克体重10～20毫克，15～30分钟注射完，6小时后再注射一次；或用异戊巴比妥钠（阿米妥钠），每次2～5毫克，稀释后静脉缓注（1毫升/分钟）至惊厥缓解。高热不退者及时降温退热，可用消炎痛，每次12.5～25.5毫克/头，每4～6小时肌内注射1次。物理降温可用30%酒精擦洗腹股沟、腋下、颈部，也可采用在圈舍内放置冰块、电扇吹等办法降温。

（2）预防　建议对初产母猪和公猪在蚊活动季节开始前用减毒疫苗接种2次，间隔2～3周。建议在蚊活动季节，对种猪在配种前再接种。此疫苗可与其他病毒疫苗如猪瘟同时接种。一旦确诊最好淘汰。驱灭蚊虫，注意消灭越冬蚊。对病猪要早发现、早隔离。圈舍及用具要勤消毒。

二、猪细小病毒病

猪细小病毒病是由猪细小病毒（PPV）引起的母猪繁殖障碍性传染病。

1. 发病情况

猪是猪细小病毒唯一的宿主，不同年龄、性别和品种的家猪、野猪均可感染，常见于初产母猪。一年四季都可发生，春秋两季及母猪配种后更易感染。但病毒主要侵害新生仔猪或胚胎。

带毒猪是本病的主要传染源。带毒猪分泌物、排泄物及被其污染的饮水、饲料、器具均可引起本病的传播，带毒种公猪通过配种传染给母猪，怀孕母猪也可通过胎盘感染胎儿。以前认为猪细小病毒病呈散发或地方性流行，因种（母）猪的引进及活猪交易传播，现很多规模猪场及生猪饲养密集区时有本病发生。

2. 临床症状

母猪妊娠早期易感，母猪在配种后 1 月内感染猪细小病毒后引起胎儿死亡，死亡胎儿迅速被吸收，因此母猪产仔数减少并出现假孕返情现象。妊娠中期（30～70 天）母猪感染猪细小病毒，表现为部分母猪流产、死产及产木乃伊。妊娠后期（70 天以后）母猪感染猪细小病毒，胎儿不仅存活，出生后一般也无异常表现，胎儿大部分产生免疫保护性应答，但这些仔猪可能带毒而成为感染源。断奶仔猪、育肥猪人工感染不呈现临床症状，哺乳仔猪感染后可出现倦怠、食欲不振、呕吐、下痢、跛行等症状。

3. 防控措施

（1）治疗　猪细小病毒病目前尚无有效的治疗方法，有流产、死胎及产木乃伊胎临床表现时应在饲料或饮水中添加广谱抗菌类药物控制“产后”感染。

（2）预防

① 强化生物安全体系建设　环境条件、硬件设施要满足猪生长、繁殖的要求，卫生、消毒、隔离、无害化处理等疫病防控制度要健全，更重要的是落实。

② 引种控制 引种往往是导致猪细小病毒病发生的重要原因，引种前应了解被引进场猪群是否有猪细小病毒感染，怀孕母猪是否有繁殖障碍临床表现，母猪群是否做过疫苗预防接种，不能单纯以引进种（母）猪 PPV 血清抗体检测阴性为标准，引进的种（母）猪应先饲养在隔离场（舍、圈）。引回一周内接种一次疫苗，配种前半个月再强化免疫 1 次。

③ 免疫 目前对易感猪进行免疫是最有效的。后备母猪应建立主动免疫后才配种。目前国内有弱毒苗和灭活苗，母猪在配种前一个月免疫。

④ 消毒 坚持经常性消毒，用 0.5%漂白粉或 1%烧碱可杀灭病原体，减少猪与病毒的接触。

三、猪瘟

猪瘟俗称“烂肠瘟”，是一种急性、热性和高度接触传染的病毒性疾病。临床特征为发病急，持续高烧，精神高度沉郁，粪便干燥，有化脓性结膜炎，全身皮肤有许多小出血点，发病率和病死率极高。猪瘟流行很广，几乎世界各国均有发生，在我国也极为普遍，造成的经济损失极大。因此，世界动物卫生组织已将本病列入 A 类传染病，并为国际重要检疫对象。

（一）发病情况

猪瘟的主要病原体是猪瘟病毒（HCV），若病程较长，在病程后期常有猪沙门菌或猪巴氏杆菌等继发感染，使病症和病理变化复杂化。HCV 虽然有不少变异性毒株，但目前仍认为只有 1 个血清型，因此，HCV 只有毒力强弱之分。HCV 野毒株的毒力差异很大，所致病变和症状有明显不同。强毒株可引起典型的猪瘟病变，发病率与死亡率高；中毒株一般产生亚急性或慢性感染；而弱毒株只引起轻微的症状和病变，或不出现症状，给临床诊断造成一定困难。

HCV 对外界环境的抵抗力随所处的环境不同而有较大差异。HCV 在没有污染的或加 0.5%石炭酸防腐的血液中，于室温下可生存 1 个月以上；在普通冰箱放 10 个月仍有毒力；在冻肉中可生存几个月，甚至数年，并能抵抗盐渍和烟熏；在猪肉和猪肉制品中几个月后仍然有传染性。HCV对干燥、脂溶剂和常用的防腐消毒药的抵抗力不强，在粪便中于20℃可存活6周左右，4℃可存活6周以上；在乙醚、氯仿和去氧胆酸盐等脂溶剂中很快灭活；在2%氢氧化钠和3%来苏儿等溶液中也能迅速灭活。

猪是猪瘟病毒唯一的自然宿主，不同年龄和品种的猪均可感染发病，而其他动物则有较强的抵抗力。病猪和带毒猪是最主要的传染源，易感猪与病猪的直接接触是病毒传播的主要方式。病毒可存在于病猪的各组织器官。感染猪在出现症状前，即可从口、鼻及泪腺的分泌物、尿和粪中排毒，并延续整个病程。易感猪采食了被病毒污染的饲料和饮水等，或吸入含病毒的飞沫和尘埃时，均可感染发病，所以病猪尸体处理不当，肉品卫生检查不彻底，运输、管理用具消毒不严格，执行防疫措施不认真，都是传播本病的因素。另外，耐过猪和潜伏期猪也带毒排毒，应注意隔离防范，但康复猪若有大量特异抗体存在，则排毒停止。

本病的发生无明显的季节性，但以春秋季较为严重，并有高度传染性。猪群引进外表健康的感染猪是本病暴发的最常见原因。一般是先有一至数头猪发病，经1周左右，大批量猪跟着发病。在新疫区常呈流行性发生，发病率和病死率极高，各种抗菌药物治疗无效。多数猪呈急性经过而死亡，3周后病情趋于稳定，病猪多呈亚急性或慢性经过，少数慢性病猪在1个月左右恢复或死亡，流行终止。

近年来，猪瘟流行发生了变化，出现了非典型猪瘟和温和型猪瘟。它们以散发流行为特点。临床上病猪的症状轻微或不明显，死亡率低，病理变化不典型，必须依赖实验室诊断才能确诊。

（二）临床症状与病理变化

潜伏期5～7天，短的2天发病，长的21天发病。根据症状和其他特征可分为急性、慢性、迟发性和温和性4种类型。

1. 急性型

病猪高度沉郁，减食或拒食，怕冷挤卧，体温持续升高至41℃左右。先便秘，粪干硬、呈球状，带有黏液或血液，随后下痢，有的发生呕吐。病猪有结膜炎，两眼有大量黏性或脓性分泌物。步态不

稳，后期发生后肢麻痹。皮肤先充血，继而变成发绀，并出现许多小出血点，以耳、四肢、腹下及会阴等部位最为常见。少数病猪出现惊厥、痉挛等神经症状。病程 10～20 天死亡。

2. 慢性型

初期食欲不振，精神委顿，体温升高，白细胞减少。几周后食欲和一般症状改善，但白细胞仍减少。继而病猪症状加重，体温升高不降，皮肤有紫斑或坏死，日渐消瘦，全身衰弱，病程 1 个月以上，甚至 3 个月。

3. 迟发性型

迟发性型是先天性感染低毒猪瘟病毒的结果。胚胎感染低毒猪瘟病毒后，如产出正常仔猪，则可终生带毒，不产生对猪瘟病毒的抗体，表现免疫、耐受现象。感染猪在出生后几个月可表现正常，随后发生减食、沉郁、结膜炎、皮炎、下痢及运动失调症状，体温正常，大多数猪能存活 6 个月以上。

先天性的猪瘟病毒感染，可导致流产、木乃伊胎、畸形、死产、产出有颤抖症状的弱仔或外表健康的感染仔猪。子宫内感染的仔猪，皮肤常见出血，且初生猪的死亡率很高。

4. 温和型

病情发展缓慢，病猪体温一般为 40～41℃，皮肤常无出血小点，但在腹下部多见淤血和坏死。有时可见耳部及尾处皮肤坏死，俗称干耳朵、干尾巴。病程 2～3 个月。温和型猪瘟是目前生产中最常见的猪瘟。

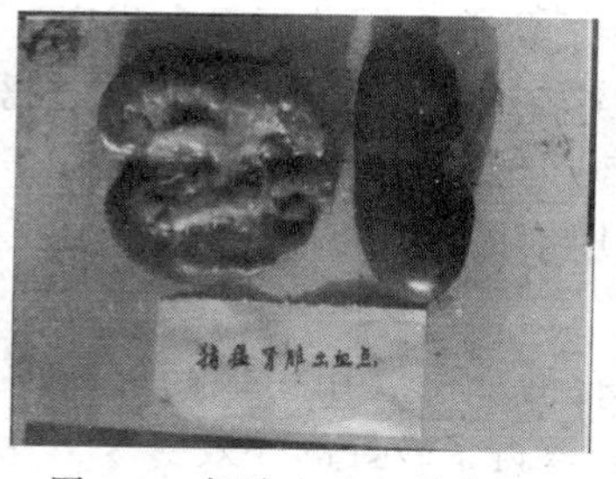
图 9-3　肾脏出血（见彩图）

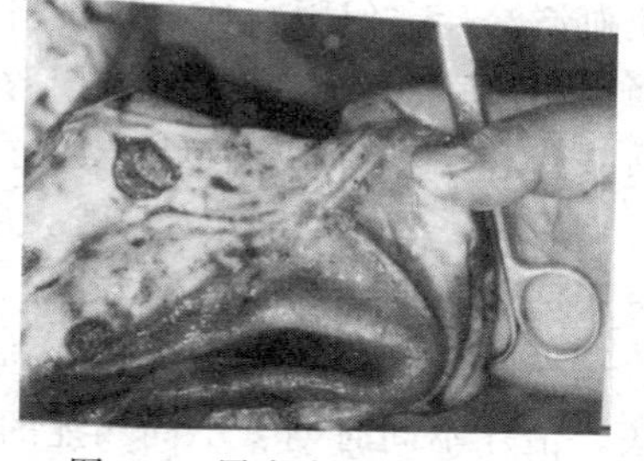
图 9-4　胃底出血（见彩图）

急性猪瘟呈现以多发性出血为特征的败血病变化。在皮肤、浆膜、黏膜、淋巴结、肾、膀胱、喉头、扁桃体、胆囊等处都有不同程度的出血变化。一般呈斑点状，有的出血点少而散在，有的星罗棋布，以肾（图 9-3）和淋巴结出血最为常见。淋巴结肿大，呈暗红色，切面呈弥散性出血和周边性出血，如大理石样外观，多见于腹腔淋巴结和颌下淋巴结。肾脏色彩变淡，表面有数量不等的小出血点。胃尤其是胃底出血（图 9-4）、溃疡，脾脏的边缘常可见到紫黑色突起（出血性梗死），这是猪瘟具有诊断意义的病变。慢性猪瘟的出血和梗死变化较少，但回肠末端、盲肠，特别是回盲口，有许多的轮层状溃疡（纽扣状溃疡）（图 9-5，图 9-6）。

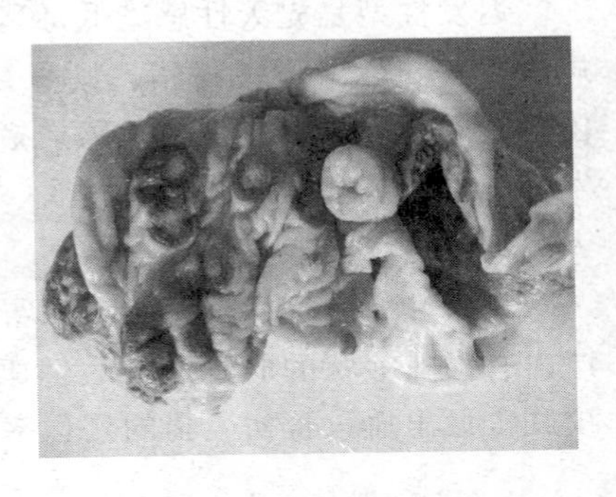

图 9-5　回盲口溃疡（见彩图）　　图 9-6　回盲瓣纽扣状溃疡（见彩图）

（三）防治措施

1. 治疗

目前尚无有效的治疗药物，对一些经济价值较高的种猪，可用高免血清治疗，但因高免血清价格高，很不经济，因此不能在临床上全面使用。目前，临床上多采用对症治疗和控制继发性感染，抗生素、磺胺药和解热药联合使用，如青霉素 80 万单位，复方氨基比林 10 毫升，肌注，每天 2 次，连用 3 天；或用磺胺嘧啶钠 10 毫升，肌注，每天 2 次，连用 3 天。

在临床实践中，有人用中西药结合的方法或用中成药加减的方法，治疗不同时期、不同病症的病猪，取得了较好的疗效。

（1）中西药综合疗法　牛黄解毒丸 5 粒，病毒灵 10 片，土霉素

4片，人工盐40克，甘草流浸膏40毫升，一次灌服，每天早、晚各一次，连用2～3天，具有良效。

（2）大承气汤加味疗法　主要用于恶寒发热，大便干燥，粪便秘结的病猪。处方：大黄15克、厚朴20克、枳实15克、芒硝25克、玄参10克、麦冬15克、金银花15克、连翘20克、石膏50克，水煎去渣，早、晚各灌服一剂。此药量为10千克重的猪所用药量，大小不同的猪可酌情增减。

（3）加减黄连解毒汤疗法　多用于粪便稀软或出现明显腹泻症状的病猪。处方：黄连5克、黄柏10克、黄芩15克、金银花15克、连翘15克、白扁豆15克、木香10克，水煎去渣，早、晚各灌服一剂。以上药量为10千克重的猪所用药量，大小不同的猪可酌情增减。

（4）仙人掌疗法　此方为民间对猪瘟有明显效果的疗法。调配方法为：取仙人掌5片，去皮，捣成泥状备用；挖取蚯蚓20～30条，放入盛有白砂糖200克的容器中；然后倒入仙人掌泥拌和，再拌入麸皮或糖料少许。每天早、晚各喂一次，2～3天则有明显好转或治愈。

2. 预防

目前主要采取以预防接种为主的综合性防疫措施来控制猪瘟。

（1）常规预防　平时的预防措施着重于提高猪群的免疫水平，防止引入病猪，切断传播途径，广泛持久地开展猪瘟疫苗的预防注射。

疫苗接种应制定行之有效的免疫程序，即在猪群免疫之前，应对猪群进行抗体水平检测。据研究，母源抗体的滴度为（1∶32）～(1∶64)，此时攻毒可获得100%的保护；当抗体滴度下降到（1∶16）～(1∶32）时，尚能获得80%的保护；当滴度下降到1∶8时，则完全不能保护。因此，依照各地区和猪群的不同抗体水平，制定相应的免疫程序，才能有的放矢地获得成功。

据报道，仔猪出生后立即接种兔化弱毒苗，2小时后再令其吃初乳，这种乳前免疫方法可获得很高的保护率。

（2）紧急预防　这是突发性猪瘟流行时的防制措施，实施步骤如下。

① 封锁疫点　在封锁地点内停止生猪集市买卖和外运，停止猪产品的买卖和外运，猪群不准放牧。最后1头病猪死亡后或处理后3

周，经彻底消毒，可以解除封锁。

② 处理病猪　对所有猪进行测温和临床检查，病猪以急宰为宜，急宰病猪的血液、内脏和污物等应就地深埋，肉经煮熟后可以食用。污染的场地、用具和工作人员都应严格消毒，防止病毒扩散。可疑病猪予以隔离。

③ 紧急接种　对疫区内的假定健康猪和受威胁的猪，立即注射猪瘟兔化弱毒疫苗，剂量可加大1～3倍，但注射针头应一猪一消毒，以防人为传播。

④ 彻底消毒　对病猪圈、垫草、粪水、吃剩的饲料和用具均应彻底消毒，最好将病猪圈的表土铲出，换上一层新土。在猪瘟流行期间，对饲养用具应每隔2～3天消毒1次，碱性消毒药均有良好的消毒效果。

四、猪口蹄疫

口蹄疫是口蹄疫病毒感染引起的牛、羊、猪等偶蹄动物共患的一种急性、热性传染病，是一种人畜共患病。本病毒有甲型（A型）、乙型（O型）、丙型（C型）、南非1型、南非2型、南非3型和亚洲1型7个血清主型，每个主型又有许多亚型。由于本病传播快、发病率高、传染途径复杂、病毒型多易变，成为近年来危害养猪业的主要疫病之一。

（一）发病情况

口蹄疫病毒属微核糖核酸科口蹄疫病毒属，体积最小。病毒粒子呈二十面体对称，直径20～23纳米。口蹄疫病毒对外界环境的抵抗力很强，不怕干燥，在自然条件下，含病毒的组织与污染的饲料、饲草、皮毛及土壤等保持传染性达数周至数月之久。粪便中的病毒，在温暖的季节可存活29～60天，在冻结条件下可以越冬。但对酸和碱十分敏感，易被碱性或酸性消毒药杀死。

本病主要侵害牛、羊、猪及野生偶蹄动物，人也可感染。主要传染源是患病家畜和带毒动物。通过水泡液、排泄物、分泌物、呼出的气体等途径向外排散感染力极强的病毒，从而感染其他健康家畜。本

病发生没有明显的季节性，但是由于气温和光照强度等自然条件对口蹄疫病毒的存活有直接影响，因此，本病的流行又呈现一定的季节性，表现为冬春季多发，夏秋季节发病较少。单纯性猪口蹄疫的流行特点略有不同，仅猪发病，不感染牛、羊，不引起迅速扩散或跳跃式流行，主要发生于集中饲养的猪场和食品公司的活猪仓库或城郊猪场以及交通密集的铁路、公路沿线，农村分散饲养的猪较少发生。

（二）临床症状与病理变化

潜伏期1～2天，病猪以蹄部水泡为主要特征，病初体温40～41℃，精神不振，食欲减退或不食，蹄冠、趾间、蹄踵、嘴角等处出现发红、微热、敏感等症状，不久形成黄豆大、蚕豆大的水泡，水泡破裂后形成出血性烂斑、溃疡（图9-7、图9-8），1周左右恢复。若有细菌感染，则局部化脓坏死，可引起蹄壳脱落，患肢不能着地，常卧地不起，部分病猪的口腔黏膜（包括舌、唇、齿龈、咽、腭）、鼻盘和哺乳母猪的乳头，也可见到水泡和烂斑。吃奶仔猪患口蹄疫时，通常很少见到水泡和烂斑，呈急性胃肠炎和心肌炎，突然死亡，病死率可达60%。仔猪感染时水泡症状不明显，主要表现为胃肠炎和心肌炎，致死率高达80%以上。

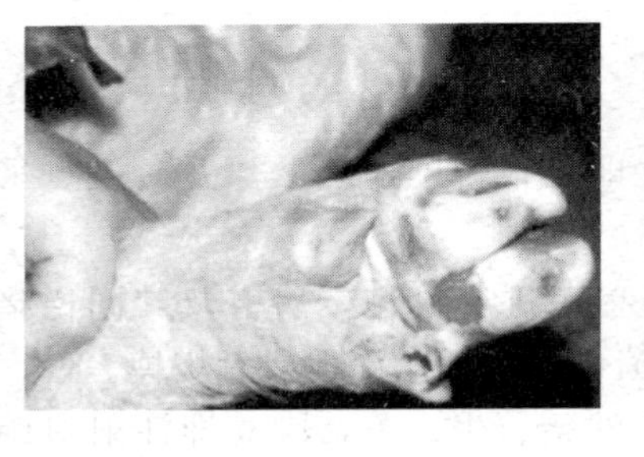

图9-7　蹄部烂斑、溃烂（见彩图）

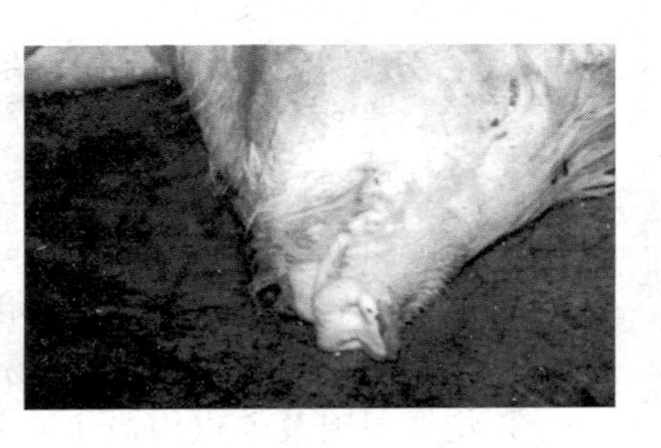

图9-8　嘴角、舌面的烂斑、溃烂（见彩图）

病理变化除口腔、蹄部或鼻端（吻突）、乳房等处出现水泡及烂斑外，咽喉、气管、支气管和胃黏膜也有烂斑或溃疡，小肠、大肠黏膜可见出血性炎症。仔猪心包膜有弥散性出血点，心肌切面有灰色或黄色斑点或条纹，心肌松软似煮熟状。组织学检查心肌有病变灶，细胞呈颗粒变性，脂肪变性或蜡样坏死，俗称“虎斑心”。

（三）防控措施

1. 治疗

轻症病猪，经过10天左右多能自愈。重症病猪，可先用食醋水或0.1%高锰酸钾液洗净局部，再涂布龙胆紫溶液或碘甘油，经过数日治疗，绝大多数可以治愈。但是，根据国家规定，口蹄疫病猪应一律急宰，不准治疗，以防散播传染。

2. 预防

（1）平时的预防措施

① 加强检疫和普查工作。经常检疫和定期普查相结合，做好猪产地检疫、屠宰检疫、农贸市场检疫和运输检疫。同时，每年冬季重点普查1次，了解和发现疫情，以便及时采取相应措施。

② 及时接种疫苗。容易传播口蹄疫的地区，如国境边界地区、城市郊区等，要给猪注射口蹄疫疫苗。值得注意的是，所用疫苗的病毒型必须与该地区流行的口蹄疫病毒型相一致，否则，不能预防和控制口蹄疫的发生和流行。

③ 加强相应防疫措施。严禁从疫区（场）买猪及其肉制品，不得用未经煮开的洗肉水、泔水喂猪。

（2）流行时的防制措施

① 一旦怀疑口蹄疫流行，应立即上报，迅速确诊，并对疫点采取封锁措施，防止疫情扩散蔓延。

② 疫区内的猪、牛、羊，应由兽医进行检疫，病畜及其同栏猪立即急宰，内脏及污染物（指不易消毒的物品）深埋或者烧掉。

③ 疫点周围及疫点内尚未感染的猪、牛、羊，应立即注射口蹄疫疫苗。先注射疫区外围的牲畜后，再注射疫区内的牲畜。

④ 对疫点（包括猪圈、运动场、用具、垫料等）用2%火碱溶液进行彻底消毒，在口蹄疫流行期间，每隔2～3天消毒1次。

⑤ 疫点内最后一头病猪痊愈或死亡后14天，如再未发生口蹄疫，经过彻底消毒后，可申报解除封锁。但痊愈猪仍需隔离1个月方可出售。

五、猪繁殖与呼吸综合征（经典猪蓝耳病和高致病性猪蓝耳病）

猪繁殖与呼吸综合征是1987年新发现的一种接触性传染病。主要特征是母猪呈现发热、流产、木乃伊胎、死产、弱仔等症状；仔猪表现异常呼吸症状和高死亡率。当时由于病原不明，症状不一，曾先后命名为“猪神秘病”“蓝耳病”“猪繁殖失败综合征”“猪不孕与呼吸综合征”等十几个病名，至1992年在猪病国际学术讨论会上才确定其病名为“猪繁殖与呼吸综合征”。

（一）发病情况

猪繁殖与呼吸综合征病毒是有囊膜的核糖核酸病毒，呈球状，直径45～65纳米，内含一正方体核衣壳核心，边长20～35纳米，病毒粒子表面有许多小突起。根据其形态及其基因结构，归属于动脉炎病毒属，现有两个血清型，从欧洲分离到的病毒叫Lelvstad病毒（LV），从美国分离到的病毒叫ATCCVR-2332（VR2332）。各病毒株的致病力有很大差异，这是造成病猪症状不尽相同的原因之一。可被脂溶性剂（氯仿、乙醚）或去污剂（胆酸钠、TritonX-100、NP-40）灭活。

本病主要侵害种猪、繁殖母猪及其仔猪，而肥育猪发病比较温和。本病的传染源是病猪、康复猪及临床健康带毒猪，病毒在康复猪体内至少可存留6个月。病毒可从鼻分泌物、粪尿等途径排出体外，经多种途径进行传播，如空气传播、接触传播、胎盘传播和交配传播等。卫生条件不良，气候恶劣，饲养密度过高，可促进本病发生。

（二）临床症状与病理变化

本病的症状在不同感染猪群中有很大差异，潜伏期各地报道也不一致。病的经过通常为3～4周，最长可达6～12周。感染猪群的早期症状类似流行性感冒，出现发热、嗜睡、食欲不振、疲倦、呼吸困难、咳嗽等症状。发病数天后，少数病猪的耳朵、外阴部、腹部及口鼻皮肤呈青紫色，以耳尖发绀最常见。部分（40%～50%）猪感染后没有任何症状，或症状很轻微，但长期携带病毒，成为猪场持久的传染源。

1. 母猪

反复出现食欲不振、发热、嗜睡、继而发生流产（多发生于妊娠后期）、早产、死胎（图 9-9）或木乃伊胎。活产的仔猪体重小且衰弱，经 2～3 周后，母猪开始康复，再次配种时受精率可降低 50%，发情期推迟。患猪耳尖坏死、脱落（图 9-10）。

图 9-9　猪繁殖与呼吸综合征死胎猪

图 9-10　患猪耳尖坏死脱落

2. 公猪

表现厌食、沉郁、嗜睡、发热、并有异常呼吸症状。精液质量暂时下降，精子数量少，活力低。

3. 哺乳仔猪

呼吸困难，甚至出现哮喘样的呼吸障碍（由间质性肺炎所致），张口呼吸、流鼻涕、不安、侧卧、四肢划动，有时可见呕吐、腹泻、瘫痪、平衡失调、多发性关节炎及皮肤发绀（图 9-11）等症状。仔猪的病死率可达 50%～60%。

图 9-11　仔猪皮肤发绀（见彩图）

病毒主要侵害肺脏，大多数病例如无继发感染，肺部看不到明显的肉眼病变。病理组织学检查，在肺部见有特征性的细胞性间质性肺炎，肺泡壁间隔增厚，充满巨噬细胞。鼻甲骨的纤毛脱落，上皮细胞变性，淋巴细胞和浆细胞积聚。

（三）防治措施

1. 治疗

（1）生石膏 50 克，生地黄 18 克，牡丹皮 10 克，赤芍 10 克，玄参 15 克，黄芩 15 克，连翘 10 克，银花藤 20 克，板蓝根 15 克；如有高热，加水牛角 30 克；麦冬 15 克，丹参 10 克，加水 2000 毫升，浸泡 30 分钟，煎沸 10 分钟后，自然放凉饮用。大猪每次 100 毫升，每日 3～6 次；小猪每次 20～50 毫升，每日 3 次，患猪可基本存活。

（2）沃尼妙林 400 克、卡巴匹林 500 克、多种维生素、10%氟苯尼考 1 千克混饲 1 吨料中，连用 5～7 天，效果显著。等疾病治愈后，必须注射蓝耳疫苗经典毒株进行补免。

2. 预防

种猪场或规模养猪场要从无本病的地区或猪场引种，并隔离观察 1 个月，确诊无病方可入群。暴发本病时，育成猪实行“全进全出制”，每批进出前后，猪舍都要严格消毒；哺乳猪早断奶，母仔隔离饲养，杜绝病毒垂直传给仔猪；同时注意通风，加强消毒，增加营养，并使用抗生素和维生素 E，控制继发感染。在流行地区必要时可试用灭活油乳剂疫苗，免疫后备母猪和怀孕母猪（间隔 21 天，肌内注射 2 次），对后备母猪和育成猪也可试用弱毒疫苗。发病猪场的阳性母猪及其仔猪，应予以淘汰。

六、猪圆环病毒病

猪圆环病毒病是近年来猪发生的一种新传染病。

猪圆环病毒病的病原体是猪圆环病毒（PCV-2）。此病毒主要感染断奶后仔猪，一般集中于断奶后 2～3 周和 5～8 周的仔猪。PCV 分布很广，在美、法、英等国流行。猪群血清阳性率可达 20%～80%，但是，实际上只有相对较小比例的猪或猪群发病。目前已知与 PCV 感染有关的有 5 种疾病：断奶后多系统衰竭综合征；猪皮炎肾病综合征；间质性肺炎；繁殖障碍；传染性先天性震颤。

1. 猪断奶后多系统衰竭综合征（PMWS）

猪断奶后多系统衰竭综合征，多发生在5～12周龄断奶猪和生长猪。

（1）流行特点　哺乳仔猪很少发病，主要在断奶后2～3周发病。本病的主要病原是PCV-2（猪圆环病毒），其在猪群血清阳性率达20%～80%，多存在隐性感染。发病时病原还有PRRSV（猪繁殖呼吸综合征病毒）、PRV（猪细小病毒）、MH（猪肺炎支原体）、PRV（猪伪狂犬病毒）、APP（猪胸膜炎放线杆菌），以及PM（猪多杀性巴氏杆菌）等混合感染。PMWS的发病往往与饲养密度大，环境恶劣（空气不新鲜、湿度大、温度低），饲料营养差，管理不善等有密切关联。患病率为3%～50%，致死率为80%～90%。

（2）临床症状　主要表现精神不振、食欲下降、进行性呼吸困难、消瘦、贫血、皮肤苍白、肌肉无力、黄疸、体表淋巴结肿大，被毛粗乱，怕冷，可视黏膜黄疸，下痢，嗜睡，腹股沟浅淋巴结肿大。由于细菌、病毒的二重感染而使症状复杂化与严重化。

（3）病理变化　皮肤苍白，有20%出现黄疸。淋巴结异常肿胀，切面呈均匀的苍白色，肺呈弥漫性间质性肺炎；肾脏肿大，外观呈蜡样，其皮质和髓质有大小不一的点状或条状白色坏死灶（图9-12）。肝脏外观呈现浅黄色到橘黄色；脾脏肿大、边缘有梗死灶（图9-13）。胃肠道呈现不同程度的炎症损伤，结肠和盲肠黏膜充血或瘀血。肠壁外覆盖一层厚的胶冻样黄色膜。胰损伤、坏死。死后，其全身器官组织表现炎症变化，出现多灶性间质性肺炎、肝炎、肾炎、心肌炎以及胃溃疡等病变。

图9-12　肾脏肿大，有出血斑点、坏死灶（见彩图）

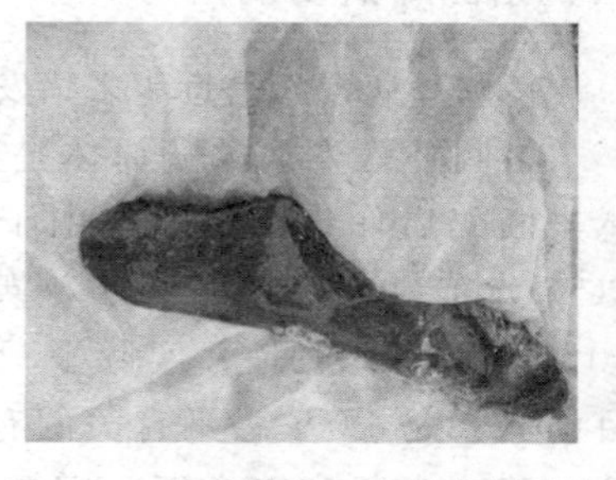

图9-13　脾脏肿大、边缘有梗死灶（见彩图）

（4）防治措施　目前尚无有效的治疗办法和疫苗。使用抗生素，加强饲养管理，有助于控制二重感染。可采取的防治措施如下。

① 支原净 0.125 千克、强力霉素 0.125 千克和阿莫西林 0.125 千克，3 种药加入 1000 千克饲料日粮中拌匀喂饲。连用 1～2 周。

② 按每千克体重支原净 125 毫克给病猪注射，每天 2 次，连用 3～5 天。

③ 按每 1000 千克饮水中加入支原净 0.12～0.18 千克，供病猪饮服，连用 3～5 天。

仔猪断奶前 1 周和断奶后 2～3 周，可选用以下措施。

① 用优良的乳猪料或添加 1.5%～3%柠檬酸、适量酶制剂，或用抗应激综合征的断奶安等药拌服。

② 每千克日粮中添加支原净 50 毫克、强力霉素 0.05 千克、阿莫西林 0.05 千克，拌匀喂服。

③ 饮服口服补液盐水，并在补液盐水每 1000 千克中加入 0.05 千克支原净和 0.05 千克水溶性阿莫西林。

④ 实行严格的全进全出制，防止不同来源、年龄的猪混养，减少各种应激，降低饲养密度，防止温差过大的变化，尤其后半夜注意保温，防贼风和有害气体。

⑤ 加强泌乳母猪的营养，添加氧化锌、丙酸，防止发生胃溃疡。

2. 猪皮炎和肾病综合征

（1）流行特点　英国于 1993 年首次报道此病，随后美国、欧洲和南非均有报道。通常只发生在 8～18 周龄的猪。发病率为 0.5%～2%，有的可达到 7%，通常病猪在 3 天内死亡，有的在出现临床症状后 2～3 周死亡。

（2）临床症状　病猪食欲不振或废绝，皮肤上出现圆形或不规则的红紫色病变斑点或斑块，有时这些斑块相互融合。尤其在会阴部和四肢最明显。体温有时升高。

（3）病理变化　主要是出血性坏死性皮炎和动脉炎，以及渗出性肾小球性肾炎和间质性肾炎。因而出现皮下水肿、胸腔积水增多和心包积液。送检血清和病料中，可查出 PCV-2 病毒，又能查出猪繁殖和呼吸综合征病毒、细小病毒，并且都存在相应的抗体。

3. 猪间质性肺炎

本病主要危害 6～14 周龄猪，发病率为 2%～3%，死亡率为 4%～10%。眼观病变为弥漫性间质性肺炎，呈灰红色。实验室检查有时可见肺部存在 PCV-2 型病毒，其存在于肺细胞增生区和细支气管上皮坏死细胞碎片区域内，肺泡腔内有时可见透明蛋白。

4. 繁殖障碍

研究发现有些繁殖障碍表现可与 PCV-2 型病毒相联系。该病毒造成返情率增加，子宫内感染，木乃伊胎儿，孕期流产，以及死产和产弱仔等现象。有些产下的仔猪中发现 PCV-2 型病毒血症。

在有很高比例新母猪的猪群中，可见到非常严重的繁殖障碍。急性繁殖障碍，如发情延迟和流产增加，通常可在 2～4 周后消失。但其后就在断奶后发生多系统衰竭综合征。用 PCR 技术对猪进行血清 PCV-2 型病毒监测，结果表明，有些母猪有延续数月时间的病毒血症。

5. 传染性先天性震颤

多在仔猪出生后第 1 周内发生，震颤由轻变重，卧下或睡觉时震颤消失，受外界刺激（如突发的噪声或寒冷等）时可以引发或是加重震颤，严重的影响吃奶，以致死亡。每窝仔猪受病毒感染后的发病数目不等。发病的大多是新引入的头胎母猪所产的仔猪。在精心护理 1 周后，存活的病仔猪多数于 3 周逐渐恢复。但是有的猪直至肥育期仍然不断发生震颤。

七、猪狂犬病

本病是由狂犬病病毒经狗传播的人和温血动物共患的一种传染病。本病毒主要侵害中枢神经系统，临床上的主要特征是神经机能失常，表现为各种形式的兴奋和麻痹。

1. 发病情况

狂犬病病毒属 RNA 型弹状病毒科狂犬病病毒属，病毒粒子直径

为75～80纳米，长为140～180纳米，一端钝圆，另一端平凹，呈子弹形或试管状外观。

病毒能在脊椎动物及昆虫体内增殖，并能凝集鹅的红细胞。种间有血清学交叉反应。

病毒对酸、碱、福尔马林、苯酚、升汞等消毒药敏感，1%～2%肥皂水、43%～70%酒精、2%～3%碘酊、丙酮、乙醚都能使之灭活。病毒不耐湿热，50℃加热15分钟，60℃加热2分钟，100℃加热数秒以及紫外线和X射线均能灭活之，但在冷冻和冻干状态下可长期保存，在50%甘油缓冲液中或4℃下可存活数月到一年。

病毒主要通过咬伤感染，也有经消化道、呼吸道和胎盘感染的病例。由于本病多数由疯狗咬伤引起，所以流行呈连锁性，以一个接一个的顺序呈散发形式出现，一般春季较秋季多发，伤口越靠头部或伤口越深，其发病率越高。

2. 临床症状与病理变化

潜伏期不一，长的1年以上，短的10天，一般平均为21天。

发病突然，狂躁不安，兴奋，横冲直撞，攻击人，运动笨拙、失调。全身痉挛，静卧，受到刺激可突然跃起，盲目乱窜，惊恐，麻痹，衰竭死亡。

眼观无特征性病理变化，一般表现尸体消瘦，血液浓稠、凝固不良，口腔黏膜和舌黏膜常见糜烂和溃疡。胃内常有石块、泥土、毛发等异物，胃黏膜充血、出血或溃疡，脑水肿，脑膜和脑实质的小血管充血，并常见点状出血。

3. 防治措施

（1）治疗　猪被可疑动物咬伤后，首先要妥善处理伤口，用大量肥皂水或0.1%新洁尔灭溶液冲洗，再用75%酒精或2%～3%碘酒消毒。局部处理越早越好；其次被咬伤后要迅速注射狂犬病疫苗，使被咬动物在病的潜伏期内就产生免疫，可免于发病。

（2）预防　带毒犬是人类和其他家畜狂犬病的主要传染源，因此对家犬进行大规模免疫接种和消灭野犬，是预防狂犬病的最有效措施，在流行地区给家犬和家猫普遍接种疫苗，对患猪和患狂犬病死亡的猪，一般不剖检，应将病尸焚毁或深埋。

八、猪伪狂犬病

猪伪狂犬病是多种哺乳动物和鸟类的急性传染病。在临床上以中枢神经系统障碍、发热、局部皮肤持续性剧烈瘙痒为主要特征。

（一）发病情况

伪狂犬病病原体是疱疹病毒科疱疹病毒亚科的猪疱疹病毒Ⅰ型。无囊膜病毒粒子直径为110～150纳米，有囊膜病毒粒子直径约为180纳米。病毒对低温、干燥的抵抗力较强，在污染的猪圈或干草上能存活数月之久，在肉中能存活5周以上，季铵盐类消毒药、2%火碱液和3%来苏儿水能很快杀死病毒。

伪狂犬病病毒在全世界广泛分布。易感动物甚多，有猪、牛、羊、犬、猫及某些野生动物等，而发病最多的是哺乳仔猪，且病死率极高，成猪多为隐性感染。这些病猪和隐性感染猪可较长期地带毒排毒，是本病的主要传染源。鼠类粪尿中含大量病毒，也能传播本病。本病的传播途径较多，经消化道、呼吸道、损伤的皮肤以及生殖道均可感染。仔猪常因吃了感染母猪的乳而发病。怀孕母猪感染本病后，病毒可经胎盘而使胎儿感染，以致引起流产和死产。一般呈地方流行性发生，多发生于寒冷季节。

（二）临床症状与病理变化

猪的临床症状随着年龄的不同有很大差异。但归纳起来主要有4种情况。

1. 哺乳仔猪及断奶幼猪

症状最严重，往往体温升高、呼吸困难、流涎、呕吐、下痢、食欲不振、精神沉郁、肌肉震颤、步态不稳、四肢运动不协调、眼球震颤、间歇性痉挛、后躯麻痹，有前进、后退或转圈等强迫运动，常伴有癫痫样发作及昏睡等现象，神经症状出现后1～2天内死亡，病死率可达100%。若发病6天后才出现神经症状，则有恢复的希望，但可能有永久性后遗症，如眼瞎、偏瘫、发育障碍等。

2. 中猪

常见便秘，一般症状和神经症状较幼猪轻，病死率也低，病程一般 4～8 天。

3. 成猪

常呈隐性感染，较常见的症状为微热，打喷嚏或咳嗽，精神沉郁，便秘，食欲不振，数日即恢复正常，一般没有神经症状。但是，容易发生母猪久配不孕、种公猪睾丸肭胀，萎缩，失去种用能力。

4. 怀孕母猪

感染后，常有流产、产死胎（图 9-14）及延迟分娩等现象。死产胎儿有不同程度的软化现象，流产胎儿大多甚为新鲜，脑壳及臀部皮肤有出血点，胸腔、腹腔及心包腔有大量棕褐色潴留液，肾及心肌出血，肝、脾有灰白色坏死点。

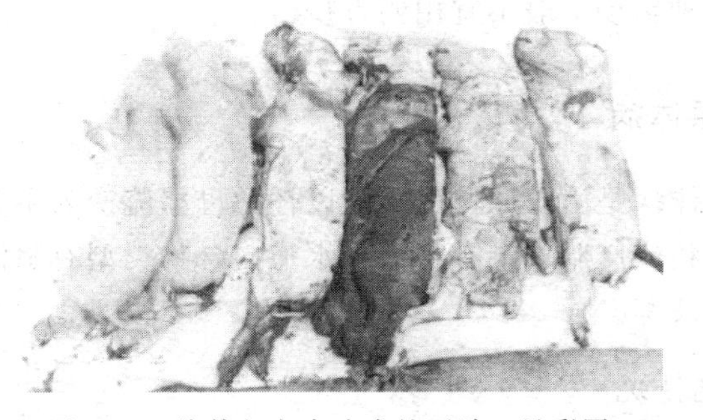

图 9-14　猪伪狂犬病造成的死胎（见彩图）

临床上呈现严重神经症状的病猪，死后常见明显的脑膜充血及脑脊髓液增加；鼻咽部充血，扁桃体、咽喉部及淋巴结有坏死病灶；肝、脾有 1～2 毫米灰白色坏死点，心包液增加，肺可见水肿和出血点。组织学检查，有非化脓性脑膜脑炎及神经节炎变化。

（三）防治措施

1. 治疗

在病猪出现神经症状之前，注射高免血清或病愈猪血液，有一定疗效，对携带病毒猪要隔离饲养。

2. 预防

（1）平时的预防措施

① 要从洁净猪场引种，并严格隔离检疫30天。

② 猪舍地面、墙壁及用具等每周消毒1次，粪尿进行发酵池或沼气池处理。

③ 捕灭猪舍鼠类等。

④ 种猪场的母猪应每3个月采血检查1次。

（2）流行时的防治措施　根据种猪场的条件可采取全群淘汰更新、淘汰阳性反应猪群、隔离饲养阳性反应母猪所生仔猪及注射伪狂犬病油乳剂灭活苗4种措施。接种疫苗的具体方法为：种猪（包括公母猪）每6个月注射1次，母猪于产前1个月再加强免疫1次。种用仔猪于1月龄左右注射1次，隔4～5周重复注射1次，以后每半年注射1次。种猪场一般不宜用弱毒疫苗。

九、猪衣原体病

猪衣原体病是由衣原体引起的以怀孕母猪流产为主要临床症状的传染病。母猪流产胎衣上有水疱，水疱内含物类型有浆液型液体、脓性液体或血液等。

1. 发病情况

衣原体是一种小的细胞内专性寄生菌，可以引起多种动物疾病。衣原体感染是一类十分重要的自然疫源性传染病。该病属人畜共患病，呈地方流行，常造成很大危害及经济损失，并对人类健康构成较大的威胁。衣原体可以感染18个目、29个科的190多种鸟类以及绵羊、山羊、牦牛、猪等许多动物。猪衣原体感染可以引起猪的结膜炎、肠炎、胸膜炎、心包炎、关节炎、睾丸炎、子宫感染和流产等，对猪衣原体病的研究表明，猪衣原体感染与猪衣原体、鹦鹉热衣原体、猫衣原体和沙眼衣原体有关。

衣原体引起的动物地方性流产，不仅对养殖业造成了重大经济损失，而且威胁人类健康。在饲养或处理被感染动物过程中，病原体可由呼吸道进入人体而造成人类的感染，被感染人员会出现轻微流感样症状，甚至导致衣原体性脑膜炎、结膜炎、肺炎、睾丸炎和怀孕妇女的流产等。

猪衣原体病可以一年四季发生，对不同日龄、性别、品种的猪皆可感染发病，尤其以怀孕母猪和哺乳仔猪最易感；病猪和康复猪长期携毒，是主要传染源，猪场内活动的人员、鼠类、犬猫等动物可称为中间传播媒介；传播途径包括精液传染，母乳传染，带毒的排泄物或分泌物污染空气、饲料和水源，即可产生呼吸道传染或消化道传染。垂直传播也有可能。猪群一旦感染本病很难清除，康复猪群可长期带菌。

本病多发生于初产母猪，流产率40%～90%。流产前无先兆，怀孕猪常突然发生流产、产死胎；有的整窝产出死胎；有的活仔和死仔间隔产出；有的产出弱仔，多在产后数日死亡。

2. 临床症状与病理变化

猪衣原体感染的典型表现为种猪繁殖障碍性综合征，如怀孕母猪感染后发生流产、早产、产死弱胎等，有的母猪整窝出现死胎；公猪发生睾丸炎、附睾炎、尿道炎等，精液质量下降；母猪配种后，受孕率低下，流产率、死胎率增高。病程中后期可继发肺炎、肠炎、关节炎、心包炎、结膜炎（图9-15）、脑炎、脑脊髓炎等。其中猪衣原体性流产和引起仔猪大批死亡的衣原体性肺炎、肠炎，对集约化养猪业具有较大的威胁。

子宫内膜水肿及严重充血，表面散布不规则坏死病灶；流产胎儿身体明显水肿，头颈部和四肢皮下瘀血，全身出血，胎衣上有圆形或不规则的水疱，水疱液可能是浆液型和脓性（图9-16）的；肝组织出血、肿大；公猪表现为睾丸坏死、质地变硬，腹股沟淋巴结肿胀，输精管炎症、出血，阴茎水肿、出血或坏死。肺炎型衣原体感染病例剖解可见肺水肿，肺表散布出血点或瘀血斑；有时表现为肺充血，肺实质坏死、板结；气管、支气管炎症，内含黄褐色或带凝血块的分泌物。

一部分感染猪出现结膜出血，水肿；有关节炎症状的猪只，表现

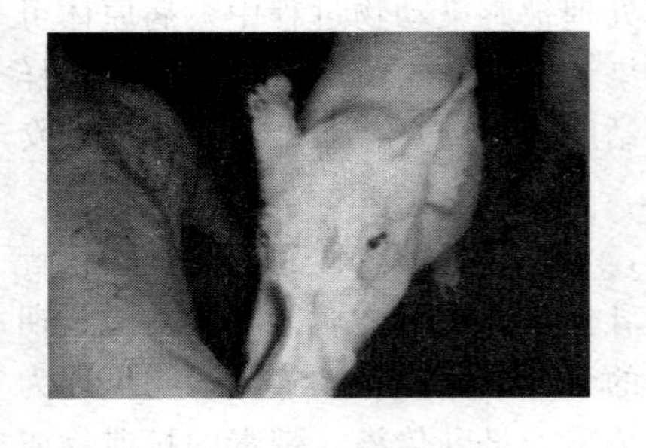

图 9-15　眼睛发红，结膜炎（见彩图）

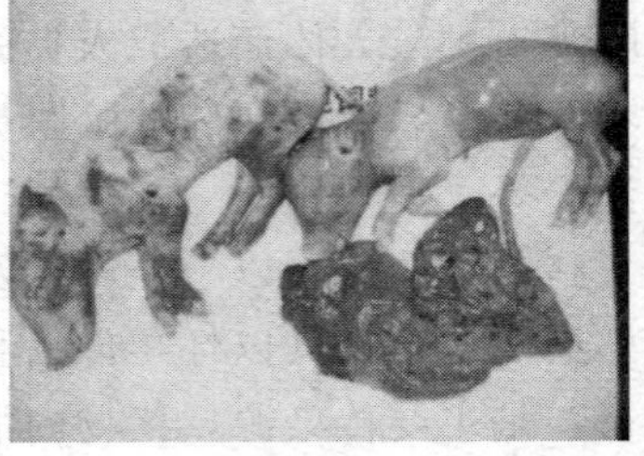

图 9-16　母猪流产，流产胎衣有水疱（见彩图）

为关节肿大，关节囊液浑浊，灰黄色，含有纤维蛋白絮片等。

3. 防控

（1）治疗　一些抗生素，如强力霉素、土霉素、红霉素，泰乐菌素、螺旋霉素等对猪衣原体有抑制作用。发生猪衣原体感染时可以使用。

需要另外提醒的是：衣原体病是一种严重的人畜共患病，工作人员在孕畜接产、病畜解剖、处理流产胎儿及流产胎衣和病畜粪便时，必须做好个人防护。

（2）预防　使用疫苗免疫是控制本病的关键。建议免疫程序如下。

能繁种猪：配种前 10 天左右，每头种猪颈部皮下或肌内注射 2 毫升。

后备种猪：配种前 40 天给每头猪颈部皮下或肌内注射 2 毫升，配种前 10 天左右，每头猪再注射 2 毫升。

种公猪：每年 2 次颈部皮下注射 2 毫升。

对于种猪场，建议全场进行免疫。免疫程序如上。

参考文献

[1] 林长光．母猪精细化养殖新技术．福州:福建科学技术出版社，2016.
[2] 李连任．现代高效规模养猪实战技术问答．北京:化学工业出版社，2015.
[3] 陈宗刚，王天江．母猪的快速繁育．北京:科学技术文献出版社，2015.
[4] VAN ENGEN Marrit，SCHEEPENS Kees. 母猪的信号．马永喜译．北京:中国农业科学技术出版社，2012.
[5] 季大平．无公害猪肉安全生产技术．北京:化学工业出版社，2014.